【北京社科名家文库】

伦理学探索之路

BEIJING SHEKE MINGJIA WENKU

罗国杰自选集

罗国杰◎著

首都师范大学出版社
CAPITAL NORMAL UNIVERSITY PRESS

图书在版编目(CIP)数据

伦理学探索之路：罗国杰自选集/罗国杰著．—北京：首都师范大学出版社，2011．5(2017．3 重印)

(北京社科名家文库)

ISBN 978-7-5656-0363-1

Ⅰ．①伦…　Ⅱ．①罗…　Ⅲ．①伦理学—文集　Ⅳ．①B82-49

中国版本图书馆 CIP 数据核字(2011)第 080097 号

北京社科名家文库
LUNLIXUE TANSUOZHILU
伦理学探索之路
罗国杰自选集
罗国杰　著

项目统筹：杨林玉　　责任编辑：樊沁永
责任设计：王征发　　封面绘画：王征发
责任校对：李佳艺
首都师范大学出版社出版发行
地　址　北京西三环北路 105 号
邮　编　100048
电　话　68418523(总编室)　68982468(发行部)
网　址　www.cnupn.com.cn
印　刷　三河市博文印刷有限公司
经　销　全国新华书店
版　次　2011 年 5 月第 1 版
印　次　2017 年 3 月第 2 次印刷
开　本　787mm×1 092mm　1/16
印　张　28.5　插　页　2
字　数　320 千
定　价　65.00 元

《北京社科名家文库》编委会

出版说明

1978年，中国改革开放的元年。自那一年开始，中国已经走过了波澜壮阔的30年。这是伟大的30年，是改变中国的30年，是震惊世界的30年，也是哲学社会科学蓬勃发展的30年。

在哲学社会科学这30年的辉煌成就里，浸透着为新中国哲学社会科学奠基的老一辈专家呕心沥血的求索，也镌刻着寻着他们足迹的后来者追求真理的步伐。“学之大者，国之重器”。我们有责任将这些“大者”潜心研究的成果，重新编辑出版以飨读者。为此，北京市社会科学界联合会和首都师范大学出版社将这一套《北京社科名家文库》奉献给读者。她以自选集的体例形式，每年推出一批，争取在几年内达到百种以上。《北京社科名家文库》将系统展示当代哲学社会科学名家学者30年来的学思精华，展示他们的学术探索历程和风采。同时，为使这套《北京社科名家文库》更加丰富，编委会决定在首都师范大学出版社已出版的《当代著名学者自选集》中挑选符合体例的图书，编辑成《北京社科名家文库·纪念辑》，这将更完整地反映北京学人在学术风范和学术使命上的历史延续。

我们相信，《北京社科名家文库》将能够成为具有文化传承价值的经典性大型出版工程，成为集中展示首都哲学社会科学重要成果的一个窗口。由于我们水平所限，定有不足之处，希望读者和同仁给予批评指正。

编　委　会

2009年11月

罗国杰先生

目录

学术自述

从1956年作为一名哲学爱好者，考入中国人民大学哲学系以来，直到50年后的今天，在这整整半个世纪的漫长岁月中，我所关注的问题始终没有离开过哲学和伦理学。从1960年从事伦理学教学与研究开始，对有关伦理学的问题，更加特别关注。

一、对伦理学问题关注的五个方面

在长达五十年的伦理学的学习、教学和科研的时间里，若从关注点来看，我对伦理学和思想道德问题的关注，大体可分为以下五个方面。

(一)关于伦理学的基本理论

在伦理学的基本理论问题上，应在坚持马克思主义基本观点的基础上，结合中国道德实践和理论的具体情况进行研究，这是我所坚持的方法论前提。在马克思主义伦理学理论体系的探索上，我以道德现象为划分起点，并从道德现象中细分出道德活动现象、道德意识现象和道德规范现象。以此为出发点，概括出作为科学的马克思主义伦理学的三方面特点：即马克思主义伦理学是一门理论科学、规范的科学、理论知识和行动准则相统一的科学。从20世纪60年代初编写《马克思主义伦理学教学大纲》和《马克思主义伦理学讲义》，到80年代《马克思主义伦理学》、《伦理学教程》和《伦理学》，大体上反映了我对马克思主义伦理学理论体系探索的思想轨迹。尽管在理论体系的探索上花了一些工夫，但在今天看来，还有一些值得商榷的地方。我希望能有机会修订现在仍被高校广泛使用的《伦理学》教材，也希望伦理学界的年轻学者多提出自己的看法，以进一步发展完善马克思主义伦理学理论体系，更好地满足时代发展的需要。

(二)关于集体主义原则

关于集体主义的理论，是马克思主义伦理学中最基本的理论之一。鉴于这一道德原则在我国社会主义建设中的重要性，我把研究和写作的相当一部分精力用在集体主义以及与此必然相关的个人主义的问题上。围绕坚持集体主义原则的问题发表了十余篇论文。《道德教育与价值导向》(教育科学出版社 2000 年版)一书较为集中地收集了对这一问题的研究论文。近年来，一些人对社会主义的集体主义产生了种种困惑和疑虑，甚至有人提出用个人主义、合理利己主义或人道主义原则来代替集体主义原则的主张。因此，如何正确对待集体主义和个人主义，成为思想道德领域和道德原则上的一个热点问题。对社会生活中出现的种种道德现象给以理论上的回应，对人们的思想困惑进行正确的价值引导，是一名伦理学工作者义不容辞的责任。我认为，对集体主义的界定应强调三个方面：即集体利益高于个人利益；在集体利益高于个人利益的原则下，切实保障个人的正当利益，促进个人价值的实现；集体主义强调个人利益与集体利益的辩证统一。同时，集体主义又包括无私奉献、先公后私和顾全大局、公私兼顾这样三个层次。当前，在新自由主义、利己主义、拜金主义、享乐主义、价值澄清等思潮日益腐蚀我国人民尤其是青年人思想的情况下，我们一方面要承认我国社会所出现的价值取向多样化的现象，另一方面又必须有分析和批判种种非马克思主义价值观的理论勇气，旗帜鲜明地坚持社会主义价值导向的一元化。

(三)关于正确对待传统道德

如何传承中华民族的传统美德，弘扬中华民族精神，是思想道德建设中一个既有理论价值又有实践意义的重大问题。因此，潜心研读卷帙浩繁的中国伦理经典，撰写中国伦理思想史方面的学术论文，始终是我几十年来不懈努力的目标。20世纪末，我主持编写的七卷本《中国传统道德》和六卷本的《中国革命道德》，就是我学习和研究中国传统道德的一个尝试。通过几十年的学习和研究，我初步认为中国传统道德的基本内容可以概括为十个方面：即道德原则同物质利益的关系问题；道德的最高理想问题；人性问题；道德修养的问题；道德品质的形成问题；道德评价的问题；人生的意义或人生的价值问题；道德的必然和自由的关系问题；道德规范问题；德治和法治问题。中国古代传统道德的特点，大体上可以概括为六个方面：即重视人伦关系；重视精神境界；重视人本主义精神；重视整体精神；重视道德修养；重视推己及人的道德思维方式。

在大力弘扬我国古代优良道德传统的同时，还应该大力弘扬中国共产党人、人民军队、一切先进分子和人民群众在中国新民主主义革命和社会主义革命与建设中所形成的优良革命道德传统。关于中国革命传统道德的主要内容，我认为可以这样概括："中国革命道德，以实现社会主义和共产主义的崇高理想为最终目的，以全心全意为人民服务为宗旨和核心，以集体主义为基本原则，高举爱国主义与国际主义相结合的旗帜，形成了无私奉献、顽强拼搏、艰苦奋斗、勤俭节约等革命精神。"我国特有的革命道德传统，在加强社会主义精神文明建设和构建社会主义和谐社会的伟大进程中，仍然可以发挥重要的精神支撑作用。

关于对待中国古代传统道德的正确态度，既不应全盘否定，也不能一律肯定，历史虚无主义和历史复古主义都是不正确的态度。“正确的态度是以历史唯物主义为指导，坚持批判继承、弃糟取精、综合创新和古为今用的方针。”“批判继承”是总原则，“弃糟取精”是一个重要要求，“综合创新”是总的趋向，“古为今用”是总目的，是为了更好地适应建设中国特色社会主义的需要，是为解决现实中的有关伦理道德问题服务的。

（四）关于建立与社会主义市场经济相适应的思想道德体系

与社会主义市场经济相适应的法律体系已初步建成，而与社会主义市场经济相适应、与社会主义法律规范相协调的道德体系的建设，是我们面临的一个亟待解决的重要问题。建立与发展社会主义市场经济相适应的道德体系，框架上要有最高理想、规范上要有层次性、实践上要有可操作性。要研究市场经济的建立与发展给道德提出的新问题、指导思想、价值导向、核心和原则等。另外，还对“以德治国”的理论问题和公民道德建设的问题进行了更为集中细致的思考，对于以德治国的重要意义、法治与德治的相互关系、公民道德建设的主要内容、公平与效率的关系问题等，都提出了一些自己的认识和看法。《以德治国与公民道德建设》（河南人民出版社 2003 年版）一书所编选的文章，更为全面地体现了我近几年来对这一问题的学习与研究。

（五）关于国内外伦理学的发展趋势

在当今的时代，世界各国的文化交流日益扩展。由于社会制度的迥异，各种价值观念的交流、碰撞、融合和冲突也表现得形式多样和手段各异。西方国家的强势姿态，一贯认为他们的价值观是最优越的，总是尽量设法要把他们的价值观强加给别的国家。价值观的问题，是伦理学研究领域中的主要问题之一。尽管伦理学的学说、体系、原则和理论众说纷纭，但从根本上来说，只有社会主义的价值观和资本主义的价值观两大类。西方的伦理学著作，除了少部分的著作，带有社会主义的倾向外，大量的伦理学著作，都是在宣传西方价值观的优越，把这种价值观抬高到“至高无上”的地位，一些政治家更是公开、明确地提出，要通过各种手段，把价值观作为一种“软实力”和“文化力”加以推行，作为他们进行所谓的“颜色革命”的武器，这是我们应当特别警惕的。在国内，主要是在市场经济条件下，到底要不要坚持“为人民服务”和“集体主义”的价值观，还是主张“个人主义”和“利己主义”的价值观。我们应当清醒地认识到，伦理学中的价值观，是同社会主义和资本主义的两种根本不同的社会制度联系在一起的。

以上五个问题，就是我所时时关心的重大问题，也是伦理学领域中的重大问题，《罗国杰生平自述》中大部分都是我对这些问题的看法和认识，对其他一些问题之所以写得简单，有些问题略而不详，也出于这个原因。

二、我的伦理思想的初步形成

仔细回想一下，我的伦理思想的形成，大约在 1962 年编写《马克思主义伦理学讲义》和《马克思主义伦理学教学大纲》的进程中，也是在对学生讲课和撰写讲稿的过程中形成的。从我的伦理思想形成的理论根源来看，大体上受三个方面的影响。

首先，马克思和恩格斯的意识形态的观念、恩格斯关于道德的理论、列宁阐述的共产主义和社会主义的伦理思想，我都极为赞赏。并认为他们所论述的一系列关于道德问题的真知灼见是建立一个道德学说和道德体系的最重要的依据。恩格斯在《反杜林论》中认为“善恶观念从一个民族到另一个民族，从一个时代到另一个时代变更得这样厉害，以至他们常常是直接矛盾的”从人类长期发展的历史来看，“现在和将来就提供了三大类(封建阶级道德、资产阶级道德、无产阶级道德)同时并存的各自起着作用的道德论。”(《反杜林论》见《马克思恩格斯选集第三卷》，132～133 页)“那么我们由此只能得出这样的结论：人们自觉地或不自觉地，归根到底总是从他们阶级地位所依据的实际关系中——从他们进行生产和交换的经济关系中，吸取自己的道德观念”。又说：“我们驳斥一切想把任何道德教条当做永恒的、终极的、从此不变的道德规律强加给我们的企图，这种企图的借口是，道德的世界也有凌驾于历史和民族差别之上的不变的原则。相反地，我们断定，一切以往的道德归根到底都是社会经济状况的产物。而社会直到现在还是在阶级对立中运动的，所以道德始终是阶级的道德，它或者为统治阶级的统治和利益辩护，或者当被压迫阶级变得足够强大时，代表被压迫者对这个统治的反抗和他们的未来的利益。在这里没有人怀疑，在道德方面也和人类知识的其他部门一样，总的说是有过进步的。但是，我们还没有越出阶级道德。只有在不仅消灭了阶级对立，而且在实际生活中也忘却了这种对立的社会发展阶段上，超越阶级对立和超越对这种对立的回忆、真正人的道德才成为可能。”(《马克思恩格斯选集》，第三卷，133～134 页)恩格斯的这些理论，成了我以后伦理思考的重要基础。列宁的有关道德的几篇讲话，如《青年团的任务》、《伟大的创举》、《关于星期六义务劳动》等，毛泽东所撰写的有关伦理道德的文章，如《为人民服务》、《纪念白求恩》、《为徐特立 60 岁生日写的贺信》和《吴玉章寿辰祝词》等，使我进一步认识到道德的历史形成过程和道德的崇高性和对革命和建设事业的重要性。这些著作，对我的伦理思想的形成，起了极其重要的指导作用。

其次，中国古代传统的丰富的伦理思想，对我有着特别重要的影响。从小就喜欢阅读中国古代的历史，更喜欢阅读古代经典作家的名著。到了大学以后，更热衷于儒家的伦理道德思想。在相当长的时间内，还只是认为其中为人处世的许多原则，很有道理，特别是其中的许多道德戒律、道德格言和道德要求，都能够给人们以有益的启发。由于当时所接触的比较多的是儒家的“元典”，对孔子、孟子和宋明理学的思想有着更深的领悟。儒家的德性理论、儒家的“求圣”、“求贤”的人生理想和人生目的，以及儒家的“仁者爱人”、“己所不欲勿施于人”、“为政以德”、“道之以政，齐之以刑，民免而无耻、道之以德，齐之以礼，有耻且格”和“以德治国”的思想，对我产生了重要的影响。孟子的“恻隐之心”、“重义轻利”的思想，我觉得讲出了一个社会的道德评价标准。一开始，我主要是从儒家的“强调道德”和“重视修养”来理解儒家思想的；后来，逐渐认识到，儒家思想和中国古代大多数思想家所论述的问题，都是从各个不同角度、不同方面和不同方法来研究、讨论和阐述人类社会中的德性问题。而儒家思想在整个中国传统道德的所有方面都贯彻着一种“德性主义”的思想。因此，儒家思想的核心和基点就是它所反复阐明和强调的“德性主义”。在进一步的研究和思考中，我对儒家的哲学思想和内容广阔的伦理原则和丰富的辩证的思维，也有了较深刻的把握。因此，在建立新的伦理学的体系和框架时，我试图用马克思主义的立场、观点和方法，抛弃其中的糟粕，吸取其中的精华，使我们的伦理学能够更加具有中国特色和中国气派。

最后，西方古代和近代的伦理思想对我的伦理思想形成也有着重要的启迪。自从 1960 年开始从事伦理学的教学和研究以后，就大量学习和研究西方伦理思想家的著作。这些著作，对我影响较大的是亚里斯多德、费尔巴哈、康德和黑格尔等，他们的基本著作如亚里斯多德的《政治学》和《尼可马克伦理学》；康德的《实践理性批判》、《道德形而上学基础》；黑格尔的《法哲学原理》；斯宾诺莎的《伦理学》等。虽然也读过一些功利主义者如边沁的《道德立法原理》、费尔巴哈的《幸福论》和密尔的《功利主义》等，但对我影响最大的仍然是那些理性主义思想家中的德性主义者的深邃的理论和崇高的境界。康德的伦理思想，以其对"善良意志"的规定最具有吸引力，康德认为，人的"善良意志"是无条件的，而财富、荣誉、健康等只是有条件好的。善良意志是道德行为的动力。善良意志在一定的主观限制和阻碍之下表示出来就是义务。一个人自然地保持生命不算是尽了义务，而在灾祸和绝望之中仍然努力保持生命才算是尽了义务。义务必须要尊重道德规律并按照道德行事。道德律存在的条件是善良意志，义务观念包含善良意志，出于义务心的行为才具有道德意义。强调达到道德规律的实现，要采取"命令"的形式，即带有责任的强制性。人除了是理性者以外，还有经验生活的成分，不能不为外界的幸福所引诱而违背了义务，因而道德必须是自律的，人自己要决心行善，不为他物所引诱。道德必须以动机为准，而不顾及功利的效果。人凭意志自身颁布律令而行为，因而是自由的。认为由这样的有理性者共同按照道德规律行事所组成的社会就是目的王国。康德在他的《实践理性批判》中更进一步说明，作为有理性的人，不受外力影响按照自己的意志办事，就必然是遵守道德规律的。一个有理性者的道德行为必须是自律的而不是他律的，必须是从义务出发，有善良动机，而不从行为后果考虑。康德提出三条道德律令：(1)个人行为的标准必须可以成为普遍规律，即一个人自己认为是有根据的，一切有理性的存在者也必须都认为是有根据的；(2)人的行为必须把人当做目的，而不把他当做工具；(3)每个有理性者的意志都是颁布普遍规律的意志。由这样的人组成的社会中，每个人按照他自己的意志和目的而行动，并又符合人的普遍道德规律，则人就有了意志自由、个性自由、个性解放。在康德之后，黑格尔的伦理思想，对我也有重要的影响。黑格尔明确认为："我的整个人格、我的普遍的意志自由、伦理和宗教"，"是不可转让的"。黑格尔认为，道德是法的一种，一种具有特殊规定的内心的法，亦即主观意志的法，自由意志在内心中实现就是道德。人们只对自己的有意志的和故意的行为负责。一个道德主体的任何行为，都不可能是盲目的，他的意志所引起的事件，他应该负责；他的意志必须考虑到社会的后果、因此，就引起了动机和效果的问题。黑格尔批判了康德的动机论，强调动机与效果的统一，他说"人就是他的一连串的行为构成的"、"主体就等于它的一连串的行为。如果这些行为是一连串无价值的作品，那么，他的意志的主观性也同样是无价值的；反之，如果他的一连串的行为是具有实体性质的，那么个人的内部意志也是具有实体性质的。"(《法哲学原理》，商务印书馆，126页，1961)又说："单纯的志向的桂冠，就等于从不发绿的枯叶"、"伟大人物曾志其所行，亦曾行其所志"。康德和黑格尔对人的德性的发扬，他们对人的理性的敬仰，对道德命令的尊崇，使我在自觉和不自觉中，孕育着我的伦理学的思想。

三、我的"新德性论"的伦理思想

如果说，在伦理思想发展的历史上有所谓德性论和功利论区别与对立的话，在仔细研读西方伦理思想家的著作之后，我认为，德性论的思想不论从那个方面来看，都要比功利论的思想，具有一种对提升人的道德素质和道德人格更具有意义的内容。伦理学绝不是一门纯理论的学科，而是一门强调实践的科学。在各种学科之中，伦理学是对人的道德品质和思想素质的塑造最为重要的科学。伦理学的功能，决不在于使人们获得关于伦理学的理论体系和讲授伦理学的能力，而在于它的形成、教育、塑造和升华人的道德人格的力量。在这一总要求下，我们可以说，伦理学有两个方面的任务：一是要培育和决定人生的目的是什么，即关涉到一个人的“人生观”或者“人生意义”这一重要问题；二是要实现和达到人生目的之方式和手段，即要探讨和追求“圣人”和“贤人”之所以能够达到所必经的途径。从一定的意义上看，“圣人”和“贤人”只是一个“未能实现的崇高目标”，而“所实现的途径”才是更加重要的关键。中国传统道德思想之所以重视“道德修养”，是同它的“德性论”紧紧联系在一起的。总之一句话，我们可以说，伦理学就是一门关于人的德性形成的理论和实践的科学。从实践上看，伦理学产生的目的，最根本的就是要在生活实践中，实现“人之所以为人”的要求；从理论上来说，就是要把这种现实的要求提高到理论上来，并进一步指导实践，在我们对青年学生、国家公务人员和人民群众的所有的思想教育的各种具体学科，都只能作为辅助的学科与伦理学的学科联系着，而伦理学则是所有思想教育学科的基础和归宿。一个人行为本身的价值，其主要的根据，不是别的，而且是也只能是一个人的“有道德的动机及其所产生的有道德的效果”，为什么我们说，判断一个人的行为的善与恶的主要根据，是他的“有道德的动机”及其所产生的“有道德的效果”呢？因为，只有人们的社会实践和行为的过程及其结果，才能从各个方面告诉我们，在经过人们的社会实践检验之后，这一行为是善的或恶的。在判断人的行为的善恶时，不能像康德那样，认为“道德本身即有价值”、“只要有善良动机”而不问效果、和“为道德而道德”的理论，当然是不全面的。我认为，一个道德行为之所以能称为“道德行为”，必须是不以享受某种道德权利为前提的。如果说一个人在从事道德行为的时候，就考虑着自己在实行这一道德行为后所能够得到的“道德权利”，这就不能说是一种真正的、纯粹的道德行为。什么是“道德权利”呢？一般来说，是指行为者在道德行为之后所应该得到的报赏。如果道德行为的本身，并没有造成个人的生命财产的任何损失，这种行为后所应该得到的“道德权利”，只应当是社会、集体和国家的精神上和物质上的褒奖和鼓励，而个人则不应当有特别的要求。另外一种情况也是现实生活中所常常出现的，就是在实施一个道德行为的过程中，行为者自身受到了轻重不同的伤害和损失、有的甚至因此造成身体的残废和生命的丧失。对于这种不幸的事件，一方面是本人有权力要求有关方面给予适当的报偿，另一方面，集体、社会、国家和各种慈善机构应该主动地、及时地施与行为者本人及其亲属必要的救助。一个援救溺水的人，如果抱着要求获得某种经济的、精神的报偿的人，即如是把溺水的人从水中救出，也不能称为一个真正道德的行为。古人云：“善欲人见，并非真善”，我们可以说：“善欲人报，并非真善。”

四、“新德性论”的主要特点

据我个人的体会和认识，马克思主义的“新的德性主义”的主要特点，共有以下六个方面：

(一)这种新的德性主义的最主要的特点，就是它具有为人类理想社会——社会主义和共产主义而献身的精神。任何社会和任何国家，任何集体和任何民族，在长期的历史发展中，都有其长远的生活目的。我们主张的新的德性主义是以社会主义和共产主义的“共同富裕”为生活目的，只有为这个最高理想而不懈奋斗的品德，才符合新德性主义的要求。马克思和恩格斯认为，共产主义道德在逐步消除旧道德的基础上将成为社会的主要协调力量和真正的全人类道德。社会主义和共产主义道德始终关注人的发展和完善、关注人际关系的协调与和谐，体现着真正的“人的世界和人的关系”。社会主义和共产主义道德，重视公平和正义，崇尚社会的和谐与平等。在没有压迫、没有剥削、没有强权、没有暴力的共产主义社会里，共产主义道德自然成了协调社会生活的重要手段，而社会主义和共产主义事业的前进和发展，又给共产主义道德的更为完备、更加充实，提供了广阔的天地。我们可以想象，在未来的美好的共产主义社会中，法律将逐渐软化和弱化它在解决社会矛盾中的作用，而共产主义道德将在调解人和人之间的关系和提升人的素质上，发挥前所未有的作用。

（二）马克思主义的新的“德性主义”，强调和重视社会中的每个人都应抱有崇高的“道德理想”，都应当具有达到这种崇高道德理想的追求。新的“德性主义”重视和提倡高尚的“道德人格”，并且认为，只要有坚定的信念和毅力，这种道德人格的养成，不仅是可能的，而且是必然。在中国长期的奴隶社会和封建社会中，这种崇高的道德理想，就是所谓“仁人”、“仁者”、“贤人”和“圣人”的品格，在今天，就是我们所说的“毫不利己专门利人的精神”，就是“无私奉献”、“大公无私”的品格。一些人常常以这些要求太高一般人难以做到为借口，否认崇高的道德理想的重要，甚至把这种最高的理想，看成是一种“理想主义”的狂想。这种认识，“近视”而“狭隘”，是一种片面的、有害的观点。正像古人所说的，对于高尚的道德理想，既要看到它的崇高和不可能轻易达到的一面；又要看到它“经过努力”终究可以达到的一面。宋代著名的思想家张载说，一个人，要有“为天下立心，为生民立命、为往世继绝学，为万世开太平”的伟大而崇高的人生目标。他认为，尽管这个目标是不可能“一蹴而就”和轻易达到的，但我们每一个人都应当有一种“虽不能至、心向往之”的意向和渴望，都要有一种“努力攀登、永不停止、不达目的、决不放弃”的决心和信心。惟有如此，我们的人生才有意义，我们的人格才能在自我修养中不断完善。

（三）我所提倡的新的德性主义，具有先进的社会主义人道主义的要求。它继承和扬弃了中国古代“仁者爱人”的早期人道主义思想，吸收了西方人道主义的合理内核，贯彻了社会主义核心价值体系的导向，把人民群众的福祉、自由、幸福和权力提高到新的高度，把“以人为本”作为一切思想、认识、工作和追求的唯一出发点和根本目的。从伦理思想上来看，社会主义人道主义已经成为判断一切事物是否“善”和“恶”的一个重要的依据。新的“德性主义”所主张的“人道主义”和旧的人道主义有着重要的区别。它认为，旧的人道主义所主张的对“全人类的”、“普遍的”、“永恒的”爱，在现实生活中，是不可能存在和实现的。“人们自觉地或不自觉地，归根到底总是从他们阶级地位所依据的实际关系中——从他们进行生产和交换的经济关系中，汲取自己的道德观念”，因此，“道德归根到底都是社会经济状况的产物”，同时，我们也要看到，在人类长期的发展史中，也确实存在着一些最基本的、简单的“人类公共的生活规则”，这些“人类公共的生活规则”，在今天的社会中也是存在的。“普世伦理”从根源上说，原是西方宗教伦理的产物，它所提倡的“爱人”等思想，也包含着“人类的公共生活规则”的“普世”理念。但是当前西方所推崇的“普世伦理”，在多数情况下，已经沦为西方推行其价值观的手段和工具，有些人甚至把西方的“自由”、“民主”说成是超阶级、超国家、超民族的“普世价值”，以此来诋毁和反对社会主义的政治制度，这是我们所应当坚决加以反对的。

（四）在道德行为的动机和效果的关系上，我们主张动机和效果的辩证统一的思想，认为功利主义的思想，或者说功利论的思想，容易引导人的行为向着“追求功利”的目的，向着“追求最大利益”的方向倾斜，归根到底，是无益于人的道德素质和道德品格的塑造和形成的。道德是完善人生的一种手段，人的行为的效果，应当作为评价善恶的重要根据。但是，判断一个行为的善恶，必须把一个人的动机放在首位。

如果只顾“客观效果”而不问动机，就不可避免地会把那些效果虽好而动机不好的“歪打正着”的行为，也当做是“有道德的行为”。“只看动机，不问效果”的观点，是极为有害的。根据这种观点，一些人把那些在动机上抱着“自私自利”、“损人利己”的目的而产生的所谓好的“效果”，也看做是有道德的行为，更是错误的。至于为了公共利益、为了集体利益、为了国家的利益而未能达到好的效果的行为，我们不应该也不能把它看做是“恶”的行为。在社会生活中，有好的动机而未能达到好的效果的情况，是经常发生的，这种情况本身说明，人们对事物发展的进程的估计往往有难以预料的情况，应当从这些抱着好的动机而未能达到好的效果的出现，要总结教训，吸取经验，尽量克服和弥补已经出现的“坏的结果”，使好的动机在今后达到“好的效果”。

我们是不是对“功利主义”采取完全否定的态度？不。从一定的意义上，我们承认功利主义的合理内容。不论做任何事情，都是要求得到一定的“效益”，从这方面来说，我们是一个革命的功利主义者，我们的一切行为都是为了达到革命和建设所要求的“功效”。我们所要求的目的，决不停留在人的动机的善良，而在于对国家、对社会、对民族的公共的利益。从一定的意义上，我们可以把对人的善恶的判断和对事的成败的判断区别开来，对人的判断，主要关系到意向、意图和动机，它的标准是良心和义务；而对一项事业所取得的成效，则主要是看行为的效果，它的标准是行为的效果之是否达到。从研究伦理学开始，我就是一个动机和效果的辩证统一论者，是一个倾向德性论和义务论的德性主义者。也可以说，我是“一个马克思主义的新的德性论者”。从历史的渊源来说，自从我接受了马克思主义之后，我对道德的理解，就是反对资产阶级的“功利主义”和倾向德性主义的。从接触西方的伦理思想的派别之初，我对康德的义务论的内容，都十分地赞赏，对于康德的动机论，我也认为是抓住了人的道德行为的本质，掌握了善恶的关键。我执著地认为，一切歪打正着的行为，尽管它也可能产生所谓“好的效果”，它只能是一种“歪”的行为，这种“歪”的行为，无论从什么视角和方面，都不能说是“有道德”。马克思和恩格斯对边沁的功利主义进行了许多论述，认为它表明了“社会的一切现存关系和经济基础之间的联系”，但也作了深刻批判，指出边沁理论建立在抽象人性基础上，忽视了人的多样性、历史性和社会性。针对边沁将个人利益作为社会利益的基础，恩格斯尖锐地指出，边沁“把一切都颠倒了”。

（五）新的马克思主义的德性论，极端注意人的道德修养，提倡“修身”、“慎独”，把个人的“自我完善”看做是道德行为的重要方面。道德的他律，对当前社会中的人来说是必要的，但是，从根本上来说，一个人的道德品质的提高和道德人格的升华，是要一个人的“道德自律”的觉悟和实践的。没有道德的“自律”，没有个人的“良心”的醒悟，没有对道德的“崇高”和“神圣”的内心的诚挚的追求，要想提升个人的道德品质和道德人格，是不可能的。康德在《实践理性批判》一书的结论中说：“有两样东西，我们愈经常、愈持久地加以思索，他们就愈使心灵充满始终新鲜不断增长的敬仰和敬畏；在我之上的星空和居我心中的道德法则。我无需寻求它们或仅仅推测或在视野之外逾界的领域；我看见它们在我面前，把它们直接与我实存的意识连接起来。”

（六）新的马克思主义的德性论，重视一个人对他人、对集体、对国家、对民族所应负的道德责任。从某种意义上，“道德责任”也就是“道德义务”。在这里，我们有必要对“权利和义务”作一些界定，就是要分清它在法律和道德上的分别。从法律上看，我们必须承认权利和义务是对等的，没有无义务的权利，也没有无权利的义务。对于道德义务，我们不能同法律一样来理解道德义务。一个人在社会生活中，他必然也必须要遵守一定的道德规范和道德原则，否则，他就不可能在这个社会中生活。新的德性主义特别强调一个人对待“道德义务”的态度。道德是人类在社会生活中所形成的相互约束和自我约束的“规定”，人们只有认真地遵守这些“相互约束”和“自我约束”的“规定”，人类社会才能向着进步的方向发展。道德的义务，要求我们忠于祖国，要求我们诚实守信、要求我们“爱人如己”，要求我们“尊老爱幼”等等。“道德”本身所包含的一个重要的“元素”就是“义务”(责任)，没有“责任”，也就没有“道德”，一个人、一个民族、一个集体、一个国家，它的道德风尚和人们的道德品质的高低，一个主要的指标，就是看人们履行“道德责任”的自觉性的程度。在道德权利和道德义务方面，我既重视道德权利，更重视道德义务，我认为，任何一个人的道德义务，都不能也不应当以追求和享有道德权利为前提，如果一个人在履行道德义务时，是抱着追求道德权利为前提的，那么，他的行为就不可能也不应当配享“有道德的行为”的“美名”，另一方面，从社会、集体和国家的立场来看，应当认真地、切实地对那些履行了道德义务的人，给予应有的精神的和物质的道德权利，在必要的时候，还应当对他们在履行道德义务时所遭到的精神的、身体的、经济的损失给予相应的补偿。列宁十分重视义务劳动这一伟大创举，强调必须把权利义务统一起来，谁不尽义务就不应当享有权利。

总之，新的马克思主义的德性伦理学，是一种全新的伦理思想。这种伦理思想，既区别于原来的旧的德性主义的伦理思想，更不同于过去的旧的“功利主义”的伦理思想。马克思恩格斯揭示了功利主义的理论实质，指出功利意识乃至功利理论的产生式源于资本主义社会的一个简单的社会经济事实：一切关系仅仅服从于一种抽象的金钱盘剥关系。

伦理学基本理论研究

试论马克思主义伦理学的价值观*

正确地阐述马克思主义伦理学的价值观和人的价值问题，不仅对于培养人们的革命人生观，加强青年一代的思想品德教育有着重要的现实意义，而且对于马克思主义伦理学的理论建设，也是十分必要的。

一、怎样理解伦理学中的价值

“价值”本来是一个含义很广的范畴。一般来说，它是物质客体、人们的社会实践活动和社会意识现象所具有的一种属性，这种属性体现着这些物质客体、社会实践活动和社会意识现象对一定的社会、阶级和个人所具有的意义。在伦理学上道德意识、道德规范、道德活动，对人们具有重要的意义，具有重要的价值。某一事物如果它对人们具有几种不同的意义，那么它就具有几方面的价值。这种价值既可以表现为使用的或交换的，也可以表现为精神的。

---

* 原载《哲学研究》1982 年第 1 期，《新华文摘》1982 年第 3 期转载。曾收入《罗国杰文集》，上卷，112～132 页，北京，中国人民大学出版社，2007。

例如，一支钢笔，可以用来写字，对人们有使用价值；可以在市场上出售，对生产钢笔的工厂来说，又有经济价值或交换价值；如果上面还雕刻着美丽的字画，成为一个艺术珍品，那么，它就同时还具有很高的艺术价值或审美价值。同样，人们的社会实践活动，也都对社会、对阶级、对他人和自己具有一定的意义，因此也都具有一定的价值。这种价值也往往是多方面的，经济的、政治的、道德的、艺术的等等。价值的存在，是人们都承认的。什么是有价值的，什么是没有价值的？什么价值高贵，什么价值卑微？怎样的人生目的和社会行为应该给予高尚的评价，是值得为之信仰和终生奋斗的？怎样的人生目的和社会行为是应该鄙视和否定的，是不应该追求的？人们在对各种人生目的和社会实践活动进行评价时所持的观点，就构成了人们的哲学的、社会的和伦理的价值观。

应该承认，对于社会意识现象同样也有着价值的意义。这就是说，思想体系、政治观点、道德理论等社会意识现象，同样对人对社会具有意义，不同的意义也就体现出它们的各种不同的价值。人们对这种价值的理解，就构成了人们各种不同的价值观。这种价值观，如果从人们的社会实践整体来看，可以说是人们对社会实践的价值观的一个方面或一个组成部分。但是，这里需要特别指出的是，在阶级社会中，人们的社会实践和社会意识现象不同于一般的物质客体，它们是有阶级性的。人们的社会实践活动和社会意识现象，总是处在一定的历史条件下，在一定的生产关系和社会关系体系中存在和发展的，在阶级社会里必然受着阶级关系和阶级斗争的影响，打上各种不同的阶级烙印。因此，对任何一种社会实践活动和社会意识现象，在不同阶级的人看来，就会赋予不同的意义，具有不同的价值。

现在人们已经注意到，西方虽然有较高的物质文明，却正经历着严重的精神危机。这一点连资产阶级思想家和政治家也不否认。那么人们会问：西方社会的这种精神危机的要害是什么呢？这种精神危机，归根到底也可以说，就是一个价值危机的问题。他们对什么是真理和谬误，什么是正义和邪恶，什么是美和丑等问题，长期以来得不到正确的统一的认识。是非混淆，善恶颠倒，美丑不分，使人们对这些社会意识现象和由此而导致的社会行为的价值观念，产生了极大的混乱。什么对人最有价值？人在社会中生活究竟有什么意义？资本主义的消费理论和资产阶级的利己主义道德，究竟会把人们带到什么样的道路上去？这些问题正是资产阶级伦理学家们所极为关心而又无法解决的问题。也正是由于这种原因，价值问题，特别是人的价值问题，就成了许多资本主义国家伦理学研究的中心，以至于有些学者或学派把伦理学就当做价值科学。

当然，从一定的意义来说，把伦理学看做价值科学也是可以的。任何一个社会，为了维持自身的生存，都需要建立起调整人和人之间关系的一整套行为规范体系，其中包括道德理论、原则、规范和评价方式。这一套理论、原则、规范和评价方式，对社会、阶级、集团和个人，都具有重要的意义，都具有一定的价值。马克思主义伦理学并不否认伦理学的规范体系具有价值论的意义；相反，它有史以来第一次以科学的严肃态度，认真地提出并回答了伦理学的价值观和人的价值问题。特别是由于道德的这一套理论、原则、规范和评价方式，对人的行为有着特殊的约束和指导作用，涉及善与恶这一具有普遍意义的社会现象。因此，从价值方面来研究伦理学中的问题，探讨人的价值，在一定程度上，也有助于问题的解决。但值得注意的是，资产阶级伦理学家们在把伦理学说成价值科学的同时，力图把资产阶级关于人的价值的理论，说成是唯一正确的理论。他们从抽象的人性论出发，极力强调人作为“类”的个体的自然属性，强调抽象的个性、个人自由，强调利己主义。他们否认或故意抹杀人的价值的历史发展和社会条件，认为存在着一种永恒不变的，对一切时代、一切民族、一切阶级都适用的所谓“人的价值”。因此，到底怎样理解人的价值，就成为当前马克思主义伦理学研究中必须回答的一个重要问题。为了更好地说明这个问题，有必要作一点历史的考察。

二、对社会价值的历史考察

对人类原始社会的情况，我们知道的很少。但有一点可以肯定，人类在脱离动物界以后的一段漫长时期内，在共同劳动和交往中，逐渐形成了调节人与人之间关系的简单而又必要的行为准则，使他们获得了共同合作、相互帮助、团结友爱的情感和习俗传统，这是人类史和人类道德史上最初的进步。那时的人们，在原始的生产资料公有制的基础上，很自然地能够把为氏族整体而积极劳动、平等友爱地对待氏族成员的行为，看做是善，反之就看做恶。善与恶的对立观念的产生，说明在原始人的道德意识中发生了飞跃。原始人还没有把个人同氏族分离开来，他们不但没有私有的观念，甚至在很长的时期内也没有明确的“个人”观念。理由很简单，因为他们还没有意识到自己的个性，还没有意识到与他们所赖以生存的氏族集体分开的个人。原始人作为氏族的成员，是把自己融合在氏族整体观念之中的。在原始社会的条件下，一个人单独生活根本是不可能的，因此关于个人发展、个性自由的观念，对他们来说也是不可能形成的。用现在的话来说，他们还没有任何关于个人价值的观念。

私有制的出现，特权阶级的形成和财富积累的日益增加，造成了穷人和富人的阶级对立，经济的剥削制终于导致人对人的奴役，出现了奴隶制社会，同时也产生了奴隶主和奴隶两个对立阶级的两种道德。奴隶主阶级俨然以天然统治者的姿态出现，他们确实意识到了自己的个性、理性和力量。他们提出了“人应该同情自己的同类”，应该成为“理性控制感情”的人，应该“按照本性生活”，同时又直接地大声疾呼地宣称，财富的占有是“最高的善”。他们利用自己手中的权力和舆论工具，力图使奴隶不但实际上是一个会说话的工具，而且真正变成一个会说话的工具。奴隶主和他们的思想家只注意到或只承认自己是人，而不承认奴隶也是人，不承认奴隶也有自己的人格。从这个意义来看，奴隶社会的思想家和伦理学家们并没有真正认识到人的价值问题。在中国伦理思想史上，公元前6世纪的孔丘，大体上可以说，已经比较明确地提出了“人”的观念。按照现代的术语来说，也就是曾涉及人的价值问题。孔丘伦理思想的核心是“仁”，“仁者，爱人”，可以说，他特别注意人与人的关系。他强调每个人都应当把自己当成人，同时也要把别人当成人。当然，这个“别人”也是不能没有阶级性的。他所说的“己所不欲，勿施于人”、“己欲立而立人，己欲达而达人”、“我不欲人之加诸我也，我亦无欲加诸人”这三条，可以代表他的关于“仁”的主要思想，特别是他的“能近取譬，可谓仁之方也”的思想，主要就是强调人与人之间，应当平等相待，互相同情和关心。他所说的“克己复礼为仁”的思想，一方面应该看到他所说的“礼”，是为巩固奴隶制，后来是为巩固封建制服务的；另一方面，也应当看到他强调“克己”，就是要求人们能够在个人对他人和对社会的关系上，努力节制和约束自己，甚至牺牲个人的某些利益，来维护社会统治秩序，遵守道德规范的要求，从而有利于调整人和人之间的关系。在中国伦理思想史上，甚至在世界伦理思想史上，可以说，孔丘是最早提出所谓“人”的问题的思想家之一。他明确地提出“泛爱众”、“仁者爱人"的思想，表现出他对人的重视。后来的孟轲，更加强调孔丘所说的"仁者爱人"的思想，并一步提出"民为贵，社稷次之，君为轻"等政治伦理观念，在历史上是有积极意义的。但是，由于阶级的和历史的局限性，他们不可能真正认识人的价值。他们所说的"己所不欲，勿施于人"、"仁者爱人"、"民为贵"等等，只是对奴隶主阶级内部而言。因此，这种对人的重视，只能说是在当时的一定阶级范围内，为着特定的利益和狭隘的目的而提出的。

从奴隶社会到封建社会，对人的价值观念又有了新的变化。由于封建制度是一种等级森严的制度，阶级的从属和人身依附是一个重要特征。原来的奴隶变成了依附于土地和土地所有者的农奴，从他们摆脱了完全充当工具的地位来看，他们具有自己的人格。但是，他们仍不得不使自己紧紧地依附在地主的土地上，束缚在封建领主的控制下。

在封建的道德关系所形成的道德体系中，全部道德的价值，特别是人的价值，都是以其在封建等级中所处的地位来衡量的。居于封建制度中的每一个等级的人，特别是居于上层等级的人，是具有"崇高"价值的，他们的一切生活方式，礼节仪式，起居饮食，甚至衣着配饰、饮酒器皿，都是按照相应的等级严格规定的。有了这种等级规定就有了高低不同的人的价值。因此可以说，在封建制度下，人的价值是以其在宗法等级中的地位来确定的。

在中国历史上，我们可以看到，封建社会的所谓"礼"，从一定意义上来说，就是为了要确立人们在封建等级中的地位，巩固人们之间的隶属关系。至于说到财产、土地、金钱等等，它们总是与封建的等级地位相联系的。一个人有什么样的等级地位，就应该有什么样的财富，就应该享受什么样的待遇。一旦有了这种等级，就不需要自己去另外谋取财富。因为这种带有特殊性的等级制度本身就可以使他具有足够的财富。

正是由于这种原因，封建制度下的贵族，往往鄙视手工业者和获取商业利润的人，他们甚至用各种办法限制商人谋取利润的活动。即使是在经营商业或用其他办法获取了大量金钱的人，也往往没有更高的人的价值。

在整个封建社会，除了封建势力的统治以外，在西欧还有教会的严密控制。西欧中世纪的教会统治居于政权之上，与政权统治相结合。宗教让人们放弃自己的个性，一切都要唯神的意志是从；让人们抛掉尘世的欲望和幸福，把一切希望都寄托在来世的天国。因此，可以说，整个封建社会的道德都是要求人们对上屈从。臣必须忠于君，小臣必须忠于大臣，全国的人都必须忠于皇帝一人。这就是亚里士多德所说的“明哲”，是统治者所应具备的品德，而被统治者所应有的品德就是“信从”。在中国长期的封建社会中，伦理思想家们制造了许多压制广大人民个性发展的理论。什么“君要臣死，臣不得不死；父要子亡，子不得不亡”，“天下无不是的父母”，“饿死事小，失节事大”，要“存天理，灭人欲”等等，就是这种否认人的价值的封建教条。当然，在漫长的封建社会中，关于人的尊严、人的欲望、人的个性的发展问题也还是有着对立观点和倾向的斗争的。一部分进步的思想家曾经激烈地抨击这些封建伦理教条，力图为人的欲望的满足和个性的发展争取一点权力。例如，我国清代的思想家戴震曾高声疾呼，反对“以理杀人”，就是这一斗争的表现。这种斗争从一方面来说，也还只是为了维护地主阶级的根本利益，为了地主阶级统治的长治久安。但从另一方面来看，由于这种思想不符合封建等级制的需要，因而总是这样那样地受到所谓正统思想的压制和否定，被斥之为异端。

进入资本主义社会以后，人的价值问题才第一次公开地作为人们最关心的问题之一被提了出来，并纳入了道德理论的重要内容。由于资本主义生产关系代替了封建主义生产关系，资产阶级终于打破了封建关系的羁绊，用一种新的眼光来看待自己，看待所谓人的问题。他们把个人的价值、个人的理性、理想和人格作为自己研究和考察的主要对象。文艺复兴运动以来的资产阶级思想家们极力反对宗教神权的控制，反对禁欲主义，反对不合理的封建宗法制度，强调平等和个人自由、个人尊严、个人人格，也就是明确地提出了个人的价值。如果从伦理学上对这种价值理论进行概括的话，那就会很清楚地看到，这种价值理论，就是把以个人主义(或利己主义)为核心，以个性的自由发展为目的作为其本质特征的一种资产阶级价值论。它是在资产阶级的自由竞争的经济关系中产生的，又是为资产阶级的自由竞争服务的。当然，资产阶级作为一个新兴的阶级，更自觉地发现了个人，强调了个性发展，提出了个人主义和利己主义理论，对于封建宗法统治和宗教禁欲主义来说，应该看到它在历史上的进步意义。当然，也应该看到，过分强调这种进步意义，夸大它的作用，在今天来说，也是十分有害的。

当资产阶级重新发现了人的价值以后，他们曾经认为，在私有制的社会内，就可以使人的个性得到充分的、自由的、和谐的、全面的发展了。他们认为，为了获得人的个性解放、自由、平等，最重要的是要通过自由竞争，掌握必要的私有财产。有财产才能有这一切，没有财产就没有这一切。对一个一无所有的人来说，个性解放、个人自由、人的价值和尊严只是一句空话。这样，资产阶级的幻想也像肥皂泡一样消失了。他们发现，在冲破封建等级制度之后所带来的并不是人的个性发展和人的尊严，而是使“财产”和“金钱”成了全社会的最高价值，成了衡量或评价人的价值的砝码。在资产阶级看来，世界上没有一样东西不是为了金钱而存在的，连他们本身也不例外，除了快快发财，他们不知道有别的幸福，除了金钱的损失，也不知道还有别的痛苦，由此可以看出，资产阶级所说的个人品德，主要也是积累财富、攫取金钱所必备的那些品性或气质，并不是他们在道德理论中所讲的那种“博爱”的美德。他们当中不少人正是以“无偏颇的自私自利与良心上无所顾忌的品质”，获得了发财致富和出人头地的辉煌胜利。恩格斯曾经极其深刻地指出，在资产阶级社会里，“金钱决定人的价值：这个人值一万英镑，就是说，他拥有这样一笔钱。谁有钱，谁就‘值得尊敬’，就属于‘上等人’，就‘有势力’，而且在他那个圈子里在各方面都是领头的。”①

此外，我们在考察资产阶级的价值论时，要注意把他们口头上所说的价值目标和实际奉行的价值目标加以区别。资产阶级以边沁、穆勒为代表的功利主义者，把人的最高价值目标规定为应该为了“最大多数人的最大幸福”，从而给资产阶级的价值目标披上了一个耀眼的美丽的外衣。其实，这个听起来似乎高尚的目标，不过是把所谓“最大多数人的最大幸福”归结为组成社会之单个成员的个人利益，归结为少数资产阶级剥削者的利益，从而使“最大多数人”和“最大幸福”成为互不相干的两回事，其道德的基础和价值目标仍然是很卑下的。

三、马克思主义伦理学的价值观

马克思主义伦理学不应该回避人的价值问题，也不应该否认人的

① 中共中央编译局：《马克思恩格斯全集》，第 2 卷，566 页，北京，人民出版社，1965。

价值。对于历史上提出的关于人的价值的思想，应该采取具体分析的态度。从一定意义上说，对资产阶级上升时期强调的关于人的价值、人的理性和人的自由、和谐、全面发展的思想，也是可以而且应当加以肯定的。但是，必须强调指出，随着资本主义的发展，资产阶级所说的人的个性发展，人的自由和人的价值，已经失去了它的历史进步作用，而变成为对广大劳动人民的欺骗。马克思主义关于人的价值的思想，是同资产阶级和以往一切剥削阶级关于人的价值的观念有原则区别的。

依据马克思主义的历史唯物主义观点，人的本质是社会关系的总和。在阶级社会中，一定的经济关系和阶级关系决定着人的发展，决定着人的本质，同时也决定着人的价值。因此，对于人的价值，必须从一定的经济关系中，从社会关系的历史发展中加以考察。由于人们在生产关系中所处的不同地位，所采取的不同阶级立场，由于不同的阶级利益，使人们对人的价值，往往有着不同的甚至完全相反的理解。马克思主义伦理学认为，人的价值问题实质上就是一个人生目的和人对社会的关系的问题，也可以说就是人怎样生活才算值得，怎样生活才有意义的问题。

大家知道，人的道德意识和道德活动必然都有一个目的、目标。这里所说的目的和目标，除了从事每一个活动的具体目的和目标之外，还有一个总的或最终的目的和目标。而这个最终的总的目的和目标，就联系着人的一切行为活动，贯穿于他的社会生活实践之中，就是要解决人为什么活着和怎样活着的问题。有些伦理学者就把这个总目的称之为价值目标。这就是说，实际上在人们的每一个具体的道德意志和行为活动的背后，在每一个具体的社会实践活动中，都包含着一个总的意向，一种特殊的意义，即一种道德价值或社会价值。每一个人，尽管从事着不同的社会活动，但是，他的全部感情、意向、激情和行为活动过程，总是要服从于一个经过选择了的生活的目的，不过有时自觉，有时不那么自觉，有的正确，有的不那么正确或完全错误罢了。而且从客观效果来说，总要得到一定的价值评定，不过是不同时代和不同阶级，其评定价值的标准和方式不同罢了。在阶级社会里，尽管有很多种不同的价值目标，但是在同一个社会范围内，只有统治阶级的价值目标，才能居于主导地位。在每个人的思想中，尽管往往存在着许多种价值目标的选择和斗争，但最终总是只有一种价值目标，支配着人们的思想和行动。

马克思主义伦理学认为，正确理解利益是道德的基础。因此，在伦理学中对道德意识和道德行为的价值目标的理解，总是同对利益的理解相联系的。利益是什么呢？利益作为一个广泛的社会范畴，它不过表示人对周围现实的一种关系。人们在社会中生活，要改造周围现实的对象和条件，使其满足人们的需要和愿望，这种表现为主体改造客体与达到预期目的和愿望的关系，就是所谓利益。这种关系既然是主体自觉地去掌握客体、改造客体，因此它就不能不是抱有一定目的和积极态度的有意识的关系。在社会生活中，利益总是表现为个人的、阶级的、集团的和社会的需要。如果对这种有意识的关系只是从个人的主观的利己主义的方面去理解，就会把利益同个人的需要等同起来，并把这种理解作为道德的基础和价值的标准。古代的快乐论和近代资产阶级利己主义道德论，都是这样理解利益并在此基础上建立他们的价值观的。现在有些人也是这样理解利益和需要的，不过社会条件不同，不得不加上一些别的内容罢了。

道德意识和道德活动的价值目标，是以对利益的理解为前提的，是从人们的具体的道德意识和道德活动中体现出来的。它在利益的影响下，对周围现实的客体和条件，具有一定的目的性，因此，它是一个人基本行为倾向的比较一贯、稳定的因素，对人们的道德意识和道德活动具有指导和推动作用。一个人的道德价值目标，并不仅仅是一种动机，一种主观的意向，它还作为对客观利益的主动积极争取的因素，渗透到人们的全部行为活动过程中，即从道德认识、道德感情、道德意志、道德信念，直到道德行为，以至于一生的实践，从而使自己的行为活动在一切方面和各个时期，都自觉地贯彻和服从于这一价值目标。从这个意义上也可以说，人的价值就体现在他的一系列现实的行为活动中。用黑格尔的话来说，叫做“主体就等于它的一连串的行为”(黑格尔：《法哲学原理》，126 页)。如果这些行为是一连串无价值的作品，那么行为的主体即这个人，就是无价值的；反之，这个人就是有一定价值的。

当然，这样谈论价值目标还是抽象的。实际上，人们对客观利益的正确理解，即把利益理解为包括个人需要在内的社会的、阶级的、集体的需要，理解为改造世界的革命的实践活动，他就能够建立起明确的、正确的价值目标。而这种价值目标一旦形成以后，当他认识到这一价值目标的意义的时候，就会产生出为实现这种价值目标而热诚献身的力量。历史上的进步的、革命的阶级，以及它们的先进的代表人物，能够清楚地认识到社会发展的要求和人民的利益，自觉地建立起符合人民利益和社会发展要求的价值目标，并积极地为实现这一价值目标而英勇奋斗，直至献出自己的生命；许多民族英雄的凛然大义、宁死不屈的精神和行为，就是对人的价值的理解和实践的范例。在历史上，许多具有崇高的人生价值目标的人，由于对人生意义的正确理解，就能够转化为一种比常人更为持久和巨大的前进动力。如我国明代著名的伟大医药学家李时珍，用了整整三十年的时间，献出了毕生的精力和心血，写出了巨著《本草纲目》。这正是由于他有着为人民驱除病害的崇高价值目标的结果。他三十年如一日，不辞艰难劳苦，始终目标一贯，不为种种权势名利所引诱，宁愿奔走四方，也不贪图宫院享受富贵荣华，即使在生活贫困和身染重病的情况下，仍然坚守既定的正确价值目标，保持一种自强不息、坚忍不拔的奋斗精神。由此可见，价值目标不是任人主观好恶选择的，而是在一定的社会关系中，通过改造客观世界的实践形成的。一个人的价值，就是他的生活目标和他的社会实践的统一，是他对社会和人民利益的理解和奋斗的体现。

无产阶级革命的胜利，建立了新的以生产资料公有制为基础的生产关系，全民所有制和集体所有制的不断发展，人和人之间的新型关系的形成，以及马克思主义的意识形态，为社会主义社会的新的价值观的建立创造了客观基础和主观条件。在社会主义社会，人的价值不在于地位的高低，金钱财富的多少，而在于对人民的利益和社会的进步事业所作的贡献，在于为社会主义、共产主义所进行的创造性的劳动，在于他为共产主义奋斗的伟大目标和为人民服务的献身精神。共产主义道德是从无产阶级阶级斗争的利益中引申出来的。在社会主义现代化建设时期，它的基本要求，则是从现代化建设和人民的利益中引申出来的。因此，在社会主义现代化建设时期的价值观和人的价值标准，也是同人民要求实现社会主义现代化这一根本利益相联系的。离开了这个根本利益的要求，就不可能建立正确的价值观，就不可能找到人为什么生活和怎样生活的价值标准。我们可以说，无产阶级的价值目标，就是为社会主义和共产主义事业而奋斗，就是为人民服务。应该说，这个价值目标正是共产主义道德和革命人生观的最核心部分。

当然，我们强调人的价值的主要标准在于为社会主义、共产主义事业奋斗，为人民服务，这并不否认在我们的日常活动中，还要有具体的、暂时的奋斗目标。问题的关键是，一切日常行为中的各种纷繁复杂的具体目标，必须同这一总的根本的价值目标相联系，并使那些具体的价值目标成为这个总目标的一个不可分离的组成部分，从而不断促进这个总的价值目标的实现。

在社会主义革命和社会主义建设中，人们由于不同的岗位和职业，抱有不同的兴趣和爱好，在充分发挥人的个性和才能的社会实践中，人们的具体生活目标是各不相同的。因此，人们对人生的意义，对人生的价值的具体理解，可能因具体职业的影响而各不相同。但是，人们的总目标必须是相同的，就是从人民和社会主义祖国的整体利益，从社会主义、共产主义事业的长远利益来建立价值目标，承认这是我们社会的共同的价值标准。马克思主义伦理学的价值观不应该排斥和否认人们的个性、理想、爱好、兴趣的不同，而应该强调这一切都必须和社会主义的总的价值目标相联系，并使这一切的发展从属于总的价值目标。

现在，有人讲集体应重视个人的价值，个人要提高自我的价值，社会要重视人的价值，等等。如果能够对什么是人的社会价值有正确的理解，那么，这些论点也是可以同意的。但是，如果不是把人的价值目标理解为为社会主义、共产主义奋斗和为人民服务，而是把人的价值说成是财富、金钱、地位、名誉，理解为充裕的物质享受，甚至是争奇斗艳的衣着打扮，那么，这种价值目标，只能是利己主义的、个人主义的。此外，还有一些人并不明确地说出自己的价值目标是资产阶级的、利己主义的，甚至他们也说自己的价值目标是无产阶级的、社会主义。但是仔细分析起来，他们的理论却是很值得讨论的。

例如，有的同志认为，个人应该提高自己的价值，而人的价值就在于他所能得到的金钱和荣誉。有的同志把“荣誉”看做人的价值尺度，认为谁能得到更多、更大的“荣誉”，就有最高的价值，而不注意区分这种荣誉是为了集体、祖国，还是为了个人。很显然，这些说法是不能和剥削阶级的价值观划清界限的。

资产阶级为了掩盖自己价值目标的利己主义本质，总是用各种办法，把自己关于人的价值目标说成是高尚的。如果只是从形式上、口头上看，似乎有一些东西是高尚的，但从实质上、实践上来看，他们的价值目标却是卑下的。如资产阶级伦理学家亨利·斯图特，专门写了一本题为《人的价值》的书。在书中，他提出了一个“人的价值目标”，即所谓“高级个人主义”。他说：“这种高级个人主义与那种低级个人主义有着极大的区别，低级的个人主义是所有有生命的生物都共同具有的那种口腹之欲的自私自利”，但是高级的个人主义“却必须总是考虑到他人，并且还要考虑到他们对他自己的态度。他的个人利益只有在和他实际意识到的社会系统发生关系的时候才有可能。在高级意义上利己或自私的人在低级意义上却常常不是自私的；他们只要得到了自己所追求的荣誉，便会对物质利益处之泰然。然而低级的自私自利之人只要口腹之欲得到了满足，通常是乐于忍受屈辱的。”他认为，在资本主义社会中生活的人们，特别是社会各方面的领导者，应该具有这样的价值目标，他们最好是不要只顾自己的口腹之欲而忘了还需要荣誉，还需人们的赞赏，需要要群众的“乐于忍受屈辱”的支持。这种所谓高级个人主义的价值目标，实际上完全是为了达到自私的卑劣目标的“高级”手段。

其次，马克思主义伦理学关于人的价值的思想，还特别强调集体的利益。尽管个人的全面发展是人的价值目标的基本标志和重要内容，但是，马克思主义伦理学认为，只有在集体中人们才有获得个人全面发展的可能。一个人的个人兴趣和爱好，必须要不违反集体的利益，并且要有助于集体的利益，在集体利益的前提下去发展个人的兴趣和爱好。无产阶级所说的集体，是一个建立在公有制基础上的，有着共同的利益和革命理想的集体，而不是一个虚幻的或半虚幻的集体。在这样的集体中，人和人之间的关系是真正同志式的、平等互助的关系；人和人之间的道德关系，真正是依据共产主义道德原则和规范形成的。因此，每个人都必须依据集体主义的原则，在集体的事业中，才能发展自己的个性，才能实现人的价值。

最后，马克思主义伦理学强调，培养个人选择价值目标的能力，是一个很重要的任务。人在社会中的每一个道德活动，都有一个或几个动机，都抱着一种目的，这也就是说，在每一个道德活动的后面，都包含着一定的价值目标。在每一个具体的价值目标后面，又都有一个总的价值目标。这个总的价值目标，有时似乎隐而不见，有时又以种种假象来欺骗自己和别人。当然，在阶级社会中，由于不同阶级的影响，在一个人的思想深处，往往还会隐藏着相互对立的价值目标，在一定时期内又往往出现尖锐的冲突和斗争。因此，自觉地清除剥削阶级的价值目标，对于确立革命的人生目标和生活的实践道路，有着不可忽视的重要性。

试论马克思主义伦理学体系结构的特征*

一

伦理学是一门古老的科学，它的发展因各民族、各个国家的不同历史情况而呈现出不同的特点。早期，伦理学是哲学的一个部分；以后，逐渐成为哲学的一个分支；最后，脱离哲学而相对独立。在希腊，至少从两千四百年以前的亚里士多德开始，伦理学已经作为一门相对独立的学问而受到思想家们的重视。在中国，由于在很长一段时期内，哲学中的宇宙观、认识论和道德思想一直是融合在一起，所以直到19世纪以前，并没有形成伦理学这样一门学科。但是中国思想家们视为最重要的“经学”，其主要目的就是从伦理道德上去改变人的气质，涵养人的德性。到了宋明以后，理学更成了为统治阶级服务的一种道德哲学，整个哲学几乎都变成了伦理学。

* 原载《哲学研究》1983年第2期。曾收入《罗国杰文集》，上卷，227～241页，北京，中国人民大学出版社，2007。

在西方，伦理学这门科学最早是由亚里士多德提出的。从一定意义上说，“伦理学”就是由亚里士多德创造的。“伦理”一词，最早来源于希腊文的“ethos”，在荷马的史诗中，它作为一个名词表示“惯常的驻地、住所”等意思，后来，经过不断发展，虽然可以理解为“风俗、性格”，但还不具有“道德、伦理”的意义。亚里士多德首先使名词“ethos”成为一个形容词“ethikos”，从而使它具有“德行”的意义。以后，他又创造了一个名词“ethika”，这就是后来人们所说的“伦理学”。亚里士多德在世时很重视伦理学的教学。他死后出现了三本伦理学的著作：一本《尼各马可伦理学》，据说是他的儿子尼各马可根据他的思想、讲话整理的；一本《欧德米亚伦理学》，据说是由他的学生欧德米亚整理的；另外还有一本《大伦理学》，被认为是以上两本书的提要。从此以后，伦理学在西方就受到极大的重视。继亚里士多德之后的伊壁鸠鲁和斯多葛学派都把哲学分为三个部分：物理学、逻辑学和伦理学(他们所说的物理学和我们今天所说的物理学不同，主要是指关于宇宙的起源、发生和变化的理论)。伊壁鸠鲁一派认为在哲学的这三个部分中，伦理学是最终的目的，具有最重要的意义。他们认为，逻辑学和物理学对于伦理学的关系，就如同医药、卫生对于健康的关系一样，前两个是手段，最后一个才是目的。斯多葛派的芝诺认为，整个哲学就好比一个果树园：逻辑学是这个果树园的围墙，物理学是园中的果树，只有伦理学才是这些果树上所结的果子。他又认为，哲学好比一个蛋：逻辑学是蛋壳，物理学是蛋清，只有伦理学才是居于这个蛋中心的蛋黄。由此可见，到古希腊罗马后期，伦理学不但是哲学的一个分支，而且简直成了哲学的核心。

中世纪，哲学成为神学的“婢女”，但是宗教本身也包含许多伦理道德问题，如罪恶意识、行善积德，忏悔修行、各种戒律等等。近代哲学家精力主要放在认识论上，可是，有些哲学家仍然把伦理学放在高于认识论的地位上。例如笛卡尔认为伦理学是最高级、最完善的科学，康德也认为在他的真、善、美的哲学体系中，善的地位最高，理性的终极目的就是道德。同时，近代还出现了一些专事伦理学的哲学家，如沙甫慈伯利、哈奇森等。到 19 世纪，各种伦理学原理的著作连连涌现。进入 20 世纪后，虽然伦理学的体系从内容到形式都发生了一些变化，但仍然是当代哲学家分析、思考和研究的一个主要问题。

在伦理学的长期发展演变中，从伦理学的体系结构来看，在西方大致出现过四种类型：即规范的、理论的、描述的、分析的。它们各自强调伦理学的某一方面。虽然他们都把伦理学看做研究善恶问题和道德判断的科学，但是，又都以为只有自己才把握了伦理学的精髓，强调其中的某一方面，而拒斥其他的伦理学体系。为了讨论的方便，我们先对这四种类型作一个简单的介绍和分析。

第一，有规范的伦理学。从亚里士多德起，不少传统的思想家都把伦理学作为一门规范的科学，认为伦理学既然是研究善恶的，其主要任务就是要通过对善恶的研究，向人们指出，在人与人的关系和人与社会的关系中，究竟应当遵循什么样的行为规则，人应当如何行动才能达到善。亚里士多德说："我们的研究不是为了去认识什么是道德，而是为了要使自己变好，要不然，我们的研究就会毫无用处了。""我们必须按照正确的规则来行事，这乃是一个共同的并且必须先被承认原则——以后会讨论到这一点，这就是，正确的规则是什么，以及它和其他的美德的关系如何。""因此我们应该来考察行为的性质，即我们应该有怎么样的行动。"(《古希腊罗马哲学》，324 页)因此，他认为人们的行为都应该合乎"中道"的原则，过度与不及都是恶的特性，只有按照“不偏不倚”、“无过无不及”的原则去行动的人，才是最有道德的人。亚里士多德的这种理论，对后来的许多伦理思想家有很大影响。在这种理论看来，不论是对善恶问题的研究，还是对道德原则的探讨，最终都落实到要人们认识和实行某种道德规范。

第二，有所谓理论的伦理学。认为伦理学就是道德哲学，是对于道德问题的哲学思考。它反对把伦理学变为一门规范科学或实用科学，认为只能从理论上去探讨什么是善，什么是恶，探讨义务和良心，而不应涉及具体的行为规范和准则，否则，就要失去伦理学作为道德哲学的意义和尊严。西欧历史上的唯理派哲学家对待伦理学大都表现出这种倾向。在 1949 年以前的中国，张东荪也曾有过类似的主张，最近，国外也有人提出，要把涉及具体行为规范的劳动道德、职业道德等交给另立的一门道德学去处理，而使马克思主义伦理学成为纯粹的道德哲学。

第三，还有一种描述性质的伦理学。它们认为，伦理学是一门经验科学，只应该从经验上描述道德现象，给这种现象以解释，不能直接提出什么具体的行为规范，也不应去探讨道德哲学的根本问题。例如，某些实用主义者就持这种主张。另外，当代存在主义伦理学在一定意义上也可以归入这一类，他们大多都是现象论者，认为哲学、伦理学的任务就是运用现象学的描述方法，对人的存在、人的各种危机状态的神秘情绪体验和道德心理经验进行描述。例如萨特就这样认为：通过存在主义的心理分析即道德描述，能够向我们揭示人的各种计划的伦理意义，揭示人的根本选择是什么。

第四，还有所谓分析的伦理学。这也是当代在英美颇为流行的一种伦理学。它既不以经验的或历史的方法研究伦理学，也不注意这种经验的或历史的叙述的理论概括。当然，它也不把伦理学看做是一门规范的科学。这种伦理学的突出特点，在于它试图从逻辑学的方面，从语言学的方面来对道德概念和判断进行分析。英国著名的伦理学家穆尔，就是这种伦理学的一个突出代表。穆尔认为，伦理学的核心问题，就是对于什么是善，什么是应当的逻辑和语言的分析，只有通过这种分析，才能使伦理学成为一门真正的科学。穆尔批判传统的伦理学，认为它们大都犯了“自然主义的谬误”。他的理论，对 20 世纪的英美伦理学影响很大，以致被一些人推崇为现代西方伦理学的开创性理论。

以上只是就各种伦理学在体系结构上表现的主要特征而作的划分，实际情况还要复杂一些。有些伦理学体系实际上表现出折中的倾向。例如，在西方有人主张将传统的几种伦理学类型同分析哲学结合起来，建立一种综合性的伦理学理论。

二

那么，我们究竟应当怎样来理解马克思主义伦理学的特殊性呢？它在体系结构上有哪些主要的特征呢？

马克思主义伦理学与旧的传统伦理学有着本质的区别，与当今西方流行的各种伦理学派别也有根本的不同。这种根本的差别反映到马克思主义伦理学的体系结构上，就使它不能简单地划到上述四种类型中去，而必然有它自身的特点。

首先，是它在理论上的科学性。马克思主义认为，伦理学是一门科学，是研究道德的起源、本质、发展、变化及其社会作用的科学。从这个意义上来说，我们强调伦理学是一门理论科学，是一门探讨道德的规律性的科学。离开了对于规律性的研究，离开了抽象的理论思维，离开了一定的理论基石，也就不可能形成和建立任何科学的伦理学体系。当然，伦理学所研究的规律是从人们的道德现象中总结和概括出来的，是和实际密切相关的。但是，在马克思主义以前，由于历史和阶级的局限，一切伦理学说，都是建立在唯心史观的基础之上的。这些伦理学说，虽然是人类对社会道德现象的认识的成果，包含着某些民主性的精华和真理性的颗粒，然而就总体上来说，毕竟不是科学形态的东西，严格地说，还不能称之为科学。马克思主义伦理学则不同，它运用辩证唯物论和历史唯物论来分析社会道德现象，在人类历史上第一次把伦理学置于科学的基础之上，揭示了道德的起源、本质和发展规律，从而使伦理学变成一门真正的科学。具体来说，它所考察的规律是多方面的。它要辩证地考察各个历史时代和各个阶级的道德，以及人们长期积累下来的伦理思想资料，找出道德同社会生活条件，同社会上层建筑其他因素相互关系和相互作用的规律，找出人类道德发展变化的规律。作为无产阶级的道德科学，还要着重研究无产阶级的道德状况和社会主义社会的道德现象，研究人民群众的自我教育经验，研究同剥削阶级及其他非无产阶级道德斗争的经验，找出共产主义道德在各方面的规律，包括共产主义道德同社会经济基础和上层建筑相互关系和相互作用的规律，共产主义道德的产生、形成和发展的规律，共产主义道德规范体系的建立、完善和实施的规律，共产主义新人成长的规律，等等。从这个意义上，我们应该特别强调伦理学是一门理论科学，它的使命就是要以科学的形态再现道德，以理论思维的形式概括道德现象的各个方面，并对这些现象进行规律性的研究，找出其中固有的、隐藏在现象内部的规律性。总之，只有对道德现象的各个方面达到了规律性的认识，才能使伦理学真正成为科学，使它在社会和个人的道德生活中起指导作用，显示出强大的生命力。为此，就需要对道德问题进行哲学的思考，要对人的本质、自由与必然、真理与价值关系等问题作出科学的回答，就不应回避人生的意义，人生理想和价值观等常常被称为“人生哲学”的那些问题。

其次，是它的内容的规范性，即由阶级性引申的特殊的规范性。马克思主义伦理学公开申明：它是为无产阶级解放事业，亦即全人类的解放事业服务的，它所主张的无产阶级道德即共产主义道德，“是为破坏剥削者的旧社会、把全体劳动者团结到创立共产主义者新社会的无产阶级周围服务的。”①因而，它摈弃一切“抽象道德”的神话和空谈，而十分重视对道德规范的研究，重视建立共产主义的道德规范体系。它把这个任务看成不仅是伦理学本身性质的需要，更是无产阶级和广大劳动人民利益的需要。这样，马克思主义伦理学的体系就不能不表现出特殊的规范性。

我们认为，对一个社会或一个阶级的道德体系来说，它的根本的道德原则、主要的道德规范、基本的道德范畴、人们的公共生活准则以及人和人的关系中某些特殊方面的要求，都属于道德规范的内容，从而构成了一个社会或一个阶级的规范体系。不论伦理学家承认与否，他们的理论总是脱离不了这一规范体系。那些把伦理学看成一种抽象理论的思想家们，认为伦理学只是纯理论的研究，认为伦理学不应涉及实际问题的观点，是完全错误的。因此，马克思主义伦理学始终把共产主义道德规范体系看做整个伦理学的中心或重心，看做整个伦理学体系的一个很重要的组成部分。马克思主义伦理学之所以成为科学，正是由于它对人和人之间的行为关系的道德规范进行了概括和总结，上升为科学的理论，离开了这个基础，它就不可能成为科学。

由此可见，伦理学作为一门特殊科学，必然要向人们提供道德规

① 列宁：《列宁选集》，第4卷，353页，北京，人民出版社，1976。

范，让人们认识哪些是应当做的，哪些是不应当做的，从而有利于调整人和人之间的关系。从这个意义上可以把伦理学看做是一门规范科学。但是，马克思主义决不把伦理学归结为一门规范科学，更不把伦理学仅仅看成是一种道德戒律的汇编，当做一种教训人们应当怎样或不应当怎样的语录。同以往的伦理学比较，马克思主义伦理学对于规范体系的阐述，有三个最重要的特点。首先，它是建立在一种科学的理论基础上，即在辩证唯物主义和历史唯物主义的基础上来探讨道德规范这一现象。它对于规范体系中任何一个部分的叙述、阐发和概括，既是辩证的，又是历史的，它强调的规范，绝不是空洞的说教，而是在一定经济基础之上依据人和人之间的实际关系而概括出来的行为原则。其次，它不只是指明在人与人之间应当实行一些什么原则，不只是教人们“应当”如何如何，而且给这种“应当”以理论上的说明，指出隐藏在这种“应当”背后的客观必然性，从而使这种规范不再对人们是异己的、外加的，而是通过人们对它的认识，成为人们自己的内心的信念。最后，它不是把理论和规范对立起来，而是强调对规范的研究要以理论为指导，同时理论的研究又必然是以人和人之间的规范关系为客观内容的。这就是说，它使二者有机地结合起来，使它们达到辩证的统一，从而克服了传统伦理学把二者对立起来的错误倾向。

最后，是它的彻底的实践性。马克思主义认为，伦理学是一门实践性很强的科学，用我国古代的话来说，是一门知行统一的科学。因而，有关道德教育、道德品质、道德行为、道德评价、道德修养以及人生观的培养等问题，都应该是伦理学研究的重要内容。在一定意义上，我们可以说，伦理学研究的宗旨即出发点和最终目的，就是要根据一定阶级的要求来陶冶人们的品质，改变人们的气质，培养一定阶级或一定社会所需要的德行。当然，如果把伦理学只看成是一门德育大纲，忽视对道德基本理论的研究，要求伦理学只是像戏剧、小说或宣传鼓动的小册子那样去发挥作用，当然也是不恰当的。因为它忽视了理论研究的重要，将会给伦理学这门科学的发展，带来有害的后果。但是，我们必须强调，作为道德科学的伦理学，是一门有关人的品质磨炼、德性培养的科学，是一门注重人们的道德行为、道德实践的科学。理论和实践的结合，对于马克思主义伦理学有着特殊的重要性。马克思主义伦理学强调实践的观点，主要有两个方面的意义。其一是说，整个伦理学的理论，都必须是从实践中来，必须受客观实践的检验。伦理学的理论，是从人与人的道德关系中总结、概括出来的，并在指导人们调整和改造相互关系、培养道德品质的过程中受到检验。其二是说，伦理学中所阐述的理论、原则和规范，必须付诸实践，身体力行。伦理学是一门科学，但一个人是否真正掌握了这门科学，绝不是看他会不会背诵、记熟作为知识形态的理论内容，而是要考察他是否能够按照这些原则、规范和准则去行动。在严格的意义上说，掌握伦理学的理论知识的确切含义，必须是能够把所学到的理论知识，转化为个人的感情意志和信念，在实践中成为一个有道德的人。正是由于这种原因，对人的行为的研究，对道德教育和道德修养的探讨，对人生观的培养等等，这些同道德实践密切相关的问题，不但不应该排斥在伦理学的范围之外，而且还应该是伦理学研究的一个重要课题。

西方一些思想家排斥这些问题，认为这些问题只能由应用伦理学去研究。这种观点割裂了理论和实践的统一，是错误的。在他们看来，伦理学作为一门理论科学，不应该包括它的应用，如果涉及它的应用，好像就会降低这门科学的尊严，失掉了他们认为的“科学性”。同样，就目前国外的一些马克思主义的伦理学教科书来看，一般都不把道德实践活动的研究作为伦理学体系的一个重要问题，其原因应该说是和这种认识有关的。现在国外有的学者之所以提出伦理学只能是一门道德哲学，只能是关于道德的哲学思考，因而认为在伦理学中不应涉及道德教育、道德修养和职业道德问题，同样也是和这种认识有关的。他们提出，在伦理学之外，还应该建立一门道德学，专门研究道德行为和道德修养以及职业道德的问题，这是正确的。但认为由此就可以使伦理学成为一门纯粹哲学思考的科学，这却是值得考虑的。随着社会主义建设事业的发展，对道德教育、道德修养、职业道德等问题，应该进行深入的研究，在有条件的时候，使它从理论学中分化出来，这是有合理因素的。而且，我们也认为，伦理学这门科学，在今后的不断发展中将会产生、形成更多的分支。但是，我们决不能因此而否认这些问题是伦理学应该研究的问题。即使形成了许多分支、学科，我们也认为对于道德实践活动的研究，仍然应当是伦理学研究中一个必不可少的部分。否则，伦理学的探讨将会变成一种无目的的研究，是不会有生命力的。

马克思主义伦理学，作为一门社会科学，它基本上是为了培养共产主义新人的实际目的而存在的。马克思说过："理论在一个国家的实现程度，决定于理论满足这个国家的需要程度。"①这对于马克思主义伦理学来说，尤其是这样。为了建设社会主义的物质文明和精神文明，为了在全国人民中进行共产主义思想教育，特别是进行共产主义道德教育，就必须加强伦理学的研究。培养有理想、有道德、有文化、守纪律的一代新人，是社会主义事业的需要。马克思主义伦理学

① 中共中央编译局：《马克思恩格斯全集》，第1卷，462页，北京，人民出版社，1956。

对社会主义社会来说，究竟有多大价值，就要看它能够在多大程度上满足这种需要。伦理学是一门理论科学，但它又必须是能够应用，而且是可以应用的。怎样使伦理学这门科学能够有的放矢、深入浅出、从实践中来、又回到实践中去，为广大群众所掌握，产生更显著的效果，仍是我们伦理学工作者的一个重要任务。马克思又说："理论只要说服人，就能掌握群众；而理论只要彻底，就能说服人。所谓彻底，就是抓住事物的根本。但人的根本就是人本身。"①可以相信，崇高的理想和共产主义道德的"闪光"，一旦射入广大人民群众的心灵就必然会产生巨大的作用。

总之，伦理学是一门同现实关系极为密切的科学，我们必须充分认识伦理学这门科学的特点。只有这样，才能进一步促进伦理学的发展。

三

马克思主义伦理学作为一门新型的无产阶级道德科学，除了在理论方面要对旧的伦理学进行根本改造之外，对于旧的伦理学的体系结构，也必然要进行相应的改造。它既要批判地继承传统伦理学的合理因素，又要在马克思主义理论的指导下，建立起一个新的伦理学的体系结构。用马克思主义的理论，改造旧的传统伦理学，建立新的伦理学体系结构这一工作，只能说正在进行，我们至今也还是在不断地学习和研究过程之中，但是，从以上分析得出的初步情况来看，我们认为作为科学的伦理学，最好是包含三个方面的内容。一部分是有关伦

---

① 中共中央编译局：《马克思恩格斯全集》，第1卷，460页，北京，人民出版社，1956。

理学的基本理论，一部分是道德的规范体系，一部分是道德品质的形成和培养。

关于伦理学的基本理论，是指有关道德的本质，道德与经济、政治、文化各方面的关系，道德的历史发展类型以及对道德的阶级分析等等，这些基本理论将贯穿在整个伦理学体系中的各个部分，起着指导的作用，因此，应该首先得到阐发。其次，马克思主义伦理学应当重视共产主义道德规范体系的阐述，包括共产主义道德原则、规范、范畴以及调整人和人之间关系的某些特殊方面的准则。这些规范体系是马克思主义伦理学的基本理论指导下对人和人之间现实道德关系的总结，是伦理学体系的不可忽视的重要内容。最后，关于道德品质的形成和培养，是整个伦理学的归宿，是为培养什么样的人而服务的。诸如人生目的、道德理想、行为品质、道德教育、道德修养和道德评价等等，都应该予以研究。伦理学体系的这几个部分的安排，不仅是相互联系的，而且各个部分的内容结构，也是有序的。

最后，有一个问题还要说明一下。本文所说的马克思主义伦理学体系结构的特征，主要是指作为马克思主义伦理学的教科书的体系结构而言的。而且，这些看法，也还是很粗浅的。为了在我国更早地建立起严密系统的具有科学体系的马克思主义伦理学，现在试着把这些粗浅的意见写出来，以便得到专家、学者们的指正。

伦理学的对象、方法与任务*

科学的伦理学是整个马克思主义理论体系中的一个重要组成部分，是一门以道德为研究对象的独立的科学。从人类文明历史的发展来看，伦理学的研究总是同人类社会的精神文明建设密切相关的。

当前，我国人民正在为建设有中国特色的社会主义，为建设社会主义的物质文明和精神文明而努力奋斗。社会主义的物质文明建设，是社会主义精神文明建设的不可缺少的基础；而社会主义的精神文明，对物质文明的建设，不但能够起到巨大的推动作用，而且还能保证它的正确方向。两个文明的建设，既是互为条件又是互为目的的，忽视其中的任何一个方面，都将会影响、妨碍以致损害我们的社会主义建设事业。

社会主义精神文明，是社会主义的重要特征，是社会主义优越性的表现。这就是说，当我们说到社会主义的特

* 原载《伦理学》，北京，人民出版社，1989。曾收入《罗国杰文集》，上卷，965～998页，北京，中国人民大学出版社，2007。

征、本质或基本特点时，除了强调剥削阶级制度的被推翻，生产资料公有制的建立、各尽所能按劳分配之外，还要看是否已经具有相应的社会主义精神文明。如果忽视了社会主义的精神文明，人们对社会主义的理解，就会陷入一种片面性，甚至使人们仅仅限于物质利益的追求。这样，我们的社会主义就会失去理想和目标，失去精神的动力和战斗的意志，也就不能抵制各种腐化因素的侵袭，甚至有可能迷失方向，走上畸形发展的邪路。

由此可见，在我国当前的历史条件下，在建设社会主义精神文明的总的要求下，加强马克思主义伦理学的研究，对于培养德智体全面发展的一代新人，对于促进我国的四个现代化的发展，建设有中国特色的社会主义，都具有极其重要的意义。

我国的社会主义社会，现在还处于初级阶段。改革和开放，促使了物质文明建设的迅速发展，也使长时期来沿袭的许多不适应现实的伦理道德观念受到了冲击。锐意革新、勇于开拓、奋发图强、献身祖国、富于理想、强调公平、注重自我的思想，正在形成新的潮流。马克思主义伦理学是一门需要在实践中不断发展的科学，因此，依据当前社会实践中所出现的新情况、新问题、新经验，创造性地研究、分析我国伦理道德建设中的各种问题，就具有更迫切的现实意义和深远的历史意义。

一、伦理学的对象

一般来说，伦理学是一门关于道德的科学，或者说，伦理学是以道德作为自己的研究对象的科学。在人类的知识宝库中，伦理学是一门古老的、有着悠久历史的科学。人类为了维持自己的生存和发展，为了在社会生活中不断地完善自身、完善他人和完善社会，在长期的历史发展中，在人和人之间逐渐形成的习俗、规范的基础上，产生了对人的这些关系的思考，从而形成了道德观念和道德认识，并发展了较系统的伦理思想，进而产生了伦理学。

（一）人类道德思考的发展与伦理学的产生

自从人猿揖别，形成人类社会以来，虽然人与人之间的道德关系早已形成（从萌芽状态的习俗到原始社会后期的规范），但抽象层次的伦理思考，则是较晚才出现的事情。一般来说，人们对道德问题进行系统的理论思考，是从奴隶社会开始的。由于剩余劳动的出现，使人类从原始的无阶级的社会，进入了阶级对抗的所谓文明社会。一方面，由于奴隶制经济的发展和奴隶主阶级的利益要求，在人与人之间，逐步形成了许多“应当”和“不应当”的规则，指导着人与人之间的关系和人们的行为。与此同时，这些准则又被人们所思考，作为当时整个社会意识形态的一个相对独立部分，成为一种特殊的意识形式。在中国，人们的道德思考，可以上溯到三千多年前的殷商时期。从商朝出土的甲骨文中看，已经有了“德”字。当时，“德”的意义比较广泛，似乎还没有从当时的意识形态中分离出来。西周初期的大盂鼎铭文的“德”字，已明确地包含着按照当时的规范去行事而有所得的意思。在中国最早的典籍中，“道”表示事物运动和变化的规则，“德”表示对“道”的认识、践履而后有所得。中国的训诂学家依据中国文字的特点，指出音和义的内在联系，认为“训诂之旨，本于声音”，并指出汉字是“义以音生，字从音造”，因而认为从“德”的声音可以了解它的原始意义。东汉时的刘熙对“德”的解释是：“德者，得也，得事宜也”，意思是说，“德”就是把人和人之间的关系处理得合适，使自己和他人都有所得。许慎更明确地说：“德，外得于人，内得于己也。”这也就是说，“德”就是一个人在处理人和人的关系时，一方面能够

“以善念存诸心中，使身心互得其益”，这就是“内得于己”；另一方面，又能够“以善德施之他人，使众人各得其益”，这就是“外得于人”。这些解释说明，从词源的意义上可以看到，在中国古代，当人们自觉地意识到人和人之间道德关系的发生，必须是对人、对己双方都有所“得”的时候，也就是人们开始有了关于道德的思考，即对人我之间的道德关系的反思。从中国古代的有关典籍来看，道德二字连用，成为一个概念，始于春秋战国时的《管子》、《庄子》、《荀子》诸书。荀况说：“故学至乎礼而止矣，夫是之谓道德之极。”（《荀子·劝学》）荀况不但将道和德连用，而且赋予了它较为确定的意义，即指人们在社会生活中所形成的道德品质、道德境界和调整人和人之间关系的道德原则和规范。为了在人和人的相处中，能够使人我之间互有所“得”，以维护和调整人们之间的利益关系，在古代，对道德问题的思考是许多思想家所特别关心的。远在公元前 6 世纪的孔丘，在他的《论语》一书中，集中论述了在当时社会中人和人之间的道德范畴、道德原则和各种行为规范，可以说是世界上最早的一本规范伦理学。

从中国的词源含义来看，“伦”本意是辈、类的意思，“理”是条理、道理的意思。伦理二字连用，最早见于战国至秦汉之际的《礼记·乐记》：“乐者，通伦理者也。”在这里，“伦理”已经表示着有关道德的理论的意思。

在古代希腊，从词源上来看，早在荷马史诗《伊利亚特》中，已经出现了 ethos 一词。开始，这个词只是表示一群人所共居的地方。以后，意义扩大，还包括了这一群人的性格、气质及其所形成的风俗习惯，这说明，古希腊人也在很早以前就对伦理道德问题进行思考了。公元前 5 世纪的苏格拉底、柏拉图等，特别注意对善的考察，甚至专门以青年的道德教育作为他们的道德思考的主要内容。公元前 4 世纪的亚里士多德，把 ethos 的意义加以扩大和改造，先构建了一个形容词 ethikos(伦理的)，以后又构建了一门新的科学 ethika 即伦理学。亚里士多德的《伦理学》是古希腊思想家们伦理思考的最卓越的成就。正像孔丘在中国一样，亚里士多德在古希腊创建了完整的规范伦理学。

自亚里士多德以后，在西方，伦理学开始成为一门独立的科学，受到思想家们的特别重视。亚里士多德之后的斯多葛学派和伊壁鸠鲁学派，都把哲学分为三个部分，即物理学、逻辑学和伦理学。他们所说的物理学，主要是关于宇宙的起源、发展和变化的理论，又称自然哲学，和我们今天所说的物理学不同。伊壁鸠鲁学派认为，物理学、逻辑学对伦理学的关系，就如同医药、卫生对于人体的健康一样。这就是说，在这三者关系中，人体的健康是最根本的目的，医药和卫生，都是人们为了达到这一目的所采取的手段。斯多葛派则认为，整个哲学好比一个果树园，逻辑学是这个果园的围墙，物理学是园中的果树，只有伦理学才是这些果树上所结的果子。在古希腊，伦理学不但是哲学的一个分支，而且简直成了哲学的核心。

同样，在中国，人们尽管也谈到要学习各种知识，但是，大多数的思想家们都强调，“为学”主要是要学习有关伦理道德的知识。在长期的奴隶社会和封建社会中，学就是要学习诗、书、礼、易、乐、春秋等儒家经典，而“为学”的目的，主要是要改变人们的品性和气质，以适应当时社会的需要。

随着人类社会的进步，人们对道德的反思也逐步深入。在西方，随着生产力的发展，随着人们对社会道德的各种机制的不断深入了解，伦理学作为一门科学，也取得了很大的进展。但是，值得注意的是，在资本主义社会发展的后期，许多思想家们对现代社会中出现的

“贪欲”的破坏作用感到无能为力，对那些由于“魔性的欲望”所造成的道德危机束手无策，从而认为这对伦理学来说是一个不可能解决的问题。在社会主义社会中，随着物质文明和精神文明建设的发展，随着道德原则在社会中的作用的不断增长，随着人们对道德价值认识的日益提高，对伦理学的研究吸引着越来越多的人的注意，伦理学的发展正呈现出前所未有的勃勃生机。

（二）对伦理学研究对象的不同理解

从伦理学作为一门相对独立的科学起，对于伦理学的研究对象，就存在许多不同的理解。从总的方面看，绝大多数的伦理学家，都认为伦理学是研究道德的，是以道德现象作为自己的研究对象的。但是，道德现象是一种极其复杂的社会现象，究竟在什么意义、多大范围上和何种价值取向上来研究道德，不同的伦理学家有不同的看法。

从伦理学研究的范围来看，有些伦理学家认为，伦理学主要应当以道德规范为对象，从而形成所谓规范的伦理学。有些伦理学家认为，伦理学主要应当以实际应用为目的，强调道德原则与规范的实际应用。有些伦理学家认为，伦理学是一门理论科学，或者说是一门道德哲学，因此，伦理学只应当去构建一定的范畴体系。20 世纪以来，出现了在英、美颇为流行的元伦理学。它的突出特点是，只强调从逻辑语言即从语义学和逻辑学的方面研究道德，从而把伦理学变成只是一种脱离人的道德实践的空洞、抽象的概念分析。

从内容上看，历史上的伦理学家们，也存在着不同的理解。有的人认为伦理学是研究“善”或“至善”的科学；有的人认为伦理学是研究“义务”、“责任”的科学；有的人认为伦理学是研究幸福的科学；有的人认为伦理学是研究人生价值的科学；有的人认为伦理学是研究道德行为或道德品质的科学；也有人认为伦理学是研究善恶判断的科学。

在欧洲中世纪，神学家们曾把上帝和神学的德性作为伦理学研究的对象(直到今天各种宗教伦理学仍以不同形式坚持上述观点)。这些看法(除宗教伦理学外)，都没有超出伦理学以道德为研究对象的范围，但总的来说，都不能全面地概括和说明伦理学的研究对象。

为什么在伦理学的对象上会有这么多不同的意见呢？原因之一，是由于对“道德”这一概念的不同理解而造成的。马克思主义伦理学认为，一般说来，道德是调整人和人之间的关系的一种特殊的行为规范的总和。在人类社会中，为了调整人和人之间的关系，有多种不同的行为规范，如法律规范、政治规范以及其他对人的行为发生约束和导向作用的各种规范。道德规范的特殊性就在于，它不是由政治的、行政的机构所制定，也不靠强力的、威胁的手段去维护，而是由人们约定俗成(在阶级社会中，统治阶级的思想家们，往往也制定为统治阶级所需要的道德规范，但这和由政治的、行政的机构所制定的法规，仍有原则的不同)，并且是靠人们的内心信念和社会舆论来维护，一般情况下，不需要由政治的、行政的机关来强制执行。尽管道德这种特殊的规范，在调整人和人之间的关系时，还要靠社会舆论的监督，对主体还是一种他律，但从其实质来说，只要道德规范对其约束范围的所有成员是平等的、公正的，只要它恰当地反映了其约束范围的所有成员的道德要求和愿望(在形式上往往是通过“理性存在的普遍意志”来实现的)，道德规范就应当是一种他律和自律相统一、甚至完全是一种自律的规范。正是在这个意义上，我们才可以说，主体的意志对于道德规范来说是自由的。道德作为一种社会范畴，属于社会上层建筑和意识形态，它又必然成为一种特定的社会现象。从历史唯物主义的基本原理出发，马克思主义伦理学认为，所谓道德现象，就是指人类现实生活中由经济关系所决定，用善恶标准去评价，依靠社会舆论、内心信念和传统习惯来维持的一类社会现象。当然，由经济所决定的意识形态各有其特殊形式，就其实质来说，道德现象的特殊性在于它是以善与恶的矛盾和对立所构成的社会现象，它的巩固和发展，不是靠行政或法律的强制手段，而是靠舆论和信念，或者说，主要是靠人们的内心信念来维持的。为了便于分析和研究，我们可以对道德现象作必要的分析，以便我们对伦理学的对象能有更好的理解。

一般来说，人类社会的道德现象，总是人们之间的某种道德关系的表现。人们在社会生活中，必然要形成各种复杂的社会关系。在所有这些社会关系中，最基本的就是与物质生产活动直接相联系的生产关系或经济关系，即不通过人们意识而形成的“物质的社会关系”。与此相适应，人们之间还形成一定的政治关系、法权关系、道德关系，以及一定范围和一定时期的宗教关系等等。这些关系，则是通过人们的意识而形成的“思想的社会关系”，亦即被经济关系所决定，并且表现为一定的意识形态和上层建筑的各种关系。所谓道德关系，就是这种“思想的社会关系”的一个组成部分。它是由经济关系所决定，并且按照一定的道德观念、道德原则和规范所形成的一种特殊的社会关系。

道德现象所包含的内容是很多的。为了研究的必要，一般来说，可以把道德现象分为三个方面，即道德活动现象、道德意识现象和道德规范现象。所谓道德活动现象，主要是指人类生活中围绕一定善恶而进行的、可以用善恶观念评价的群体活动和个体行为（包括道德评价、道德教育和道德修养）。所谓道德意识现象，则是指在道德活动中形成并影响道德活动的各种具有善恶价值的思想、观点和理论体系。所谓道德规范现象，则是指一定社会条件下评价和指导人们行为的准则。符合这些准则的思想和行为就是善的，而违背这些准则的思想和行为就是恶的。这些准则，既包括人们在长期生活实践过程中所形成的“应当”与“不应当”的客观要求，也包括一定社会或阶级以戒律、格言等形式自觉概括和表达的善恶的标准和规范。作为人和人之间的客观的“应当”和“不应当”的要求，可以说它是不以人们的主观意志为转移的，更不是人们头脑中臆造出来的。作为一定社会或阶级所表达的有关善恶的看法，则是人们思想的产物。正是由于存在着这种复杂情况，有的伦理学家把道德规范看成是一种客观的关系，把它包含在道德活动之中；另一些伦理学家则把它看做是一种观念的产物，从而把它包含在道德意识现象之中。总之，对道德现象的这种划分是相对的，是依据对道德现象的理解不同而有所不同的。

道德现象的各个部分之间是紧密联系的。道德活动是形成一定道德意识的基础，并能使已经形成的道德意识得以巩固、深化和提高。道德意识一经形成，对人们的道德活动具有指导和制约作用。道德意识作为心理活动过程来看，这种心理活动自身就是道德活动的一个方面。道德规范是人们在一定的道德活动和道德意识的基础上形成和概括的，同时，作为一种特殊的社会规范，又约束和制约着人们的道德意识和道德活动，集中地体现着道德意识和道德活动的统一。依据这种看法，我们认为，只有全面地分析、研究道德的各类现象，才能从总体上把握社会关系，才能使伦理学具有完整的科学体系。①

道德现象同其他社会现象一样，是历史上发生的，与一定的社会物质生活条件和文化氛围相联系的。在人类生产和交往关系发展到一

① 关于道德现象还有一种划分，即认为道德现象包括道德意识现象、道德活动现象和道德关系现象。所谓道德关系现象，就是指在一定的道德意识指导下，通过道德活动而形成的一种人与人之间的特殊社会关系。

定阶段上，在文化发展的一定水平上，人们自觉或不自觉地依据他们所处的实际关系和条件，形成自己的善恶观念和情感，并逐步从价值意识的统一体中分化出表达道德价值的道德原则和规范。它们作为一种社会意识形式或价值观，指导和规范着人们的行为活动，并通过人们的社会实践，在人与人之间形成一定的道德关系。道德关系就是在一定经济关系基础上，按照一定的道德价值观，或者说按照一定的道德原则和规范形成的社会关系。这就是所谓通过一定的思想意识而形成的“思想的社会关系”。在这里，从产生道德观念、道德原则和规范、到形成道德关系，是一个从社会存在到社会意识，再从社会意识到社会存在的过程；也是一个从实践到认识，再从认识到实践的过程。从道德的个体发生上说，就是外在内化和内在外化的过程，是客体主体化的过程。在这里，道德原则和规范集中反映着社会关系和人们的利益要求，表达着一定社会、阶级和个人的价值观。道德原则和规范作为一种特殊的社会意识形式，又与政治、法律等社会意识形式不同，它不是通过行政机构、权威力量制定和颁行的规范，不是制度化的、强制性的、外在化的调节规范，而是通过社会舆论、传统习俗、内心信念来维系和发挥其功能作用的。所以，道德是一种特殊的规范调节方式，是通过社会舆论、传统习俗和内心信念维系并发挥作用的行为原则、规范的总和。正是在这个意义上，可以说道德是一种实践精神，是把握世界的特殊方式。

（三）伦理学的基本问题

道德关系是人类社会的一种特殊社会关系。它之所以特殊，就在于它包含着与经济、政治、法律等关系不同的特殊矛盾，具有特殊的规范调节方式。社会关系就是社会矛盾。人们生活在一定的社会关系中，无时无刻不直接或间接地发生个人与社会及个人与个人之间的矛盾。这种矛盾是复杂的、多方面的，但其中最根本的就是经济利益的矛盾。在没有阶级的社会中，它是在根本利益一致的基础上的矛盾；在以私有制为基础的社会中，它是通过阶级利益的矛盾来表现的。经济关系引起一定的阶级利益和个人利益，各种利益都规定在政策和法律规范中，并通过强制性的政策和法律规范来调节个人和社会及个人和个人之间的矛盾。但是，法律和政策规范并不能使人们完全自觉地控制行为，调整相互之间的关系，因而还必须要有道德调节。道德调节的特点在于，它不是通过强制性的手段，而是通过社会舆论、风俗习惯、榜样感化和思想教育等手段，使人们形成内心的善恶观念、情感和信念，自觉地按照维护整体利益的原则和规范去行动，从而自动地调整人们之间的相互关系。在调整个人与社会以及个人与个人的利益关系中，道德调节的突出特点是要求个人作出必要的节制和牺牲，也就是说，它是以或多或少地自我牺牲为前提的。由此可见，道德关系中的矛盾的特殊性就在于它是以体现整体利益的原则和规范为善恶标准、以必要的自我牺牲为前提来调节的个人利益和社会整体利益的矛盾；或者说，它是强调用节制或牺牲个人利益的原则和规范来调节个人利益和社会整体利益的矛盾。伦理学研究道德现象和道德关系，主要就是揭示道德关系中的个人利益和社会整体利益的矛盾，并根据这种矛盾的性质和特点，总结出反映这种矛盾发展规律的道德理论，确定解决这种矛盾的道德原则和规范，提出进行道德评价的标准，以及道德教育、道德修养的途径和方法，以便不断地提高整个社会的道德水平，推动人类社会不断进步。这也就是马克思主义伦理学所要解决的理论和实践的课题。

伦理学所要解决的问题是很多的，也是很复杂的。但是，其中最基本的问题是什么呢？从上述关于道德现象和道德关系的分析中可以看到，伦理学的基本问题，就是道德和利益的关系问题。[①] 这个问题包括两个方面：一方面是经济利益和道德的关系问题，即是经济关系决定道德，还是道德决定经济关系，以及道德对经济关系有无反作用的问题。这个方面，决定着如何解决道德的根源、道德的本质、道德的社会作用和发展规律的问题，也决定着马克思主义伦理学和一切唯心主义、旧唯物主义伦理学的根本区别。另一方面，就是个人利益和社会整个利益的关系问题，即是个人利益服从社会整体利益，还是社会整体利益从属于个人利益的问题。如何回答这个方面的问题，决定着各种道德体系的原则和规范，也决定着各种道德活动的标准、方向和方法。总之，伦理学的一切问题，都是围绕着上述基本问题的这两个方面展开的，同时也是在解决上述基本问题的过程中发展的；各种伦理学说都必然这样或那样地回答这个基本问题，同时也以它们如何回答这个基本问题决定着它们的分野。当然，对于马克思主义以前的伦理学说或伦理思想来说，并不能认为凡是强调整体利益的都是进步的，凡是强调个人利益的就都是落后的或反动的。对于马克思主义以前的伦理学说或伦理思想，一定要作历史的、具体的分析，不但要看它们如何解决伦理学基本问题的理论体系，还要看它们代表的阶级在社会发展中所处的地位，以及它们在社会生活中实际所起的作用。

二、伦理学研究的方法

科学的发展，总是同方法的改进和创新有着密切的关系。不论科学研究工作者自觉或者不自觉，明确或者模糊，他们总是在自己的研

① 关于伦理学基本问题，伦理学界还有一些不同的观点，各种观点还可以在讨论中取长补短，逐渐求得认识的统一。

究中受某种方法论的思想的指导，运用着一定的方法。科学技术的进步，实践的发展，经验的积累，虽然已经提供了在理论上创新的较为充分的条件，但在许多情况下，因为没有方法上的改进或突破，就不能取得理想的结果。另一方面，新的方法的提出、深化和发展，又总是要以社会的生产实践、科学实践和阶级斗争的实践为基础的。正是从这一意义来看，我们可以说，任何一门科学，要想在研究中获得进展，必须要有方法上的突破。如果没有方法的创新，也就很难有科学的创新。对于科学研究来说，方法也是有层次的。从最普遍、最一般或者说从最高的层次来看，对于整个自然界、社会和人的思维的规律的研究，应有一般的科学的方法来解决；对于社会科学和自然科学来说，又各有不同的方法去指导；对于自然科学和社会科学的各门具体科学来说，又有其具体的、特殊的一些方法。对于伦理学的研究来说，我们必须认识到这三个层次的方法都是非常重要的。一般的科学方法、社会科学的方法和伦理学的特殊方法，构成了研究伦理学的方法论的总的体系，从而使伦理学能够在正确方法的指导下不断发展。

（一）一般的科学方法

对于一般科学来说，或者说，对于整个自然界、人类社会和人的思维现象的科学来说，在现时代，其最根本的方法就是唯物主义辩证法。唯物主义辩证法是人类在生产实践、阶级斗争实践和科学实践的基础上产生的，它是人类智慧的最伟大的成果之一。唯物主义辩证法是从物质世界、人类社会和人类思维的发展中所概括出来的最完整、深刻而无片面性弊病的关于发展的学说。在伦理学的研究中，我们必须自觉地掌握和运用唯物主义辩证法。

唯物主义辩证法强调，整个自然界、人类社会和人们的精神世界的发展，都是由于内部的自我运动的矛盾而发展变化的，是新事物不断代替旧事物的一个永无止境的过程。在这个过程中，其所以发展、变化的根本动力不在事物的外部，而在每一事物的内部的对立面之间的斗争。正是由于一切事物的内部都不可避免地包含着相互排斥、相互对立的因素，因此，科学探索和理论研究工作就要自觉地掌握运用和揭示对立面之间的这种关系，从而促进事物的发展。

唯物主义辩证法认为，一方面，任何事物，作为一个统一体，是由其内部的矛盾斗争而发展变化的；同时，它又必然受到外部各种因素的制约和影响。外因是变化的条件，内因是变化的根据。这种内、外因交互作用的发生，使事物在其相互影响中不断发展。在某一特定的情况和条件下，某种因素只是外部的条件；但如果从更广泛的范围来说，这种外因又成为内因了。

唯物主义辩证法认为，一切事物的发展和变化，都是一个从低级到高级的发展过程。这个过程，同时又是一个螺旋式上升的，不断循环运动的过程。它的每一次这样的循环，绝不是停留在前一循环上，而是一种对旧事物的扬弃，既同前一个循环相联系，同时又是向前发展了的、具有新质的不断变化的过程。

在当前，人们对自然界、社会及人类思维的认识不断深入，在许多具体科学的某些领域中，由于实践的发展，已经提出了许多有关科学方法的问题。在这些方法中，如控制论、系统论和信息论等，作为科学的方法，在一定的范围内有着重要的意义。从形式上看，这些方法同唯物主义辩证法确实存在着不少差异，因而在有些人看来它们是同唯物辩证法相对立的。有的人甚至认为，唯物主义的辩证法已经是一种传统的、过时的方法，应该用系统论的方法来代替它。这种看法显然是错误的。

我们知道，信息论、控制论和系统论，作为新技术革命的重要成果，确实对许多新的科学的建立和发展提供了重要的方法。这些方法，对于许多具体科学，包括伦理学在内，都可以有重要的启示，有一定的指导意义。如系统方法，对人们注意从整体性和综合性上去掌握事物和现象有一定作用；又如信息的相互作用，对于从信息的相互影响来把握事物，从而对今天科学的发展有重要意义等等。信息论、控制论和系统论中的某些原理，如有序性原理、反馈原理、整体原理等，对于我们研究道德现象的内外机制，分析各种道德问题，如道德的结构、功能、道德教育、道德修养、道德选择、道德行为等，都可以有重要的指导作用。但是，我们必须强调的是，这些由新技术革命所产生的新方法，从总体上说，并不是同马克思主义的唯物主义辩证法相对立的，恰恰相反，它们应当说都是唯物主义辩证法中的某些具体方面的深化、丰富和补充。就以系统来说，恩格斯早在一百多年前就曾经指出："我们所面对的整个自然界形成一个体系，即各种事物相互联系的总体。"①又说："这些问题是相互联系着的，并且正是这种相互作用构成了运动。"②恩格斯还特别强调，辩证法"以近乎系统的形式描绘出一幅自然界联系的清晰图画"③。因此我们认为，信息论、系统论、控制论的许多原理，作为对唯物主义辩证法的丰富和补充，是有其重要意义和特殊作用的，它对我们的许多具体科学在方法论上的指导作用，是不可忽视的。总之，系统论、信息论和控制论的方法，实际上是在辩证法的原则启示下，在 20 世纪 40 至 50 年代，

① 中共中央编译局：《马克思恩格斯全集》，第 20 卷，409 页，北京，人民出版社，1971。

② 同上书，132 页。

③ 中共中央编译局：《马克思恩格斯选集》，第 4 卷，242 页，北京，人民出版社，1972。

随着一系列崭新的科学技术而出现的新的方法，从其对唯物主义辩证法的某些问题的深化、补充和发展来说，也可以说是在方法论上的一定程度的突破。在唯物主义辩证法的指导下，自觉地运用这些方法来研究伦理学，无疑是有重要作用的。

（二）社会科学的方法

对于作为一门社会科学的伦理学，我们除了要掌握作为一般方法的唯物主义辩证法之外，还必须理解和掌握社会科学的方法。

一般来说，社会科学是同自然科学相比较而言的，它是以社会现象为对象的科学。各门社会科学，一般都属于上层建筑意识形态的范畴，如政治学、经济学、法学、教育学、哲学、伦理学等。在有阶级的社会里，社会科学具有阶级性。从这方面看，无产阶级同资产阶级在社会科学的方法论上，是有根本不同的。伦理学是社会科学的一个分支学科，从方法论上来看，社会科学的最根本方法，对伦理学来说都是适用的。

历史的方法是社会科学的重要方法。道德现象作为社会现象的一个重要方面，是在历史中不断发展变化的。因此，考察人类社会的道德现象，最重要的就是要把道德现象放在一定的历史条件中，特别是要放在当时的经济关系和政治制度、文化形态中来进行研究。社会的经济关系，是人们道德关系的基础，一定的政治制度，对人们的道德关系有重要的影响。因此，不但什么样的经济关系和政治制度，决定什么样的道德关系，而且，随着经济关系和政治制度的改革、变化和发展，道德关系也必然要产生这样或那样的改变。随着世界各国之间经济和文化交流的加强，对于道德现象的研究，还必须考虑世界的经济、政治的发展及其对各国的影响。

社会是发展的，人类社会的道德现象也是不断发展的。历史的方法要求人们在研究道德原则和道德规范时，还必须注意由于社会发展不同阶段而产生的不同要求。正是在这个意义上，社会主义初级阶段的道德，应同高级阶段的道德有所区别。总之，历史的方法要求我们，在研究道德现象时，绝对不能孤立、静止地进行，必须认真考察道德现象的各种内外机制，考察各种机制的相互联系和相互影响，并从道德现象的发展变化上来分析研究，只有这样，我们的伦理学研究才不会如堕烟海，才能够得出合乎实际的结论。

阶级分析的方法，是各门社会科学的基本方法。在阶级社会中，不同的阶级有不同的利益，因而有不同的道德。这就是说，在阶级社会里，各种不同的道德观念和伦理学说，归根到底，都反映着一定阶级的利益和要求，因而，还不可能有全民或全人类的道德体系。

在马克思主义看来，在有阶级的社会中，只有遵循阶级分析的方法，把握住社会存在着阶级划分这一客观事实，并把它作为基本的指导线索，才可能透过错综复杂的社会现象，找出道德发展的规律。否认阶级分析的方法，在今天不但不符合客观的实际情况，而且会使人们忽视封建阶级和资产阶级的腐朽道德对广大人民群众的影响，因而是非常有害的。

在社会主义初级阶段，在我国当前的社会中，剥削阶级作为完整的阶级，已经不再存在。但剥削阶级的残余还存在，危害社会主义的势力还存在。从国际上看，资产阶级的腐朽道德意识，还将力图影响并腐朽我国人民。正像列宁所指出的，旧社会灭亡的时候，它的死尸是不能装进棺材，埋入坟墓的，它将在我们中间腐烂发臭，败坏空气，毒化我们的生活，从各个方面用陈腐的、死亡的东西来包围新鲜的、年轻的、生气勃勃的东西。因此，在我国的现实生活中，剥削阶级道德的残余仍然不可忽视，在道德领域内的阶级斗争，也将在一定范围内长期存在。在伦理学的研究中，阶级分析的方法仍然是必须坚持的。

当然，坚持阶级分析的方法并不是把它作为一种标签或套语，更不是以此来代替理论分析。在阶级社会中，我们既要反对在社会科学领域中宣扬超阶级的、全民的道德，又要根据客观上已经变化了的各阶级之间的状况，从实际出发，恰如其分地分析实际生活中的道德问题。我们必须注意克服在运用阶级分析方法时简单化和庸俗化的倾向，建立起实事求是的、科学的具体分析的正确方法。

理论联系实际的方法，是一切社会科学最基本的方法论原则。对于伦理学的研究来说，在当前，应该特别强调两个方面。首先，要注意从历史和现实的道德关系出发，从中引出道德的特有规律。其次，由于实际本身是在不断发展变化的，我们在理论研究中，就应当特别注意正在发展变化中的实际。我们现在所进行的改革、开放和四个现代化建设，在道德领域里，正如在其他领域一样，也出现了许多前所未有的新情况、新问题、新关系、新要求、新规范等等，因此，理论的研究，必须能够根据正在变化的实际，开拓新的视野，进入新的境界，使伦理学的研究能够跟着社会的不断前进而发展。

(三)作为具体科学的伦理学的特殊方法

伦理学，作为社会科学的一门具体科学，它不但要受一般的科学方法和社会科学的方法的指导，还要受本门具体科学的方法的指导。每一门科学，都以其研究对象的不同，而形成自身的特点，因而，每一门科学又都必然要根据自己学科的不同特点，形成本身需要的特殊方法。在探索伦理学的特殊方法时，我们必须强调，一切伦理学的特殊方法，都是在唯物主义辩证法的指导下，在一般社会科学方法的指导下发生作用的。

从伦理学的发展历史来看，自伦理学形成一门科学时起，它自身就是在一些特殊的方法指导下建立的。在古代中国，从孔丘与孟轲，直到程朱陆王；在西方，从苏格拉底、柏拉图，直到亚里士多德，在他们的伦理学著作中，都运用着某些特殊的方法。西方进入14～15世纪以来，随着各门具体科学的发展，对伦理学研究中的具体方法，又有了进一步的发展。

首先，对伦理学的研究来说，价值分析方法是一个重要的方法。伦理学是以道德现象作为自己的对象的。道德现象之所以区别于其他社会现象，就在于它是以人们的利益为基础所形成的善恶关系。因此，从一定意义上来看，可以说伦理学是一门有关善的价值的科学。从人类历史的发展来看，在人和人的关系中，在对待自己、对待他人和对待社会方面，哪些是有价值的，哪些是无价值的，哪些是有负价值的，这是伦理学所特别要研究的。在阶级社会中，伦理认识总是同从一定利益出发的人们的主观评价相联系的。这种主观评价带有阶级的特点；在一个阶级内部，有着不同的阶层，因而对事物的评价也是不一致的。这就是说，伦理认识总是由一定利益关系所制约的人的评价与分析。应当指出，尽管不同利益的人对善有不同的认识，但是，只有代表历史进步的先进力量的个人或群体的认识与评价才真正是善的。

其次，对道德现象进行价值分析，不能是直观的或依靠直觉，而必须运用科学的抽象。要使道德思考从现象到本质，从实然到应然，得出正确的价值目标和价值标准，不是简单的直接的对事实的反映，而是一系列的抽象过程。这就是要把在事实基础上得到的感性的或表象的具体，在思维中提升为抽象的规定性，并在思维中加以综合，把各种抽象规定结合为“思维中的具体”，从而得到关于现象的本质的认识。例如，从道德现象中得出对道德的特殊本质的认识，就必须从大量道德现象的事实中，抛开一切直观的、直接的具体因素，抽象出“对人的活动和关系的规范调节”这个一般规定。然后再从历史起源和发生过程中，把道德的规范调节同其他社会规范调节区别开来，从而进一步找出道德规范调节的特殊规定性。而这种分析，必须是选取道德现象的完成的、典型化的形态，从这种形态中把握逻辑与历史的统一。其他如对道德结构的分析，对道德原则和规范的分析，以及对个体道德的分析，无不是运用抽象的方法进行剖析，把握道德现象中的结构、模式、本质和规律，甚至概括成必要的抽象公式。离开抽象方法，伦理学的研究是不可能的，或者不可能是科学的。

再次，在对道德现象的观察研究中，特别是在个体道德的研究中，也往往结合使用推己及人和自我省察的方法。所谓推己及人，就是由自己的特殊需要、愿望和追求，推想到别人的需要、愿望和追求，从而体察和理解他人，自觉地调解自己和他人的关系。这种推己及人的方法，是从自己的所欲来推知他人的所欲，在人和人的关系中，要尽量理解别人、同情别人、帮助别人。从这方面来说，这也可以说是从“类”的观念出发，首先把他人当做自己的同类(同人类、同民族、同阶级、同家族等)，因而应当有类的同情心，因此，要互相理解、互相信任和互相帮助。当然，在阶级社会和阶级斗争中，这种推己及人的同情要受到很大限制，不可能是普遍可行的，但从伦理学的研究来说，还是一个应当采取的方法。由于伦理学主要是以人们的道德活动、道德意识和道德规范为研究对象，因此，对这些现象的认识，除按照唯物主义认识论的基本原理，贯彻实践——认识——再实践——再认识的原则外，对于道德意识现象，特别是对于“良心”的研究，还必须肯定自我省察法的重要意义。唯心主义的心理学家们，往往把所谓内省法视作心理学的基本方法。这种内省法认为，心理现象只有通过自我的内省或内视才能认识，而不需要社会实践对这些从内省、内视中得来的认识的检验。这种断言，当然是错误的。辩证唯物主义的认识论认为，作为道德意识现象，有着自己的生理、心理等各方面的影响，因此只要正确的运用自我省察所得的认识，并把这种认识同人们的道德活动联系起来，并用道德活动来检验从自我省察中所得来的认识，那么，这种方法就应当是研究道德意识现象、特别是研究良心这种道德意识现象的一种必要的辅助方法。

最后，对伦理学的研究来说，心理学的方法、教育学的方法、社会学的方法，是有借鉴作用的，例如观察实验的方法、个案研究的方法、调查统计的方法等。对于系统论、控制论和信息论中的某些原理，除作为一般的方法论外，也都可以在辩证法的指导下，使其成为研究伦理学的方法，如反馈原理，对于研究社会的道德教育，个人的道德修养，都能产生一定的作用。道德教育的目的，是要在特定的时间内，对受教育者施加影响，达到提高其道德觉悟的目的。因此，从输入有关道德教育的信息到对有关信息的控制、输入和反馈等，如果有明确的方法作指导，研究将更容易取得成果。

三、伦理学的任务

任何一门科学，都必然有其特定的任务。那么，伦理学这门科学的任务是什么？关于这个问题，在我国还有着不同的认识。究竟应当依据什么来确定这门科学的任务呢？我们认为，每门科学的任务，都应根据其研究的对象和一定时代、一定社会的要求来考虑。伦理学既以全部的社会道德现象作为其研究对象，而我国现在又正值社会主义建设的重要时期，有着建设社会主义精神文明的特殊要求，因此，科学的伦理学主要应从我国社会道德现象的最本质、最重要的规律性问题，特别是与我国四化建设有关的最本质最重要的规律性问题出发，来确定自己的任务。

(一)科学地论证和阐述道德的起源、本质、发展及其规律

道德是怎样发生、发展和变化的？它和人们的经济关系是怎样相互作用的？马克思主义强调，道德不是脱离历史发展的一种抽象的观念，而是经济基础的反映。同时，道德关系作为经济基础之上的一种思想关系，又同其他思想关系(政治关系、法律关系等)交互发生作用。因此，如何在历史唯物主义的基础上，从发生学的观点，从经济和道德的辩证关系的观点，从各种意识形态相互影响的观点，科学地而不是臆测地论述道德的规律，是伦理学研究中所应当解决的一个重要问题。

从历史发展的长河来看，人类道德的发展，经历了不同的阶段，有着不同的历史类型，经过了一个全民道德到阶级道德，最后又向全民道德过渡的历程。伦理学要全面地考察人类历史上各种道德类型的演变，从而揭示出道德的社会本质，探索出道德的必然发展规律。不仅如此，伦理学还特别强调，在研究人类道德发生、发展和演变的规律的同时，要特别着重探讨共产主义道德发生发展的历史必然性和客观规律性，着重研究在社会主义初级阶段道德的基本特点，以指导人们的道德生活。

(二)概括和阐明社会主义、共产主义道德的规范体系

一般来说，我们所说的共产主义道德，有广、狭两种不同意义。从广义上说，共产主义道德包括：萌发于资本主义条件下的无产阶级道德；在社会主义阶段的社会主义道德和未来共产主义社会的共产主义道德。从狭义上说，它只是指在未来共产主义社会的道德，或者是

指社会主义阶段中一种对共产党员和先进分子所要求的道德(同时也向全体人民进行宣传教育)。从社会主义道德和共产主义道德的区别和联系来看，社会主义道德是共产主义道德的基础，共产主义道德是社会主义道德发展的必然趋势。社会主义道德本身是发展的，它包含着共产主义道德的因素，并最终为共产主义所代替。

一般说来，伦理学是一门理论科学，但它又十分强调规范在伦理学中的重要地位。因此，从一定意义上说，也可以把伦理学看做是一门规范科学。对一个社会或一个阶级来说，它的根本的道德原则、重要的道德规范，人们的公共生活准则以及人和人关系中的某些特殊方面的要求，构成了一个社会或一个阶级的道德规范体系。离开了对规范体系的论述，也就不可能建立科学的伦理学。在道德原则和道德规范说，个人利益同整体利益之间的关系，究竟是个人利益应当服从整体利益，还是整体利益应当服从个人利益，是个人利益至上，还是集体利益至上，乃是伦理学研究所必须回答的问题。某一社会的道德规范，对这一社会的成员，都有一定的约束力，而这种约束力的客观基础是什么？除了道德规范的约束力外，它能不能唤起人们完善自身、完善他人和完善社会的能动精神？或者说，它除了禁止人们作恶之外，还有没有一种导善的作用？道德规范的这种既要约束人们又要启迪人们，既能去恶又能奖善的两个方面，是如何相互联系和相互作用的？依据社会生活中实际存在的人和人之间的道德关系，在概括和归纳社会的道德原则体系的同时，伦理学还必须阐明社会规范体系中的许多辩证关系和重要的理论问题。如果伦理学只是叙述一个社会的道德规范，那就只能是一种道德戒律，而不能算是一门科学。

(三)研究适应社会主义现代化建设的有理想、有道德的新人的成长规律在社会主义的物质文明和精神文明建设中，只有不断地提高人们的精神面貌和道德情操才能同社会主义社会的不断发展相适应。因此，探究社会主义新人、共产主义新人的形成、发展的规律，就必须要对人的道德行为、道德品质、道德评价、道德选择，以及道德教育、道德修养，进行深入的研究。伦理学作为一门关于调整人和人之间的关系的一种特殊规范的科学，它的最终目的，就是要把有关伦理道德的科学认识，深入到人们的意识之中，转化为人们的道德实践。那种认为伦理学只是一种纯理论的科学，认为伦理学只是去抽象地研究善恶的纯思辨的理论，是不正确的。正如前面所提到的，20 世纪出现的所谓分析伦理学，只是强调从语义学的方面，对道德概念和陈述进行分析，从而使伦理学成为一门空洞的、形式的理论，更是不正确的。因此，我们可以说，伦理学既是一门理论科学，又是一门有关人们的品质、行为和修养规范的科学。伦理学是一门实践性很强的科学，用我国古代思想家的话来说，它是一门知行统一的科学。不管伦理学家们是否意识到这一点，要想使伦理学的研究能够不断发展并受到社会重视，就必须要依据一定阶级或阶层的要求，用特定的原则和规范，采用必要的教育和修养方法，来陶冶人们的品性，改变人们的气质，以培养一定社会所需的人才。

我国现在正处于社会主义的初级阶段，必须以公有制为主体，大力发展有计划的商品经济。为了更快地发展生产力，就必须允许商品经济有充分发展。在发展商品经济中，一方面要提倡有益于商品经济发展的新观念，另一方面又要在教育、培养一代新人中进行社会主义和共产主义的教育。这就是说，为了有效地发展商品经济，我们必须而且应当鼓励、赞许人们在法律允许的范围内，进行正当而有益的盈利和竞争；另一方面我们还应当同时努力去抵制、谴责那种唯利是图、损人利己和一切向钱看的拜金主义的思想和行为。这种思想和行为，如果蔓延开来，不但会对我国四化建设有极大的危害，同时，也会使很多人受到腐蚀，甚至造成人际关系的新的对立或对抗，从而损害社会主义的安定团结，影响到改革开放的成败。凡是对我国精神文明建设和社会道德风尚等问题进行过深入思考的人们，都可以看到，培养适应社会主义建设的有理想、有道德的新人，在当前有着十分突出的意义。新的改革开放的政策，必须由有新思想、新道德的人正确地加以贯彻。这种对社会主义新人的培养，只能是结合改革开放的发展来进行，对此必须有足够的重视。如果我们的四化建设，不能在建设高度物质文明的同时提高人们的精神文明水平，不能在生产力发展的同时使人们也沿着道德阶梯向上攀登，不能在人们物质生活水平不断增长的情况下提高他们为国家、为集体的道德情操，不能在对外开放的同时使我国人民的民族自尊心和自信心加强，不能在接受外援的同时使自力更生的观念也得到巩固，不能够在学习外国先进技术的同时对我们的社会主义制度和必须走社会主义道路的信心更加坚定，那么，我们的改革开放和社会主义建设也就不可能取得预期的成果。

（四）批判旧道德，更新旧观念

社会主义道德和共产主义道德，作为人类历史上的一种崭新的道德类型，既与以往的一切旧道德有着质的不同，同时又与这些旧道德有着这样或那样的联系。在社会主义的经济基础上，新的道德正在日益成长和发展，而某些旧的道德，还往往被某些人继续沿用。旧道德作为一种意识形态，也还在社会上发生作用。因此，消除封建主义、资本主义腐朽道德思想和小生产习惯势力，反对和清除这些思想对人们的腐蚀和影响，在今天仍然是一个不可忽视的问题。从伦理思想来看，在建设社会主义精神文明中，马克思主义伦理学必须以历史唯物主义为指导，对历史上的一切旧的道德理论进行科学的分析、批判，鉴别其精华和糟粕，并根据社会实际生活的进程和需要，在批判其错误的理论的同时，继承其科学的、合理的因素和成分。

随着我国改革开放的进展，特别是由于社会主义商品经济的不断发展和生产力的提高，由于经济关系的变化，要求在伦理道德建设上，能够尽快地形成有利于现代化建设和改革开放的新的伦理观念、道德品质和舆论力量，以保证四化建设的顺利进行。

在更新观念、改造风尚和建设新道德的过程中，要注意破除那些阻碍社会主义四化建设的保守的、狭隘的、封闭的旧观点，提倡和树立那些有利于生产力发展、有利于社会主义商品经济、有利于改革开放的新观念，从而能培养出大胆开拓、发奋有为、自立自强、忠于人民的有理想、有道德、有文化的一代新人。同时，要注意保持新中国成立以来所形成的优良道德传统。艰苦奋斗、勤俭建国、自力更生、自尊自重、先人后己、先公后私等思想，在新形势下，应该根据新的情况提出新的要求，使其能更好地发扬光大。

在更新观念、改造风尚和建设新道德的过程中，还要注意同封建阶级、资产阶级等一切剥削阶级的思想划清界限，防止某些贴着新观念的旧道德的沉渣泛起，将人们引入歧途；更不能把那些资产阶级早已提出，甚至在西方也遭唾弃而只是在我国还有一些人不知道的概念，看做新观念。总之，我们要坚持马克思主义和社会主义道路，要坚持共产主义道德和社会主义道德的基本原则，并且努力形成有利于社会主义现代化建设和改革开放的新的价值观念，达到振奋全国各族人民献身四化的巨大热情的目的。

经济伦理学的基本理论研究*

小锡同志多年来潜心研究伦理学尤其是经济伦理学理论问题，发表了系列具有创新意义的研究成果。他作为兼职于中国人民大学教育部人文社会科学百所重点研究基地伦理学与道德建设研究中心经济伦理学研究所所长，以自己的特色研究为中心增添了学术亮色。获悉他的《王小锡自选集——经济伦理与道德资本》一书即行出版，内心感到十分高兴。

20 世纪 80 年代以来的我国经济伦理学的发展与成就，在一定意义上可以说是时代的要求。社会主义市场经济的实施，呼唤经济伦理学的发展；经济伦理学的研究能够较快地发展，也正是适应了社会主义市场经济的需要。

改革开放 30 多年来，我国经济发展的成就举世瞩目。面对 2008 年发生的世界性金融危机的冲击，我国经济尽管也不可避免受到影响，但总的来说，却保持着稳定发展的良好态势。这就极有说服力的表明，社会主义市场经济比

* 本文是为王小锡《经济伦理学》所作的序言。

资本主义的市场经济，有着更加强大的生命力。在中国特色社会主义理论指导下，加强思想道德建设，加强经济伦理的研究，对社会主义市场经济的健康运行，有着极端重要的引导和制约作用。我国经济之所以能够取得如此成果，其中原因固然很多，但加强社会主义核心价值体系的教育、加强市场经济条件下的公民道德教育，也是其中的一个重要因素。经济伦理的重视和发展，对促使社会主义市场经济沿着正确的道路健康有序地向前发展，起到了一定的作用。这也有力地证明，社会主义市场经济不仅仅是一种法治经济，而且也必然是一种重视社会主义道德的经济。

在经济活动中，道德的力量是不可低估的，忽视、漠视和淡化道德在经济活动中的作用，或迟或早地必然要受到惩罚。尽管主观的动机是希望经济发展的速度快速发展，如果不重视道德的作用，其结果必然是事与愿违，反而使经济发展遭到这样那样的挫折。在经济活动中，只有那坚持不渝地强调经济伦理的重要性的人，才能使社会走向和谐、有序的道路，才能使经济的发展，在健康的氛围中，顺利地达到预期的目的。

在市场经济的条件下，经济活动是人们活动中一个重要组成部分。在经济活动的全过程中，包括经济活动以前的动机、经济活动进行中的意图和对经济活动后果的估计，都伴随着必然的、潜在的、不以人的意志为转移的道德思考。这里所说的道德思考，既包含着道德的内在德性素质和道德自律的要求，更包括对他人、对整体、对社会和对国家的道德责任。概括来说，就是任何个人、群体、企业和社会，在从事任何经济活动的全部过程中，一时一刻都离不开道德的干预、影响和制约。一般来说，经济伦理学就是研究关于经济活动中的伦理道德问题的一门学科。

资本主义的市场经济在社会伦理道德上的最根本的特点，就是因追求最大利润所诱发的极端地利己主义的动机、意图和目的，归结到一点，就是一切为了赚钱。最大限度地获取最多、最高的利润。正是在这种动机、意图和目的的诱导下，资本主义市场经济必然地形成一种带有普遍性的、为多数人所认同并实施的“金钱至上”价值观。在追求金钱的过程中，为了花费最少的成本而获取最大的利润，欺骗、虚假、坑蒙拐骗、尔虞我诈也就成为常见的手段，社会伦理道德的缺失也就成为不可避免的现象了。

我国改革开放以来，一些人更多关心的是经济的效率、利润、速度和生产力的提高，因而较少关心经济活动中的伦理道德的问题，认为人们在追求私利的同时，就可以由“看不见的手”引导到对所有的人都有利的境地，一些人把“效率优先”奉作永恒不变的“金科玉律”，对于社会分配中的公平问题和伦理道德现象，较少关心。一些人不注意资本主义市场经济和社会主义市场经济的区别，把我国市场经济条件下因片面追求“效率”和“利润”而带来的种种消极影响，归结为实行市场经济发展的必然结果。现实生活已经证明，这些理论和思想，对社会主义市场经济的发展，是不利的。我们应当着重强调，在社会主义市场经济经济运行的全部过程中，应当更加强调和突出经济活动中的伦理道德的重要作用。

市场经济必须是一种法治的经济，这是近代社会发展史所已经证明了的事实。加强法制建设，坚定地奉行“依法治国”，对我国市场经济的正确运转，有着不可忽视的重要意义。同时，我们也应当看到，在我们实施“依法治国”的过程中，不能忽视道德教育和“以德治国”的重要性。如果没有道德作为法律的基础和保证，法律的作用和效果，就会大打折扣。一个不可否认的实事是，一些人在学会守法的同时，也学会了逃避法律惩罚的知识和本领。在遵守法律的同时，只要可能，一些人就会想方设法，钻法律的空子，逃避法律的惩罚。一些人总是要在合法和违法之间，寻找缝隙，如果没有道德的约束，这个缝隙就可能越捅越大，法律的约束，也就受到限制了。

更值得注意的是，一些人往往把实施“以德治国”、加强道德教育同实施“依法治国”对立起来，认为实施“以德治国”、加强道德教育，就可能要妨碍“依法治国”的全面贯彻。这种认识，也是不符合实际的。任何国家的法律的实施，如果要想获得真正的效力，首先的条件，就是要有清正廉洁、有道德素质的执法者，“任何国家、任何社会，仅有宪法和法律本身还不能达致公平正义。法律只有掌握在富有正义感的法官手里，法律面前一律平等的原则，才能清晰可见，公平正义才能人人共享，罪恶才能得以停步，矛盾才能得以化解，社会才能得以和谐，法律才能成为现实中的法律，成为实事公正的度量衡。事实证明，没有现实的法律公正，没有深明大义、操守高尚的法官，人民是不会受益的，反而会受损甚至会受害”。法律是绝对不能自己发生作用的，缺乏有道德素质的执法者，不但法律不可发挥作用，而且，社会的公平与和谐也就更不可能实现了。

在社会的经济活动中，加强经济伦理的建设，改善社会经济活动中的道德缺失，扭转不良的社会道德风尚，提高全体人民的道德素质，有着十分突出的现实意义。不论是实行法制也好，不论是贯彻科学发展观也好，不论是构建和谐社会也好，如果没有人的素质、特别是思想道德素质的提高，这一切都不可能真正、有效地落到实处。当前，加强社会主义的公民道德教育，加强社会主义核心价值体系的教育，加强“八荣八耻”的教育，已经成为摆在我们面前的一项极其重要的任务。

大量实践证明，只有在社会主义制度下，只有在社会主义市场经济的条件下，社会的道德要求才能在人们的经济活动中，发挥引导和保证经济活动的正确方向。中国特色社会主义现代化事业需要社会主义伦理精神的强大支撑。随着我国经济社会又好又快的发展，伦理道德在经济社会发展中的巨大促进作用日益彰显，经济发展需要道德、道德具有经济意义的理念不断深入人心，从而为我国经济伦理学的研究和发展提供了客观依据。经过广大经济伦理学者们的不懈努力和辛勤笔耕，我国经济伦理学适应时代的呼唤应运而生，伴随社会主义市场经济的发展而发展，对于增强人们的主体意识、合作意识、竞争意识、和谐意识，不断提升公民的思想道德境界，已经产生了重要而又深远的影响。目前，我国改革开放进入攻坚时期，我国发展呈现一系列新的阶段性特征。新的发展阶段和新的时代条件，为经济伦理学研究和发展提供了难得的机遇，对广大伦理学者提出了新的要求。同时，我们还应该看到，我国经济伦理学尚处在初创阶段，有许多深层理论问题和重大实践问题需要深入探讨。我们只有继续解放思想，大胆探索，勇于创新，才能破解难题，不断实现理论和实践的“双重”突破，在积极推进经济伦理学学科建设的过程中，不断促进我国社会主义思想道德体系的完善发展。

机遇偏爱有准备的头脑。20 多年来，小锡同志致力于经济伦理学理论研究，致力于建设经济伦理学的学术信息库和我国企业伦理的“镜像”调查，为我国经济伦理学的创建和发展作出了重要贡献，得到了学界同行的认同和赞誉。《王小锡自选集——经济伦理与道德资本》一书，充分体现了他在经济伦理研究领域取得的可喜成就，在一定程度上也反映了我国经济伦理学的发展历程。当然，就小锡同志的研究成果来看，有一些理论问题还需进一步深化，有一些观点还需有更具说服力的论证。希望小锡同志继续努力，不断创新理论，充分发挥经济伦理在服务社会、资政育人方面的重要社会功能和作用。

改革开放与伦理学学科的繁荣发展*

改革开放30年来，伦理学学科经历了重建、创新、发展和繁荣的过程。30年的实践证明，改革开放需要伦理学学科的更大发展，伦理学的学科建设也只有在改革开放的环境中才会焕发出新的生机和活力。30年来，马克思主义的价值导向，爱国主义、社会主义和集体主义，始终是伦理学学科发展的指针；弘扬传统美德、革命道德和借鉴人类优秀道德遗产，使伦理学的理论更加丰富多彩；公民道德建设的加强和“以德治国”方略的实施，赋予了伦理学学科建设以新的动力；构建和谐社会与人的全面发展，给伦理学的学科建设提供了更为广阔的天地。30年来，伦理学和思想道德修养的理论专著和教材建设，如雨后春笋，伦理学的学科发展，呈现出空前繁荣的新局面。

（一）伦理学学科的发展，始终是在马克思主义的价值导向和唯物史观的指导下进行的

* 本文曾收入中共中央宣传部理论局编著：《纪念党的十一届三中全会召开30周年理论研讨会文集》，下卷，1135页，北京，学习出版社，2009。

新中国成立后，在马克思列宁主义、毛泽东思想的指导下，对资产阶级的旧道德进行了深入的批判，改造了社会的风气，建立了社会主义的新道德。同时，在意识形态方面，对道德科学的立论依据、共产主义道德的原则、西方伦理思想、马克思主义伦理学的体系结构等问题，进行了专题的探讨和研究，为伦理学的学科建设奠定了良好的基础。

改革开放以来，随着经济的发展和人民生活的改善，社会风气、道德风尚和人们的道德素质，日益成为全社会发展的突出问题。党和国家及时采取了相应的措施，不断地加强精神文明建设和思想道德建设的力度。与此同时，在意识形态领域，主要在是在社会科学研究机构和高等院校中，兴起了有关道德科学和伦理学研究的热潮。高等学校中开设伦理学课程的需要，促进了伦理学学科的快速发展。

30年来，伦理学的学科建设取得了前所未有的成就。以马克思主义为指导，学术界对伦理学的一些重大问题，如伦理学的学科结构、道德的规范体系、道德核心、道德原则、道德本质、道德功能等，进行了广泛、深入和充分的讨论，深化了对这些问题的认识。各种伦理学的教材和专著，百家争鸣、异彩纷呈、相互补充、相互启发，并随着社会的道德实践的发展而得到充实。“为人民服务”作为社会主义道德的核心，集体主义作为社会主义道德的主要原则，社会主义人道主义和公平正义成为道德原则中的重要要求，得到了大多数学者的认同。在道德理想上，始终坚持把集体利益重于个人利益的原则作为最基本、最重要的要求，并把这一思想贯穿到世界观、人生观、价值观的宣传教育之中。

随着社会主义市场经济的不断发展，在经济结构深刻变化的同时，思想文化和伦理道德领域出现了新的趋势。在道德原则和伦理学的基本理论上，也呈现出不同的理论和观点，伦理学基本理论和观点面临着新的挑战。在社会思想日益多元、多样、多变的情况下，伦理学的学科建设，既始终坚持以马克思主义的价值导向来团结和引领各种学术观点，又提倡学术上的百家争鸣、百花齐放，各种不同的伦理思想、理论和观念与时俱进，不断丰富着中国特色的马克思主义伦理学学科的内容。

（二）积极借鉴国外伦理学的发展成果，弘扬中国传统美德和革命道德，为伦理学学科的发展，提供了丰富的理论素材

从20世纪80年代开始，由于学科建设的需要，学者们就大量翻译、引进了西方伦理学的专著和教材。从古希腊到中世纪、从文艺复兴到现代西方伦理学主要流派的著作，从西方国家的伦理学教材，到涉及专门领域的专著，不断地有了新的中文译本。这种引进和借鉴，是伦理学学科建设的需要，是开阔学术视野、增强学术辨析力和理论创新的必然趋势。西方伦理学的各种理论观点、重要的争论和新的学术见解，特别是一些研究方法的提出，对于发展中国伦理学，促进中国伦理学的学科建设和理论创新，具有重要的参考价值。

与此同时，为了弘扬中国古代的优良传统道德和中国近现代的革命道德，继承和弘扬中华民族伟大的民族精神和增强民族的凝聚力，学者们还大量地整理、汇集、注释、出版了关于中国古代伦理思想和传统道德的资料，编辑出版了中国古代思想家和近现代革命家关于道德建设、德治思想、道德原则和道德核心的专著，这一切都为建立有中国特色的社会主义伦理学体系，提供了丰富的思想内容。

在对西方和中国古代思想进行系统、广泛而深入研究的同时，多卷本的中国伦理思想史和西方伦理思想史也相继问世，断代的中西方伦理思想史和思想家的个案研究，更为伦理学学科的理论发展，奠定

了广泛的基础。

改革开放以后，随着中西文化的相互交流和敌对势力的西化、分化，西方的伦理观念和价值取向，也在一定程度上影响着当代中国伦理学学科的建设和发展，个人主义、拜金主义、享乐主义思潮和一些奢侈腐化的生活方式，不可避免地腐蚀着一些人的思想和行为。在今后伦理学学科建设过程中，我们应当更多地强调社会主义核心价值体系的重要，力求克服种种错误理论和一些腐朽思想所带来的消极影响。

实践证明，积极地吸收和借鉴古今中外的优秀伦理思想遗产，是建设和发展当代中国伦理学学科不可缺少的条件。在“继承”和“吸收”的问题上，“无批判地继承”和“全盘西化”的态度是错误的，只有坚持历史唯物主义的正确态度和方法，“取其精华”、“弃其糟粕”，采取“洋为中用”和“古为今用”的原则，才能使伦理学学科得到健康的发展。

（三）与社会精神文明建设和道德建设实践相结合，是伦理学学科日趋繁荣的关键

30 年来，中国伦理学学科的发展，总是同精神文明建设的实践、特别是同社会主义道德建设的实践，密切联系在一起的。道德建设的实践，召唤着其理论形态的伦理学学科的发展；伦埋学学科建设，又推动着精神文明和道德建设的实践。中共中央关于精神文明建设的两个决定和关于公民道德建设的决议，“依法治国与以德治国相结合”的实施，提高了伦理学在治国理政中的理论意义和社会效用；社会主义“八荣八耻”的提出和社会主义核心价值体系的确立，把社会主义精神文明建设提升到愈来愈高的地位。全面提高人的素质、特别是提高人的道德素质，已经成为国民教育的核心；加强青少年的思想道德教育

更成为人民群众关心的重大课题；社会一些领域的道德失范，是非善恶界限的混淆，见利忘义和诚信缺失成为公害，腐败现象的滋生蔓延，使社会风气的改善成为人民大众强烈的呼声；重视个人品德建设和提升社会道德水平的需要，使人们进一步感悟到只有从思想上提高人们的道德情感和道德责任，增强人们的道德意志和道德觉悟，才能从根本上改变道德缺失的现象。不断涌现的道德楷模和先进人物的奉献精神，大大丰富了道德理想和道德人格的内涵。伦理学已经成为社会各个方面高度重视的学科。30 年来的伦理学学科建设，正是围绕着我国的精神文明建设和道德建设的实践而不断发展和进步的。客观的现实一再证明，脱离了社会精神文明和道德建设的实践去建设和发展伦理学学科是不可能的。

（四）适应经济社会的发展和道德生活的要求，伦理学的研究领域不断拓展

伦理学的研究在 20 世纪 80 年代，主要是从基本原理方面展开的。伦理学的研究对象、伦理学的基本问题、伦理学的体系结构和道德的本质、道德的原则、道德的功能等，曾经成为讨论和研究的重点。随着伦理学学科建设的推进，不但理论伦理学有了很大的发展，而且应用伦理学也受到学者们的重视。随着市场经济的发展和我国政治经济文化领域所发生的变化，经济伦理学、政治伦理学、文艺伦理学等应运而生。从分配的公正到社会的公正，从政治的公正到制度的公正，伦理学工作者都进行了广泛的关注和探讨。随着“以人为本”思想的提出，尊重人、关心人和“我为人人、人人为我”的思想，为伦理学学科开拓了新的视野。在经济的快速发展中，生态环境受到了污染和破坏，企业的社会责任和诚信道德，成为社会关注的焦点，在科学发展观的指导下，生态伦理学和环境伦理学逐渐成为研究的热点。在

改革开放日益深入的今天，人们越来越关心应用伦理学对人们道德素质的新的更多方面的提升，诸如科技伦理学、生命伦理学、医学伦理学等已成为社会全面、协调、可持续发展中的一些有特殊意义的新兴学科。从一定意义上可以说，应用伦理学，作为新形势下的实践要求与理论创新的统一，已成为我国伦理学中的显学。近10年来，一些应用伦理研究中心相继成立，使伦理学学科不断地发展繁荣。在科学发展观的指导下，在“发展是硬道理”的当代中国，各种应用伦理学的研究，为整个社会的更好、更快地发展，为人的思想道德素质的全面提升，提供了强有力的保证。与此相适应，伦理学学科的队伍也有着快速的增长，一大批中青年学者的理论建树，体现着中国伦理学学科发展上的新的、重大的成就。

（五）加强伦理学学科研究，为更好地提升人的道德素质而努力

社会经济的发展和人们生活水平的提高，呼唤着人的素质的全面提升和社会道德风尚的更快改善；伦理学学科的发展也正是随着加强道德建设、提高人的素质的要求而不断深入的。

伦理学的学科建设，必须要为有中国特色社会主义的经济建设、政治建设、社会建设和文化建设服务，使伦理学超越意识形态的想法，只能使伦理学学科的发展陷入歧途。30年来伦理学学科之所以能得到如此迅速的发展，正是和广大伦理学工作者积极投身到精神文明建设和道德建设的实践活动中密切相关的。理论联系实际，不仅是要为实际服务，而且只有在同实际结合的过程中，理论工作者才能更好地进行伦理学的学科体系、学科结构和重大理论的建设。结合实际和进行学科建设是一个事情的两个方面，是相辅相成而不是相互背离的。

同样，社会主义的道德建设迫切需要伦理学学科的发展。伦理学

作为全面研究道德现象的学科，它的发展，必将对我国的道德建设和人的素质的全面提升，发挥重要和积极的作用。实践证明，只有紧紧围绕改革开放的实践和要求，伦理学的发展才能有强大的生命源泉。离开社会的生活实践和道德实践，也就不可能有伦理学学科的发展。

(六)充分发挥伦理学的学科优势，为推动社会主义精神文明建设和提高全民的道德素质而努力

改革开放30年来的实践说明，社会主义道德建设和精神文明建设的实践有力地助推着伦理学学科的发展，而伦理学学科的研究成果为道德建设提供了理论支撑。改革开放为伦理学学科的繁荣提供了广阔的天地，赋予了伦理学学科不断前进的新的动力。无可争辩的事实说明，伦理学学科之所以能够更快得到发展并走向繁荣，正是同伦理学工作者积极参与社会的道德建设密不可分的。30年来，紧紧围绕着改革开放和市场经济所提出的重大伦理道德问题，如精神文明建设、公民道德建设、以德治国和青少年道德教育等等，才使伦理学学科能够始终与时俱进，获得了自身发展的良好优势或动能，发挥了伦理学之为实践理性的特殊的作用和力量。当代中国社会主义市场经济条件下的两个文明建设和道德建设需要伦理学学科的发展，伦理学学科又以其特有的方式推动和促进着社会主义现代化建设，为实现中华民族的伟大腾飞贡献着自己的力量。

道德作为人们共同的行为准则和规范，是构成社会文明的重要因素，也是维系和谐人际关系、良好社会秩序的基本条件。如果道德败坏、诚信缺失、是非不分、荣辱颠倒、文明底线失守，再好的制度也无法生效，再快的发展也会出问题。社会主义市场经济，不但应当是法制经济，更应当是一种以道德为基础的经济。道德是市场经济的基石，如果没有道德的支撑，市场经济的大厦，就必然要陷于崩塌，任

何只重视经济发展而忽视道德建设重要性的理论和观点，都是极其有害的。在市场经济条件下，任何公民，都不应因追求效益和利润而违犯道德，更不应当因追求效益和利润而丧失良心。市场经济条件下，在追逐利润的同时，不能有见利忘义的冲动，忘记了一个人对社会所应承担的道德责任。以牺牲道德为代价来换取经济发展的理论，最终必然付出沉重的代价。在一个国家的文明框架中，道德与法律唇齿相依，缺一不可，必须做到依法治国与以德治国并举。在我们完善社会主义市场经济、推进现代化的进程中，一刻也不能忘记道德建设。只有在全社会深入开展社会主义荣辱观教育，大力加强公民道德、职业道德、企业道德、社会道德建设，在全社会形成诚信守法的良好环境，才能有效构筑牢固的社会文明防线，全面推进社会的科学发展。

中西伦理学思想研究

陆九渊伦理思想新探*

陆九渊，字子静，抚州金溪（今江西抚州金溪）人，生于宋高宗绍兴九年（1139），卒于宋光宗绍熙三年（1192）。中年以后，陆九渊曾在贵溪象山讲学，史称象山先生。

陆九渊是宋明“心学”的开创者。他提出了“心即理”、“宇宙便是吾心，吾心便是宇宙”的伦理思想体系，强调了“发明本心”、“先立乎其大”的修养方法，确定了“万物皆备于我”的“天人合一”的道德理想境界，在中国伦理思想史上，独树一帜，别开生面。对陆九渊的“心学”，长期以来，学者们较多地从哲学的本体论上和认识论上进行探讨，对他哲学思想中的主观唯心主义的各个方面，多有阐发，但较少从道德理论的方面进行研究，对许多伦理学的概念、范畴和命题，较多地还是从哲学的方面去了解，未能注意到它们的伦理学方面的意义。一般来说，哲学的概念、范畴和命题与伦理学的概念、范畴和命题，是既有联系、又

---

* 原载《中国人民大学学报》1987 年第 2 期。曾收入《罗国杰文集》，上卷，517～542 页，北京，中国人民 大学出版社，2007。

有区别的，思想家们在不同情况下去使用这些概念、范畴和命题，也是清楚的。但是，由于中国哲学的自身特点，即长期以来，伦理学和哲学融为一体，伦理学没有成为单独的学科，因而常常造成人们对二者的混淆，有时会受到很大的误解。陆象山和王阳明，就是受到这种误解较多的两位哲学家。因此，所谓“陆九渊伦理思想新探”，主要是想从伦理学方面对“心学”作一些分析。

从整个哲学体系来说，陆象山所提出的“心即是理”、“宇宙便是吾心，吾心便是宇宙”的“心学”，是一种主观唯心主义的学说，它颠倒了物质和意识、客观和主观的关系，指出这种本体论上的颠倒，固然是重要的，但这是远远不够的。对我们来说，更重要的是，应该对这种从根本上来说是一种伦理体系的思想、范畴和概念，进行深入的分析，弄清楚陆象山是怎样论证它们的，他是在什么意义上来使用这些范畴和概念的，他的学说为什么得到当时那么多人的赞同(据说他在象山讲学五年，四方学者结庐问学，来者逾数千人)，为什么他的学说在以后又有那么大的影响，在他的学说中，究竟有没有可供我们吸取的合理因素。

一、“心”是什么?

一般来说，陆象山是一个以发明本心、强调“心”的重要的思想家，所以他的学说被称为“心学”。在中国伦理思想史上，他把“本心”、“心”作为道德思考的中心，并以此为基点，建立起一个前所未有、影响深远的伦理学体系。因此，弄清楚陆象山的“心”或“本心”究竟是什么意义，他所说的“心”和一般哲学家所说的“心”有什么不同，这是我们研究陆象山伦理思想所必须首先注意的。只有确切地弄清楚他所说的“心”的意义，对于他的整个学说，才能有一个正确的理解。

从中国思想史上来看，“心”一般有四种意义。一是指生理上的功能，二是指知觉的作用，三是指意志的能力，四是指道德的品性。除生理上的功能，只在特殊情况下使用外，宋代的道学家们主要是在后三个意义上来使用“心”这一概念的。他们有时强调心的知觉的作用，如朱熹说“心者，人之知觉，主于身而应事物者也。”[①]在这里，朱熹认为“心”的功能就是认识各种各样的事物。他们有时强调“心”有一种意志的能力，是万事的主宰，朱熹也经常强调心的这一种作用，他说：“心，主宰之谓也。”(黎靖德：《朱子语类》，卷五，北京，中华书局，1986。)“一身之中，浑然有个主宰者，心也。”(黎靖德：《朱子语类》，卷二十，北京，中华书局，1986。)认为“心是管摄主宰者，此心之所以为大者也。”(黎靖德：《朱子语类》，卷五，北京，中华书局，1986。)朱熹还认为，心是一种给一切别的东西下命令而不接受别的东西的命令的主宰。“夫心者，人之所以主乎身者也，一而不二者也，为主而不为客者也，命物而不命于物者也。”宋代的道学家们，一般也都认为“心”又是人们的道德品质的体现，强调所谓道德的心。不过对于朱熹来说，他把生理功能的心称为“人心”，而把道德之心称为“道心”。他说：“只是这一个心，知觉从耳目之欲上去，便是人心；知觉从义理上去，便是道心。”“人心者，人欲也。”(黎靖德：《朱子语类》，卷七十八，北京，中华书局，1986。)他还说：“虽圣人不能无人心，如饥食渴饮之类，虽小人不能无道心，如恻隐之心是也。”“道心本来是禀受得仁义礼智之心。”(黎靖德：《朱子语类》，卷七十八，北京，中华书局，1986。)陆象山对心的理解，除了和朱熹等人有相同的方面以外，又有着自己的对心特殊的理解。

---

① 朱熹：《朱熹集》，卷六十五，3436页，成都，四川教育出版社，1996。

从哲学思想和伦理思想来说，归根到底最重要的一点就是，陆象山把“心”主要看做是一个伦理性的实体。当然，在陆象山看来，“心”也有生理的本能，也有知觉的作用，也有意志的力量，但最主要、最本质、最核心、最经常的意义，则认为“心”只是一个伦理的实体，而且其他意义都是由这个意义所引出，并从属于这个意义的。作为一个伦理性的实体，在陆象山看来，心主要有三个方面的意思。

首先，陆象山继承了孟轲的理论，认为“心”是人的先天的一种道德品性，是与生俱来的，是天之所与我的。他明确指出，这种先天就有的、与生俱来的、所有人都具有的品性，就是孔子所说的“仁”和孟子所说的“仁义礼智”四端。他说：“故仁义者，人之本心也。”①“四端者，即此心也。”②又说：“义理之在人心，实天之所与，而不可泯灭焉者也。”③陆象山认为人的这种天生的道德品性也就是人们的恻隐、羞恶、辞让、是非之心。不仅如此，陆九渊甚至还认为，人之所以有这种本心，是人之所以区别于动物的本质特征。他说：“仁，人心也，心之在人，是人之所以为人，而与禽兽草木异焉者也。”④在陆九渊看来，动物和人的区别，不在于知觉，不在于认识，而在于道德，只有人类才是有道德的，而一切动物是无道德可言的，所以道德之心是人和动物的重要区别。

其次，陆九渊认为，“心”不仅是人们所具有的一种天生的道德品

---

① 陆九渊：《陆九渊集》，卷一，《与赵监》，北京，中华书局，1980。

② 陆九渊：《陆九渊集》，卷十一，《与李宰》，北京，中华书局，1980。

③ 陆九渊：《陆九渊集》，卷三十二，《思则得之》，北京，中华书局，1980。

④ 陆九渊：《陆九渊集》，卷三十二，《学问求放心》，北京，中华书局，1980。

质，而且还是一种能够知善知恶的道德评价的能力，一种辨别善恶是非的道德认识能力和道德判断能力。他说："苟此心之存，则此理自明，当恻隐处自恻隐，当羞恶，当辞逊，是非在前，自能辩之。"①在陆象山看来，"心"确有一种知觉、认识的功能，但这种认识主要是指道德的认识，它的功能也主要是指这种道德上的应变能力和判断能力。在陆象山看来，这种"千古不磨"之心的能力，也就是人们的"良心"。这种"良心"可以使人们知孝、知悌、懂得"爱其亲"，知道"敬其兄"，"见孺子入井而有怵惕恻隐之心"，遇到可羞之事则羞之，见到可恶之事则恶之，是知其为是，非知其为非，需要辞让的时候能辞让，应该谦逊的时候能谦逊，所有这一切，都是因为"心"具有这种判断能力和应变能力的缘故。所以，陆象山说："良心正性，人所均有。不失其心，不乖其性，谁非正人?"一个人只要不失掉自己的"良心"，就是有道德的人。

陆象山强调"心"的这种道德认识和道德评价上的对己、对人和对一切事情的判断能力，强调"心"作为"良心"的功能，是有重要意义的。在中国伦理思想史上，孟轲最早提出了"良心"这一概念，但未作进一步的解释。朱熹只强调"良心"是一种羞耻之心，对"良心"的理解未免失之过狭。在陆象山看来，良心不仅包含着与生俱来的善良本性，是人之所以区别于禽兽的一个根本特征，"心之在人，是人之所以为人，而与禽兽草木异焉者也"②，而且是一种能辨明是非、判断善恶、识别正邪、认清公私的特殊的能力，这是有合理因素的。

① 陆九渊：《陆九渊集》，卷三十四，《语录》，北京，中华书局，1980。

② 陆九渊：《陆九渊集》，卷三十二，《学问求放心》，北京，中华书局，1980。

关于什么是“本心”的问题，陆九渊年谱中有一段话，记载了当时富阳主簿杨敬仲(杨简)和他的对答：

“问：‘如何是本心?’先生曰：‘恻隐，仁之端也，羞恶，义之端也，辞让，礼之端也，是非，智之端也。此即是本心。’对曰：‘简儿时已晓得，毕竟如何是本心?’凡数问，先生终不易其说，敬仲亦未省。偶有鬻扇者讼至于庭，敬仲断其曲直讫，又问如初。先生曰：‘闻适来断扇讼，是者知其为是，非者知其为非，此即敬仲本心。’敬仲忽大觉，始北面纳弟子礼。故敬仲每云：‘简发本心之问，先生举是日扇讼是非答，简忽省此心之无始末，忽省此心之无所不通。’先生尝语人曰：‘敬仲可谓一日千里。’”①

最后，在陆象山看来，“心”还是一种能体认一切永恒不变的道德原则和道德规范以至一切事物原则的绝对实体。陆象山认为，人和人之间的道德原则和规范，如三纲五常、忠孝节义、仁义礼智等等，都是永恒不变、永世长存的，千百年以前和千百年以后，是永远如此的。他认为，人的“心”能认识这些原则和规范，能保持这些原则和规范，能操守、践履这些原则和规范，能发扬光大这些原则和规范。正像他的学生杨简所说的：“人心自善，人心自灵，人心自明。”②他把“心”的作用作了无限的夸大，从而使之成为决定一切的东西。

在陆九渊看来，“心”既然是一种能体认永恒不变的道德原则和道德规范的实体，那么，所有人的心，就必然是共同的了。所以，他特别强调人们的这种“本心”、“心”都是相同的。他说：“心只是一个心。某之心，吾友之心，上而千百载圣贤之心，下而千百载复有一圣贤，

① 陆九渊：《陆九渊集》，卷三十六，《年谱》，北京，中华书局，1980。

② 杨简：《慈湖遗书》，卷二，《二陆先生祠记》。

其心亦只如此。"①又说："东海有圣人出焉，此心同也，此理同也。西海有圣人出焉，此心同也，此理同也。南海、北海有圣人出焉，此心同也，此理同也。千百世之上有圣人出焉，此心同也，此理同也；千百世之下有圣人出焉，此心同也，此理同也。"②所以他认为，所有的人，都是"人同此心"的。在陆九渊看来，在当时的封建社会中，是非、善恶、正邪、公私都是有共同标准的，这个标准就是封建社会的三纲五常，就是君臣、父子、夫妇之道，不论是哪一个人，都应该如此，所以在陆九渊看来，也就必然是"人同此心"了。

二、为什么说"心"即是理？

陆九渊在他的"心学"中，提出了一个重要的命题，即"心即理"。他说："人皆有是心，心皆有是理，心即理也。"③又说："盖心，一心也；理，一理也至当归一，精义无二，此心此理，实不容有二。"④这也就是说，"心"和"理"实际上是一个东西，它们是不可分割的。陆九渊更把这一命题加以引申，发展成为"宇宙便是吾心，吾心便是宇宙"的似乎是极为荒谬的结论。诚然，从认识论上来看，它确实是一种不能为人们所理解的主观唯心主义，但在伦理思想上，他却有着重要的思维教训，这是我们在学习中国伦理思想史时所应该注意的。

为了更好地弄清这一问题，我们还应该看看什么是陆九渊所说的"理"。

---

① 陆九渊：《陆九渊集》，卷三十五，《语录》，北京，中华书局，1980。

② 陆九渊：《陆九渊集》，卷三十三，《象山先生行状》，北京，中华书局，1980。

③ 陆九渊：《陆九渊集》，卷十一，《与李宰二》，北京，中华书局，1980。

④ 陆九渊：《陆九渊集》，卷一，《与曾宅之书》，北京，中华书局，1980。

从北宋的程颢、程颐开始，建立了所谓“理学”，朱熹继承并发展了二程的学说，对“理”又有了新的发挥。二程、朱熹等人，对“理”有着详细的解释，给予了“理”以确定的界说。一般来说，二程和朱熹对“理”这一范畴的使用，有三个层次的意思。第一个层次，他们认为理是世界上万事万物的本原，所以又称为“太极”。作为一切事物的最终本原来看，“理”是一个实而不有、虚而不无、超越一切时间和空间的永不灭亡的东西，“万一山河大地都陷了，毕竟‘理’只在这里”①。第二个层次，由万物的本原加以引申，他们认为，“理”是一个事物的本质属性，从而推广到一个事物之所以存在的规律。“且如这个椅子，有四只脚，可以坐，此椅之理也。若除去一只脚，坐不得，便失其椅之理也”②。所以，椅子有椅子的理，扇子有扇子的理，一切事物，都有一切事物之理。第三个层次，从“理”是万物的本原，推演到事物的本质属性，再加以发展，他们把理看成是人和人之间的必然的、永恒的伦理原则和道德规范。在这个意义上，“理”也就是道，也就是“天理”。朱熹认为：“道者，古今共由之理，如父之慈、子之孝、君仁臣忠，是一个公共底道理。”③按照二程、朱熹的说法，心和理当然是不能混同的。

陆九渊也承认“理”是一切事物的最终本原，包括天、地、人三者，都是由这个最终的本原所派生的。他认为：“塞宇宙，一理耳。”④同时，他也认为理是天地万物的主宰，甚至连天地鬼神都不能

① 黎靖德：《朱子语类》，卷一，北京，中华书局，1986。

② 黎靖德：《朱子语类》，卷六十二，北京，中华书局，1986。

③ 黎靖德：《朱子语类》，卷五十七，北京，中华书局，1986。

④ 陆九渊：《陆九渊集》，卷十二，《与赵永道书四》，北京，中华书局，1980。

违背这个至高无上的“理”的规定，他说：“此理充塞宇宙，天地鬼神且不能违异，况于人乎？”①陆九渊同朱熹一样，把这种事物的本原的“理”推广到一切事物之所以成为一切事物的规律，但是，所不同的是，陆九渊在很多情况下所说的理主要是指人和人之间的永恒不变的人伦关系之理，也即是所谓“古圣相传”的仁义道德之理。做国君的有国君之理，做臣子的有臣子之理，皇极有皇极之理，彝伦有彝伦之理，……这就是所谓君臣父子夫妇之道，也就是“理”。正是在这个意义上，陆象山认为，“心”和“理”，具有一个共同的本质属性，它们都是一种永恒不变的道德规范，都是人伦关系的至高无上的原则，归根到底，它们都可以说是一种伦理实体。所不同的只是，“心”是从主体的方面来说的，“理”是从客体方面来说(当然和我们今天所说的客体不是一个意思)的，即从这些人伦关系所体现的规律性方面来说的。作为一种道德主体的“心”，它可以体认、掌握这些原则并用以评价和判断一切事物。作为人伦关系的一种客观的“规律”，是和人的“心”、“本心”、“良心”完全一致的。“心”即“理”的意思，就是说这两者是完全统一和同一的。

三、为什么要“先立乎其大”？

从强调“心”和“本心”出发，在道德修养论上，陆九渊特别强调“先立乎其大”的重要意义。他在对自己学生的教诲中，反复地提出，必须注意到“先立乎其大”这一个道德修养的根本原则。反对他的人说，陆象山除了“先立乎其大”这句话以外，什么本事也没有，陆象山

① 陆九渊：《陆九渊集》，卷十一，《与吴子嗣八》，北京，中华书局，1980。

听了以后，竟欣然同意，说："近有议吾者云：'除了先立乎其大者一句，全无伎俩。'吾闻之。曰：诚然。"可见，弄清楚"先立乎其大"的内容和他之所以强调"先立乎其大"的原因，是我们了解陆象山伦理思想的一个关键(陆象山又常把自己的"先立乎其大"称之为一种"简易功夫")。

陆象山所说的"大"，就是他所说的"本"、"本心"、"心"、"道心"和"良心"等，"先立乎其大"，就是要先发明自己的"本心"，强调"良心"的重要作用。

陆象山说："凡物必有本末，且如就树木观之，则其根本必差大。吾之教人，大概使其本常重，不为末所累。"①这就是说，树木之所以有的枝叶茂盛，有的枯萎凋谢，考其原因，它们的根本必然相差很大。同样，对一个人来说，有的道德高尚，有的品性卑劣，最重要的原因，就是有的能够存心、养心和发明本心，有的则使心为物欲所蔽、为利欲所害、为邪念所陷。因此，为了陶冶性情、变化气质、培养品德，就必须对"心"所受到的蒙蔽、损害和陷溺加以医治，这种功夫，就是去欲、寡欲，也就是"剥落"。陆九渊说："夫所以害吾心者何也？欲也。欲之多，则心之存者必寡，欲之寡，则心之存在者必多，……欲去则心自存矣。"②又说："有所蒙蔽，有所夺移，有所陷溺，则此心为之不灵，此理为之不明，是谓不得其正……"因此，为了"保吾心之良"，"去吾心之害"，就必须对这些邪念、物欲、蒙蔽等加以"剥落"，"人心有病，须是剥落，剥落得一番即一番清明，后随

---

① 陆九渊：《陆九渊集》，卷三十四，《语录》，北京，中华书局，1980。

② 陆九渊：《陆九渊集》，卷三十二，《养心莫善于寡欲》，北京，中华书局，1980。

起来，又剥落又清明，须是剥落得净尽方是。”①在陆九渊看来，“发明本心”、“存心”、“养心”、“求放心”，同“剥落”功夫是同一个过程的不同方面，是相辅相成而相互促进的。它们的主要方法，就是要“切己自反，改过迁善”②，要诚心诚意地“反而思之”，一方面要剥落一切外物的诱蔽，一方面“日夕保养灌溉，使之畅茂条达”③。正是在这个意义上，陆九渊认为，为学的目的，不是要学得很多知识，以此来炫耀自己，而是要学会怎样做人，懂得怎样来陶冶自己的品性。特别重要的是要切实地践履自己所体认的先天的道德原则和道德规范，使自己成为一个有道德的人。他说：“今所学果为何事？人生天地间，为人当尽人道，学者所以为学，学为人而已，非有为也。”④因此，只有品德的进步才是检验学习成绩的唯一标准。

在中外伦理思想史上，关于增长知识和涵养道德的关系，是一个长期争论的问题。这个问题的实质是，一个人的道德水平的提高和知识的增长之间究竟有没有关系？如果有，到底是什么关系？在这个问题上，陆象山和朱熹曾进行过激烈的争论，尽管两人都有一定的片面性，但从当时的社会弊端来说，毋宁说陆九渊的思想中，含有更多的合理因素。

朱熹也认为“为学”是要陶冶人的品德和锤炼人的气质的。但是，朱熹强调的修养方法是“居敬”、“穷理”和“格物”、“致知”。在他看来，要想使人们的道德品质能够提高，必须要先学习古圣先贤的遗教和历代各朝道德上的典范，特别是要熟读《四书》、《五经》。为达这些

① 陆九渊：《陆九渊集》，卷三十五，《语录》，北京，中华书局，1980。
② 陆九渊：《陆九渊集》，卷三十四，《语录》，北京，中华书局，1980。
③ 陆九渊：《陆九渊集》，卷五，《与舒西美》，北京，中华书局，1980。
④ 陆九渊：《陆九渊集》，卷三十五，《语录》，北京，中华书局，1980。

目的，他除了用毕生精力，编写了《四书集注》外，还辑录了《小学》、《近思录》、《五朝名臣言行录》等书，要人们学习。在朱熹看来，“格物”、“穷理”将有助于德性的提高，把“道问学”作为“尊德性”的先决条件。

陆象山却不然，他针对当时的时弊，针对那些用学问来求得高官厚禄、用知识来获取个人名利的恶劣风尚，针对那些口头上大谈“圣贤之书”，而实际行为则完全“与圣贤背道而驰”的，提出了自己的大胆的主张。他直言不讳地讽刺那些“疲精神、劳思虑、皓首穷年，以通经学古，而内无益于身，外无益于人”的蠹虫。他认为，“为学之道”主要是变化气质，反对终日孜孜、埋头于经书的传注之中。他说：“吾读书只看古注，圣人之言自明白，且如‘弟子入则孝，出则悌’，是分明说与你入便孝出便悌，何须传注学者疲精于此，是以担子越重。到某这里，只是与他减担。”①陆象山还说：“若某则虽一个字不识，亦须还我堂堂地做一个人。”在他看来，一个人愈是在簿册文字上下工夫，他就愈容易陷入支离破碎之途。而且，有些人虽然读书万卷，却于德行无补。对于古圣先贤来说，他们的高尚纯洁，为人仰慕，主要在于他们的廓然大公的精神而不在于他们的文字。他们的文字，只是他们精神的表现。他极其机智地嘲笑朱熹说，如果说只有熟记背诵古圣先贤的遗言之后，才能获得高尚的道德品质，那么，请问尧、舜这两个品德高尚的圣人，他们到底读了哪些书？对朱熹来说，这确实是一个很难回答的问题。尧、舜是朱熹认为的大圣人，朱熹所说的经书，都是在尧、舜以后才写成的。对于这个问题，朱熹只好求助于他的圣人史观，在他看来，圣人是天生的，他不需要读书就是圣

① 陆九渊：《陆九渊集》，卷三十五，《语录》，北京，中华书局，1980。

人，而其他的人，则必须先读圣人的书。

陆象山关于增长知识和涵养道德的关系的看法，对当时的社会病态来说，无疑是一剂良方。朱熹自己也承认，由于“日前讲论，只是口说，不曾实体于身，故在己在人，都不得力”，他自己原认为，“只如此讲学渐涵，自能入德，不谓末流之弊，只成说话，至于人伦日用最切近处，亦都不得毫毛气力，此不可不深惩而痛警也”，从而承认了自己在道德修养上的失误。关于陆象山，他说：“大抵子思以来，教人之法唯尊德性、道问学两事为用力之要，今子静所说，专是尊德性事，而某生平所论却是道问学上多了。所以为彼学者，多持守可观，而看得义理全不仔细，又别说一种杜撰道理，遮盖不肯放下。而熹自觉，虽于义理不敢乱说，却于紧要为己为人上多不得力。今当反身用力，去短集长，庶几不堕一边耳。”(朱熹：《朱文公文集》，卷五十四，《答项平父二》)肯定了陆象山强调“尊德性”的重要意义。

在怎样“先立乎其大”的问题上，陆九渊非常重视“义利公私”之辩。他认为，区别一个人的道德是高尚还是卑劣，判断一个人是有德还是无德、是君子还是小人，唯一的标准，就是看他是怎样对待义、利问题的，所以他认为应“以义利判君子小人”，认为“凡欲学者，当先识义利公私之辨”。他对义利有自己的解释，他所说的“义”，指的是公义，他所的“利”，指的是私利。在他看来，“义”不但指的是道德的原则，指的是依据“本心”所应做的事的必然之理，而且包括国家人民的公利。宋孝宗淳熙八年(1184)，陆象山 43 岁时，为了请朱熹给他死去的哥哥撰写墓志铭，曾访朱熹于南康(六年前，他和朱熹曾进行过一次学术性的大辩论，此后分歧不断加深)。朱熹请他到自己的书院白鹿洞给学生们讲课，陆象山就专门讲了孔子的“君子喻于义，小人喻于利”这一章，详细阐述了“先识义利公私之辨”的重要，认为：

“人之所喻由其所习，所习由其所志。志乎义，则所习者必在于义，所习在义，斯喻于义矣。志乎利，则所习者必在于利，所习在利，斯喻于利矣。故学者之志不可不辨也。”①这就是说，为了使人们有高尚的道德，必须注意人们的行为及其动机，强调了由“志”到“习”，从而才可以认识、懂得“义”的重要，认为“喻”是由“习”形成的，“习”是由“志”决定的，强调了一个人的正确的价值目标的作用，这是有合理因素的。陆象山痛斥了当时那些只图个人私利、不顾国家公义的“小人”的无耻行为，指出他们读书就是为了得官，得官后，又不断要求升官，“自少至老，自顶至踵，无非为利”的可耻行径。陆象山从当时封建国家和人民的“公利”出发，认为一个读书人，在从政为官时，一定要抛弃私利，“悉心力于国事民隐”，应该有“恭其职，勤其事，心乎国，心乎民，而不为身计”的精神。这篇义利之辨的讲话，连朱熹也认为“发明敷畅”、“恳到明白”、“切中学者隐微深痼之病”，认为他“说得这义理分明，是说得好”，甚至认为他自己在讲学中，也未能达到如此程度，深以为愧，即“熹在此不曾说到这里，负愧何言”，还专门让陆象山写成讲义，后又刻之石上，“熹当与诸先生共受，勿忘陆先生之训”。陆象山自己也认为写的讲义太简单，“当时说得来痛快，至有流涕者，元晦深感动，天气微冷，而汗出挥扇”，② 初春二月，连朱熹也感动得“汗出挥扇”，可见这次“义利之辨”的讲演是十分成功的。

---

① 陆九渊：《陆九渊集》，卷二十三，《白鹿洞书院论语讲义》，北京，中华书局，1980。

② 陆九渊：《陆九渊集》，卷三十六，《年谱》，北京，中华书局，1980。

四、“万物皆备于我”和“宇宙便是吾心，吾心便是宇宙”的圣人境界

在陆九渊的伦理思想中，受到后人批评较多的是他的“万物皆备于我”和“宇宙便是吾心，吾心便是宇宙”这两个命题。批评的论点较多的也是从世界观和认识论上着眼，而较少涉及他的伦理思想。

“万物皆备于我”和“宇宙便是吾心，吾心便是宇宙”的思想，对于陆象山来说，主要不是一个世界观和方法论的命题，而是一个伦理学的命题，或者，更确切一些，它只是指的道德修养中的一种至高无上的道德境界。陆象山的这一思想，是直接从孟轲那里继承来的。

孟轲最早提出“万物皆备于我”的一种“天人合一”的境界，认为这种境界是至高无上的。孟轲认为“心”是一种人与生俱来的伦理本源，所谓恻隐、是非、羞恶、辞让这些道德本能，都是心的作用。正由于此，孟轲强调要“存其心、养其性”，即保存人的善良本心，并把仁义礼智四端加以扩充发挥。孟轲认为，如果一个人能够“存其心、养其性”，就是“知性”。“知其性”，也就可以达到“知天”。因为人的善良的“本心”不是从外面来的，是天所赐给我的，“是天之所与也，非外铄也”，所以一个人如果能达到“尽性”、“知天”的境界，就能从天所赋予自己的善良本性出发，使自己的思想、感情、志趣、追求，都能充满正气，从而形成一种至大至刚的“浩然正气”，就能够“居天下之广居，立天下之正位，行天下之大道”，就能够“富贵不能淫，贫贱不能移，威武不能屈”，就能够像孟轲所说的“所过者化，所行者神，上下与天地同流”(《孟子·尽心上》)。正是在这个意义上，孟轲说：“所不虑而知者，其良知也，所不学而能者，其良能也。此天之所与我者，我固有之，非由外铄我也。”又说：“万物皆备于我矣，反身而诚，乐莫大焉。”(《孟子·尽心上》)这也就是说，由于人的“心”所具有的良

知良能是天所赋予的，因此，一切立身行事，对人对事的原则、态度和方法，也都在我的心中，只要人们能“反求诸己”，发扬本心，并将其扩而充之，并且信实笃诚地去践履，就会使人的这种本心发展成为一种至高无上的境界，处于这种境界的人，就会感到“万物皆备于我矣”，因此，也就能“乐莫大焉”了。

在孟轲以后，尽性、知天的思想，在秦汉儒家所作的《中庸》中又有了进一步的发展。《中庸》说：“惟天下之至诚为能尽其性；能尽其性，则能尽人之性；能尽人之性，则能尽物之性；能尽物之性，则可赞天地之化育，则可以与天地参矣。”这就是说，只要一个人能发明本心、尽性知天，就可以充分发挥万事万物的本性，就能够帮助天地而化育万物，这样的人，就可与天地并列为三，也就达到“万物皆备于我”的“天地合一”的境界了。宋代的许多道学家们如程颢、程颐、张载及朱熹等，也都强调了圣人可以“与天地参”的这种最高境界，但都没有作进一步的阐释。陆象山从自己的“发明本心”出发，对这种境界作了进一步的发挥。

陆象山是怎样论证他的“宇宙便是吾心，吾心便是宇宙”呢？他说：“四方上下曰宇，往古来今曰宙。宇宙便是吾心，吾心便是宇宙。千万世之前，有圣人出焉，同此心、同此理也。千万世之后，有圣人出焉，同此心、同此理也。东南西北海有圣人出焉，同此心、同此理也。……宇宙内事，是己分内事，己分内事，是宇宙内事。人心至灵，此理至明，人皆有是心，心皆具是理。”①从这段话里可以看出，由于人的“本心”是至灵的，是天所赋予的，只要经过“发明本心”的为学功夫，人人都可以达到圣人。只要修养成为圣人，不论是“往古来

① 陆九渊：《陆九渊集》，卷二十二，《杂著》，北京，中华书局，1980。

今”，不论“四方上下”，即不论是千万世之前，还是千万世之后，也不论是东海南海，更不论是西海北海，只要能成为圣人，他们的认识和觉悟，他们的道德境界，都一定是相同的。因此，他说：“心之体甚大，若能尽我之心，便与天同。”①即一个人“若能尽吾之性，便与天同”②。在陆象山看来，一个人如果能“发明本心”，把利欲“剥落”净尽，从而能够“自我主宰，万物皆备于我”③，就可以“以天下为己任”，把天下大事，当做是自己分内之事，而自己分内之事，也就只有天下国家大事，即能够抛除个人私利，“悉心力于国事民隐”，这样，一个人也就可以达到那种“宇宙便是吾心，吾心便是宇宙”的、“便与天同”的最高境界了。

五、对陆九渊伦理思想的再认识

陆九渊在中国伦理思想史上的重要贡献，是他第一次强调了“心”、“本心”的重要意义，使中国伦理思想对“本心”在人们的道德行为、道德评价中的作用，有了进一步的认识，从而使中国伦理思想在“良心”的理论上更加精密、更加严谨，并为王阳明提出以“良知”为核心的伦理体系打下了基础。

陆九渊所说的“本心”，就其主要意义来说，大体上相当于我们今天所说的“良心”（陆九渊有时也使用“良心”，并赋予“良心”以大体相同于“本心”的意义，但他更经常使用的则是“心”和“本心”），对“本心”作用的阐发，也大体上相当于对“良心”作用的认识。

---

① 陆九渊：《陆九渊集》，卷三十五，《语录》，北京，中华书局，1980。

② 同上。

③ 同上。

从伦理学的理论发展来看，对“本心”或“良心”的逐步深入的认识，反映了人们道德思考的重大进步。“良心”或“本心”对人们的道德品质、道德情操、道德评价和道德行为，都有极重要的作用。“良心”是一个人道德上的自我评价能力，是道德上的自我意识和自我感觉的统一体，“良心”总是同个人在一定社会中应尽的义务融合在一起，总是同自己在社会上的荣誉和自尊相结合，从而对自己的行为进行自我调节、自我监督和自我控制。它既是个人的高尚德行的赞扬者，又是个人不道德行为的抵制者。它在人们的行为以前，总要使人们在道德选择中去恶从善。如果做到了这一点，“良心”就能感到自我安慰。“良心”在行为的过程中，又往往使人们对自己的行为进行“自我鉴定”，鼓励人们去从事善行或阻止人们走入邪恶。它在根本不可能有别人知道或社会舆论监督的情况下，监督自己，强制自己不做坏事。“良心”常常以一种无形的力量，甚至是一种本能的下意识的直觉，使一个人的行为沿着一定的轨道发展。“良心”是一种感性认识和理性认识的统一，是人们的道德情感、道德理想、道德意志、道德信念和道德认识的统一。“良心”还有一种隐蔽而微妙的作用，就是它往往自己能形成一个“主题论证会”，从各个方面对自己的行为进行论证，为自己的行为选择提供根据，有时候，它还能够自己设立一个在人们内心中的“法庭”，并代表“原告”和“被告”双方，对自己的行为进行辩难，并由“法官”最后作出裁决。“良心”起作用的方式，往往是在表面上看不到的，但它却是十分有力的。有时候，“良心”的谴责和“良心”的裁判，要比政治、法律的力量还要强大，这是人们常常能够体会的。

从一定意义上来说，陆九渊看到了“本心”或“良心”在人们道德品质和道德行为中的重要作用，并且力图使“本心”的这种隐蔽而微妙的作用，得以发挥。当然，他不懂得、不理解这种作用，是从人的社会关系中、是在阶级利益中形成的，相反，他却从唯心主义的世界观出发，认为人们所具有的“是者知其为是，非者知其为非”的“本心”、“良心”是先天的、与生俱来的。

当然，“本心”、“良心”的这种能力，是需要培养的。如果能够注意培养，并扩而充之，就可以使这种能力大大加强。孟轲早就提出过，这种仁义之心，如果不加以培养，连自己的妻子儿女都会侵害，如果能善于培养，甚至可以对“四海”之人都有好处。陆象山正是看到了培养“本心”的重要意义，提出了“先立乎其大”和“发明本心”的理论。这个所谓“先立乎其大”，就是要通过“切己自反，改过迁善”的修养方法，去私，寡欲，发明本心，即发挥人的“良心”的作用。

从人类伦理思想的发展和道德思考的进步来说，在“心”和“本心”的问题上，是有着非常值得我们注意的思维教训的。“心”、“本心”，或者如我们现在伦理学中所说的“良心”，它的性质、机能、功用等等，确有很多隐蔽、微妙的地方，有时甚至会使人们感到“不可理解”、“神秘莫测”和不可能再进行研究。如果采取简单化的态度，不能对这种性质、机能和功用进行深入、细致的考察，从而在这种应该向前迈进的地方，停止了下来，只局限于表面的、一般的、现象的、机械的论证，或者索性拒绝这种考察，把这种考察都称之为唯心主义，这就会使我们的伦理思想和道德思考不能发展。但是，如果要对“心”、“本心”和“良心”的性质、机能、功用等进行探讨，就必然会要经历各种艰难曲折的道路，也就有可能陷入歧途。不论怎样说，尽管这种探讨有时候似乎是唯心主义，但是，只要人们能够在前人所未开垦过的土地上进行了耕耘，在未经探索过的境地，花费了大量的心血，并给后人以启发，这对人类伦理思想的发展，都是有益处、有贡献的。

从伦理思想发展的历史来看，不论是自古希腊到近代的西方，还是自先秦至五四运动前的中国，唯物主义的思想家们当中，虽然也有少数人对“心”作了深入的研究，但总的来说，关于“心”、“本心”、“良心”的研究，它的能动的、隐蔽的、微妙的作用，则往往是被唯心主义的伦理思想家片面地、歪曲地加以发展了。

陆象山在认识论上是一个主观唯心主义者，他颠倒了物质世界和人的认识的关系，颠倒了道德意识和道德活动的关系，颠倒了道德上的“本心”同人们的道德生活之间的关系，因此，在伦理思想上，同样总是使人们感到是历史唯心主义的，正像列宁在谈到黑格尔时所说的：“在黑格尔这部最唯心主义的著作中，唯心主义最少，唯物主义最多。‘矛盾’，然而是事实！”①对于陆象山的伦理思想，也有类似的情况。只要我们能把他在“心”、“本心”问题上所作的颠倒加以再颠倒，使他原来的头足倒置的伦理体系，改变为双脚站直的体系，我们就会看到，他关于“心”、“本心”即我们所说的“良心”的论证，甚至他所说的“宇宙便是吾心，吾心便是宇宙”以及“万物皆备于我”和“心即理”的命题，都有它们实际的、可被肯定的意义，因而是能够为我们所理解的。

① 列宁：《列宁全集》，第38卷，253页，北京，人民出版社，1986。

李贽伦理思想新探*

李贽，号卓吾(1527～1602)，福建泉州府晋江县人，是明末著名的进步思想家。他在中国伦理思想发展史上有着特殊的地位，值得我们很好地研究。

李贽生于明朝嘉靖、万历年间。这时，由于资本主义因素的萌芽，商品经济在不少地区已有了较大的发展。封建的自给自足的自然经济，同日益发展的商品经济之间，正进行着激烈的斗争。李贽的家乡泉州(地处现在的厦门之北、福州之南)，是当时对外贸易的一个重要港口。李贽的家庭世代经商，从事海外贸易，他的二世祖李驽，就是泉州当时的一个大商人。封建地主阶级的“崇本抑末”，即重视农业而抑制商业的政策，儒家三纲五常的道德教条对个人自由的束缚，理学的天理人欲的说教对广大人民的生活欲望的压制，这一切都对当时新兴的资本主义萌芽形成了极其强大的压力。要发展刚刚萌芽的资本主义因素就需要

* 原载《社会科学战线》1988年第1期。曾收入《罗国杰文集》，上卷，649～671页，北京，中国人民大学出版社，2007。

在政治、伦理、哲学等方面冲破这些压力。从中国社会当时的特点来看，冲破三纲五常、男尊女卑和天理人欲等说教的束缚，尤有着特别重要的意义。李贽一方面受着家庭的影响，另一方面又深感明王朝的统治腐败和道学家们的虚伪，终于形成了他的叛逆性格。他把矛头直接指向当时的封建纲常伦理及其道德伦理教条，不畏强暴，同封建势力进行了坚决的斗争。1602 年，李贽被统治者逮捕，在狱中自刎而死。

一、自私出于人的天性

在伦理思想中，李贽明确地提出人都是自私的这样一种理论，使自先秦以来关于人的本质、本性是自私的观点，有了一个更全面、更深刻的论述，表达了新兴资产阶级的一种强烈的争取自身生存的愿望，反映了资产阶级反对封建束缚的伦理要求，从而为冲破几千年来的三纲五常的道德教条，为扫清禁欲主义的道德说教和提倡每个人都应有自己的人格和自由等思想，提供了重要的理论依据。

关于人的本性是自私的观点，从思想渊源来说，在中国可以追溯到先秦。战国时期的慎到，最早提出了“人莫不自为”(《慎子》，见《诸子集成》，第 5 册)的思想，认为人都在追求自己的利益，因此，作国君的人，就要善于“用人之自为”(《慎子》，见《诸子集成》，第 5 册)之心，以达到巩固自己的统治的目的。以后，荀子提出人性恶的主张，认为人的本性都是好利恶害的。他说：“夫若目好色，耳好声，口好味，心好利，骨体肤理好愉佚，是皆生于人之情性者也。”“从人之性，顺人之情，必出于争夺，合于犯分乱理而归于暴。”(《荀子·性恶》)荀子的这些话也含有“人性自私”的意义，不过他没有公开把人的本性同“私”联系起来。荀子的学生韩非，继承慎到和荀子的思想，又进一步发挥了“人皆自为”的理论，认为利己、自私是一切人共有的，即所有的人“皆侠自为心”。由此出发，韩非认为，人和人之间，即使是父子、君臣之间，也都是各自为了自己的利益而相互“计算”的。但是，不论慎到也好，或是荀子、韩非也好，他们都没有专门对自私出于人的本性这一观点作系统的理论论证，甚至在文学上，都没有能把人和“私”联系起来。他们只是把“自为”、“好利”当做一个前提，以此来为他们要论述的观点服务。秦汉以后，儒家“正统”的人性论的理论占了统治地位，人的本性是“自利”、“自为”的观点没有得到相应的发展。

李贽作为新兴资本主义萌芽的思想代表，冲破了近两千年的儒家伦理道德的束缚。他继承了慎到、荀子、韩非的思想，从理论上对他的人性自私的观点作了论证。

为什么说人的本质是自私的呢？李贽说：“夫私者，人之心也。人必有私，而后其心乃见。若无私，则无心矣。如服田者私有秋之获，而后治田必力；居家者私积仓之获，而后治家必力；为学者私进取之获，而后举业之治也必力。故官人而不私以禄，则虽召之，必不来矣；苟无高爵，则虽劝之，必不至矣；虽有孔子之圣，苟无司寇之任，相事之摄，必不能一日安其身于鲁也决矣。此自然之理，必至之符，非可以架空而臆说也。然则为无私之说者，皆画饼之谈，观场之见，但令隔壁好听，不管脚跟虚实，无益于事，只乱聪耳，不足采也。”(《德业儒臣后论》，见《藏书》，卷三十二)这里很清楚，私是一切人所共有的本质，凡有心的人，都必然是有私的，没有私，也就无所谓心了。“人必有私”是一种自然的规律，是可以由现实生活中的人的一切行动来验证的，并认为那种不承认“自私是人的本性”的理论只不过是一种无益于事的无稽妄说而已。

在李贽看来，自私的观念，利己的思想，是人们从事一切活动的动力。农民为什么能勤劳地从事农业生产劳动，因为他们能从收成中获得利益，可以满足自己的欲望，达到自私的目的。读书人为什么能够用功读书，在于能够进取做官。当官的如果不能得到厚禄，又谁愿意去做官？总之，人的一切行动，都是由私心所支配的。私心是人的一切行为的唯一动力。所以他说："趋利避害，人人同心，是谓天成，是谓众巧。"这是一切人（不论贵贱）都有的利己之心，这也就是他所说的人人都有的"真心"，即"童心"。他认为，说人们没有私心，就好像画饼让人们充饥一样，完全是自欺欺人之谈，或者说，就像戏台上听来的一样，不过是编造出来的故事罢了，这些主张，听起来似乎冠冕堂皇，但实际上在现实生活中是不存在的。李贽的"私者，人之心也"的思想，反映了新兴资产阶级的要求，在当时有进步的作用。

既然人的本性是自私的，那么人和人之间的关系，也都是一种交换关系。这里，李贽继承了韩非的人皆有计算之心的观点，并对之作了进一步的发展。

李贽提出了一个命题，即"天下尽市道之交也"。他还指出："是故以利交易者，利尽则疏；以势交通者，势去则反，朝摩肩而暮掉臂固矣。"（《续焚书》，卷二）"吾又以是观之，以身为市者自当有为市之货，固不得以圣人而为市井病；身为圣人者自当有圣人之货，亦不得以圣人而兼市井。吾独怪夫今之学者以圣人而居市井之货也。"（《续焚书》，卷二）为什么孔子能和七十子相交呢？这也是一种交易，不过这种交易不同于利、势之交而已。"七十子所欲之物，唯孔子有之，他人无有也；孔子所可欲之物，唯七十子欲之，他人不欲也。"（《续焚书》，卷二）这里他认为，不但人与人之间的关系是一种交易关系，就是圣人和他的弟子之间的关系也是一种交易关系。孔子是封建社会的"至圣先师"，他的弟子也都被视为是道德高尚的人，但李贽却把他们之间的关系看做是相互交易的关系，这是非常大胆的。

人都是自私的，圣人也是自私的，人与人之间的关系都是交易关系，所以圣人和他的七十子之间的关系也是交易关系，人都是想富贵即追求名利的，那么，圣人也不能例外。

李贽认为："谓圣人不欲富贵，未之有也。"(《明灯道古录》，见《李氏文集》，卷十八)他说："财之与势，固英雄之所必资，而大圣人之所必有也。何可言无也？吾故曰，虽大圣人不能无势利之心。则知势利之心，亦吾人秉赋之自然矣。"(《明灯道古录》，见《李氏文集》，卷十八)李贽明确地肯定圣人也好财好名，喜欢权势地位。在李贽以前，唐宋的思想家们虽也承认圣人有好富、好利的，但都说圣人是为天下国家着想，是要富国，是要利民，而李贽在这里所说的，则是自私自利。

二、穿衣吃饭就是人伦物理

人与人之间的道德关系和一切事物之间的必然之理，它们同人们的穿衣吃饭即物质欲望的满足，究竟是什么关系？这是中国伦理思想史上又一个长期争论的问题。

早在先秦，管子就有"仓廪实而知礼节、衣食足而知荣辱"的主张，指出了物质生活资料的多少对人和人之间的道德关系有十分重要的影响。韩非继承了管子的思想，提出了"饥岁之春，幼弟不饷；穰岁之秋，疏客必食。非疏骨肉爱过客也，多少之实异也。"(《韩非子》)东汉的王充进一步指出："夫世之所以为乱者，不以盗贼众多，兵革并起，民弃礼义，负畔其上乎？若此者，由谷食乏绝，不能忍饥寒。夫饥寒并至而能无为非者寡，然则温饱并至而能不为善者希。"(《论衡·治期》)他认为："'让生于有余，争起于不足'。谷足食多，礼义之心生；礼丰义重，平安之基立矣。”(《论衡·治期》)并由此得出结论说“礼义之行，在谷足也”(《论衡·治期》)，强调只有使老百姓吃饱肚子，才能够使他们知礼行义，按照封建社会的道德规范去行动。但是，总的来说，自汉武帝罢黜百家、独尊儒术以后，特别是在白虎观会议之后。三纲五常的封建教条日益成为束缚人和人之间关系的桎梏。地主阶级的伦理思想家们愈来愈片面地强调封建社会中的君臣、父子、夫妇之间的等级关系，否认人们的物质生活的重要，否认人的感觉欲望的必要满足。到了宋代以后，这种情况就发展到了所谓把“天理”、“人欲”完全对立起来的极端荒唐的地步。

宋明道学家为了维护封建地主阶级的统治，提出了所谓“理”的概念。他们首先把“理”说成是万物的本源，认为世界上一切事物都是由理生出来的；其次，他们把“理”说成是一切事物的普遍规律，“且如这个椅子，有四只脚，可以坐，此椅之理也。若除去一只脚，坐不得，便失其椅之理也”；最后，他们把“理”说成是人和人之间关系的原则和规范，即所谓“天理”。那么，这种人和人之间的“天理”(整个世间的一切人伦物理)又是什么呢？他们认为，“天理”就是三纲五常，就是仁义礼智信，就是父慈子孝、君仁臣忠等等，这都是人和人之间的“当然之则”，是人们之间的“公共的道理”。①

宋明道学家们把世界上的一切人伦物理，最后都归结为天理，即归结为封建道德教条，其主要目的就是要用“天理”来遏制“人欲”，要“存天理，灭人欲”，要使人们达到所谓“人欲净尽、天理流行”的“廓然大公”的境界。这种禁欲主义的说教，对广大人民群众，对小生产者，对当时刚刚兴起的商人来说，都使他们感到严重的窒息。而且尤

① 黎靖德：《朱子语类》，卷五十七，北京，中华书局，1986。

有甚者，这种封建道德的“天理”在统治阶级的提倡、鼓吹下，简直成了一种至高无上的道德律令，不仅“君叫臣死，臣不敢不死，父叫子亡，子不得不亡”，而且“饿死事极小，失节事极大”。他们把封建人伦的忠孝节义同人民的生活欲求完全对立起来，达到了令人吃惊的地步。

李贽把反对的矛头对准了宋明道学家们的所谓天理人欲。李贽说：“穿衣吃饭，即是人伦物理。除却穿衣吃饭，无人伦物理矣。世间种种，皆衣与饭类尔。故举衣与饭，而世间种种自然在其中。非衣饭之外，更有所谓种种绝与百姓不相同者也。”（李贽：《焚书》，卷十）李贽认为，人和人之间的关系就是穿衣吃饭的关系，只有人们的物质生活才是唯一的实在的，否定了这种关系，也就是否定了人和人之间的关系。这一命题的提出真可以说有振聋发聩的作用。在李贽看来，人之所以为人，人之所以能在社会中生存发展，最基本、最重要的关系，就是由吃饭和穿衣而发生的种种关系，如果人们不是为了吃饭穿衣，又怎么能发生人和人之间的关系？而一切人和人之间的关系，又哪一件不是和人们的吃饭穿衣相联系的？他极力反对在“衣饭之外”去寻找什么与百姓不相干的人伦物理，断言离开了吃饭穿衣，也就没有什么人伦物理可言。他认为，只有“明于庶物”，才能“察于人伦”，也就是说，只有明白、了解事事物物的道理，即明白、了解吃饭穿衣的道理，才能真正理解人和人之间的人伦关系，也只有这样进行确定的一切人伦关系的行为准则，才能真正是从内心发出的，这就是所谓“由仁义行”；不因照着这些行为准则可以获得美名才故意去做，这就是所谓“行仁义也”（《答邓石阳》，见《焚书》，卷一）。李贽对孟轲这两句话，完全给予了新的解释，从而为自己的理论作了进一步的论证。

宋明道学家把封建社会人和人之间的道德关系拉到脱离人的物质

生活的“天理”上，而李贽却把这种关系又拉回到人们的日常生活中来。他认为：“如好货、如好色、如勤学、如进取、如多积金宝、如多买田宅为子孙谋、博求风水为儿孙福荫，凡世间一切治生、产业等事，皆其所共好而共习、共知而共言者，是真‘迩言’也。……我之所好察者，百姓日用之‘迩言’也。”(《答邓石阳》，见《焚书》，卷一)什么是“迩言”，迩者，近也，迩言就是一般人所都照着做而且简单明白的浅近的道理。李贽认为，要了解人和人之间的伦理关系，就必须明察这些浅近的道理，“大舜之所以好察而为古今大智”(《答邓明甫》，见《李氏文集》，卷三)，就是因为他能深察这些“街谈巷议，俚言野语，至鄙至俗，极浅极近”的道理。李贽还进一步认为，人和人之间的这种人伦关系的善恶标准，也就在于是否能符合人们穿衣吃饭、趋利避害的最浅近的道理。能符合的就是善，违背的就是恶。他说，由于舜做到了“民隐无不闻，情伪无不烛，民之所好，民之所恶，皆晓然洞彻，是民之中，所谓善也”，又说：“夫唯以迩言为善，则凡非迩者，必不善。何也？以其非民之中，非民情之所欲，故以为不善，故以为恶耳。”(《明灯道古录》，见《李氏文集》，卷十九)由此可见，每一个人的穿衣吃饭，即每一个普通人的物质利益，是人们的道德的基础，人们的善恶观念和道德评价，也都应该以是否符合这种利益为转移。不论是种田或经商都不能说是不道德的，也就是说，都是道德的。

在论述人伦关系时，针对儒家特别是程朱理学宣扬的“天理”也即“礼”，李贽深刻地指出，在理学家们看来，“从天而降者谓之礼，从人得者谓之非礼；由不学不虑、不思不勉、不识不知而至者谓之礼，由耳闻目见、心思测度、前言往行、仿佛比拟而至者谓之非礼”(《四勿说》，见《焚书》，卷三)，揭露了儒家所说的“礼教”，宋儒所说的“天理”，都是从天而降、和百姓的日用生活毫无关系的，而他们所斥为“非礼”、“人欲”的东西，正是人们耳闻目见而且是不可须臾废离的。在这里，李贽进一步明确地阐述了道德的根源问题，指出它不能来自天上，也不能来自空想，而只能来自百姓的吃饭穿衣，只能来自人们的最近切的物质生活的需要。

强调道德行为的“自治”，反对封建纲常的束缚。在伦理思想史上，关于道德规范同人们的道德选择之间的关系，是一个有重要意义的理论问题。这一问题的实质是，人们在选择自己的行为时，是应无条件地遵守一定的道德准则的规定，不能越雷池一步呢？还是应该提高人们的道德认识，由每个人作独立的判断，去自觉、自主、自愿地在多种可能性中进行道德选择呢？这个问题也就是伦理学中的必然和自由的问题。它既和哲学原理中的“必然和自由”有一定的联系，又有着伦理学上的特殊意义，因而又不同于哲学原理中的必然和自由的问题。在自由和必然的关系中，一般来说，自由在两种意义上被使用。一种是超越于必然性的自由，持这种观点的人主张人的行为应该摆脱一切必然性的制约，人可以无条件地自由行动，这往往是那些唯意志论者的主张；一种是要求免于恐惧、强制、束缚以及各种威胁和禁锢的自由，持这种观点的人主张人的行为不应受到束缚，不应受到强制，人应该有自己选择的自由。伦理学家们在涉及这一自由和必然的问题时，有时兼指两者的内容，有时只涉及第二个方面的“自由”。

在中国，先秦时期的老聃和庄周，最早注意到了这一问题。他们针对儒家所宣扬的仁义道德，指出这种仁义礼智信等道德规范只不过是对人们的禁锢和束缚，应该加以打破。由于封建的道德规范主要是统治阶级用来巩固自己统治的一种工具，对广大人民来说，它就必然是一种强加于他们身上的沉重的枷锁。因此，一些思想家主张破除这些枷锁，使人们从这种束缚下解放出来，客观上确有一定的进步意义。但是，庄周由于其唯意志论的思想的指导，最后走向了超越于一切必然性之外的、无条件的自由，从而导致他在理论上和实践上走到了十分荒谬的地步。

秦汉以后，儒家的三纲五常对人们的钳制作用日益加强，强调道德上的自由的思想亦随之而泯灭。但是，到了东汉末年，随着儒家三纲五常所产生的危机，魏晋玄学家们曾企图“越名教而任自然”，强调要从人的自然本性出发，反对“名教”的束缚。但是，这场名教与自然的辩论最终走向了名教与自然统一、道家与儒家合流的结果。儒家的名教纲常，从人的本性中找到了根据。因此，这场“名教与自然”的辩论尽管也涉及伦理学中的自由与必然的关系问题，但其最终结果是儒道调和，因而并未能在这一问题上前进得很多。

李贽对封建社会长期以来所形成的三纲五常极为不满，深感这是一种强加在人们身上的枷锁。他说：“夫天下之人得所也久矣，所以不得所者，贪暴者扰之而‘仁者’害之也。‘仁者’以天下之失所也而忧之，而汲汲焉欲贻之以得所之域，于是有德礼以格其心，有政刑以絷其四体，而人始大失所矣。”(《答耿中丞》，见《焚书》，卷一)所以，他反对封建专制主义以礼乐刑政来束缚人民，并且认为，这是造成人民痛苦、灾难的主要原因。他认为，用礼乐刑政来束缚人民，是儒家的统治人民的方法，这是一种“君子之治”。这种“君子之治”是违背人性、钳制人们的自由、限制人们的个性发展的。因此，李贽提倡一种“至人之治”，它的最根本的特点，就是“因其政不易其俗，顺其性不拂其能”(《论政篇》，见《焚书》，卷三)。

李贽认为，人的行为都应该自己负责，独立自主，不必要有圣人及他们所规定的条条的束缚。每一个人都有自己的能辨别是非善恶的“真心”或“童心”，都能作出正确的道德判断和道德选择。“世儒既不知礼为人心之所同然，本是一个千变万化活泼之理，而执之以为一定不可移之物，故又不知齐为何等，故欲强而齐之。是以虽有德之主，亦不免于政刑之用也”(《明灯道古录》，见《李氏文集》，卷十八)。李贽反对这种以刑政来束缚人的规定，反对一切所谓“条教禁约”(《明灯道古录》，见《李氏文集》，卷十九)，强调要注意人人都有“自治”的能力，反映了他在道德选择中强调“自由”的重要。他说：“人能自治，不待禁而止之也。若欲有以止之而不能听其自治，是伐之也。”(《明灯道古录》，见《李氏文集》，卷十九)认为如果强调礼法而不重“自治”，就是“重之以桎梏”，虽“有条教之繁，有刑法之施”，但是其结果则只能是“民日以多事”(《论政篇》，见《焚书》，卷三)，违犯法律和道德的现象不但不会减少，反而会日益增多。一切封建社会的道德准则和法律规定，都是外加的、人为的、强制的，而不是发自人们内心的、自觉自愿的选择。所以，只有去掉一切藩篱，取消一切规范，让人们在道德行为中自我选择，才是唯一正确的，李贽强调道德行为的“自治”，反对一切“条教禁约”，宣扬“人人自治”，反对“强而齐之”，矛盾是针对封建社会的纲常名教的。在宋明道学家们所宣扬的“天理”、“良心”的强制和束缚下，李贽的这种思想代表着一种冲破封建礼教的呼声，对禁欲主义的道德说教是一个严重的打击。

在反对封建纲常束缚方面，尤其值得指出的是他对妇女的看法。从孔丘开始，就认为“唯女子与小人为难养也”，五伦之说更有男尊女卑之意，以后，三纲之说，在君臣父子之外，又强调了夫妇的尊卑等级，再经汉儒董仲舒等人的附会，程颐竟提出所谓“饿死事极小，失节事极大”的封建教条。李贽一反道学家的观点，认为妇女之中亦有不少是“才智过人，识见绝甚，中间信有可为干城腹心之托者”，甚至认为“男子不如也”。李贽还明确地主张寡妇再嫁，他认为卓文君死了丈夫以后同司马相如私奔是值得称赞的。他还说："斗筲小人，何足计事，徒失佳偶，空负良缘，不如早自抉择，忍小耻而就大计。"(《司马相如传论》，见《焚书》)李贽在《初谭集》一书中，对于主张寡妇再嫁的人极力赞扬，认为"好!"说那些要未过门的妇女守活寡的人"不是人"、"大不是人"。此外，李贽也不同意那些把国家败亡的原因归于女人的庸俗卑陋之见，他认为："若使夏不妹喜，吴不西施，亦必立而败亡。"(《初谭集》)他一方面承认声色可以迷人，容易导致破国亡家，但是另一方面也认为一个国家的破败是有其更深刻的原因的，不能一概都归结到女色上，这种见解还是很深刻的。

在强调道德行为的自治和反对纲常名教的同时，李贽也特别注意抨击那些宣扬封建纲常的道学家们。

明朝末年，由程朱所开创的道学日趋衰落，当时的一些所谓道学家，不但不能身体力行他们所说的道德原则，而且，大多数都是用道学来欺世盗名，以求取功名利禄。道学家们开口仁义道德，闭口天理良心，他们身穿长袍，头戴方巾，规行矩步，道貌岸然，整天在那里宣扬什么忠孝节义、礼义廉耻，而内心里却卑鄙龌龊、狗苟蝇营，表面上是衣冠楚楚的道学先生，实际上却只不过是一些卑鄙无耻的两面派和伪君子。李贽讽刺地指出："世之好名者必讲道学，以道学之能起名也。无用者必讲道学，以道学之足以济用也。欺天罔人者必讲道学，以道学之足以售其欺罔之谋也。"(《道学》，见《初谭集》，卷二十)正因为道学可以用来追逐名利，所以，那些"无才无学，无为无识，而欲致大富贵者，断断乎不可以不讲道学矣"(《释教》，见《初谭集》，卷二十二)。对于当时道学家们的言行脱节的严重情况，李贽指出："讲道学者但要我说得好耳，不管我行得行不得也。既行不得，则谓之巧言亦可。"(《会说》，见《初谭集》，卷二十)在他看来，这些道学家们真可以说是“被服儒雅，行若狗彘”(《释教》，见《初谭集》，卷十一)，不但是“男娼女盗”，简直是和猪狗一样了。他深刻地指出，自从儒学产生以来，经过“汉儒之附会，宋儒之穿凿”，从而使得“人益鄙而风益下”，这些见解都是很深刻的。他认为儒学虽然自孔丘开始，对孔丘进行了许多批评，但他还是把孔丘和后来的儒学加以区别，这种态度，也是符合历史事实的。

李贽在反对封建道德、批评道学家们的同时，又着重批判了道学家们对孔子的崇拜，对所谓《四书》、《五经》的盲从。

李贽认为孔子并没有什么超凡入圣的地方，只不过是一个要喝酒、讲吃穿的普通人。孔子的思想学说，本来只不过是诸子百家之一，和墨子、老子都是一样的。孔子的地位所以越来越高，是后来的人们为了达到一定的目的而故意抬高的。

“余自幼读《圣教》不知《圣教》，尊孔子而不知孔夫子何自可尊，所谓矮子观场，随人说研，和声而已。是余五十以前真一犬也，因前犬吠形，亦随而吠之，若问以吠声之故，正好哑然而笑也已。”(《续焚书·圣教小引》)

在李贽看来，五十以前，他对孔子的颂扬，就像矮子看戏一样，站在人群之中，本来什么也没有看见，却也人云亦云，随声附和。甚至如在茫茫黑暗之中的狗，因为前面的狗看见一个影子后就狂叫不止，后面的狗也跟着大叫起来，实属可悲。

对于道学家们所推崇的《四书》、《五经》，李贽也认为是后人推崇的结果。其实，这些所谓经书上的话，都是当时老师根据学生所提出的不同问题所作的有针对性的解答。而且，这些话都是那些有弄不明白老师讲课的意义的糊涂学生所作的笔记。在当时的条件下，这种记录也是残缺不全的，或有头没尾，或有尾没头，或只字片语，或断章取义。这种东西，又哪里能够配称得上经典呢？这些话，即使是圣人说过的，就算是记得准确的，最多不过是医治这些糊涂学生的有针对性的药方，又怎能成为永世不变的真理？

在真理标准、善恶标准问题上，李贽也反对以圣人的言论作为标准，并且明确提出，反对以孔子的是非为是非。“夫天生一人，自有一人之用，不待取给于孔子而后足也。若必待取足于孔子，则千古以前无孔子，终不得为人乎？”在孔子生以前，人们就无法做人了吗？

在《焚书》的《赞刘谐》一篇中，李贽对批评儒家尊孔的话深表赞许。据说，刘谐针对朱熹等人所提出的“天不生仲尼，万古如长夜”的话，讽刺嘲笑地说：“怪得羲皇以上圣人，尽日燃纸烛而行也。”李贽认为，刘谐的话简明扼要，打中了尊孔的要害。他说：“斯言也，简而当，约而有余，可以破疑网，而昭中天矣。其言如此，其人可知也。盖虽出于一时调笑之语，然其至者，百业不能易。”李贽认为，这种讽刺嘲笑很有发人深省的作用。

三、李贽思想的局限及思维教训

李贽作为一个反对封建道德传统的斗士，在伦理思想上是有很大贡献的。

李贽公开宣称人的本性是自私的，强调“夫私者，人之心也。人必有失，而后其心乃见；若无私，则无心矣”，表现了他在残酷的封建统治下所具有的极大的理论勇气。这一思想代表着当时的新的生产力，反映了新兴的资本主义商品经济的要求。特别应该指出的是，李贽宣称自私是人的天性，在他那里，这只是说出了他所认识到的一个“真理”，并不是要为自己的思想和行为作辩护。他一方面一而再、再而三地说一切人在行为时都是抱着自私的动机的，而他自己却处处为他的朋友耿定理、为他自己的阶级而仗义执言。在强大的封建官僚面前，他毫不考虑自己的安危，指名道姓地大骂道学家、嘲笑孔夫子，斥责三纲五常、宣扬寡妇再嫁。最后，明朝政府以“敢倡乱道，惑世诬民”为由，将其下狱治罪，并命令“其书籍已刊、未刊者，令所在官司，尽行烧毁，不许留存”。李贽明确地宣称，吃饭穿衣便是人伦物理，认为任何人的行动都离不开吃饭穿衣，也都是为了吃饭穿衣。但是，他从未为自己的吃饭穿衣问题而媚颜屈膝。他身为明朝官吏，但始终都和那些上司对立，自认为“自幼倔强难化”，并未为自己“穿衣吃饭”打算。四十多岁时，家庭生活困难，在灾荒时两个幼女竟都相继病死。由此可见，这个坚决主张自私是人的天性的人，最终为别人、为阶级、为新兴的商品经济的发展献出了自己的生命。这种情况，同资本主义后期那些为个人的利欲熏心的发财欲所支使、从而大讲自私是人的本性的人是截然不同的，同那些宣扬金钱至上，为了个人私利就投机取巧、狗苟蝇营的人更是有天壤之别的。恩格斯曾经指出：“自社会的阶级对立发生以来，人的丑恶的情欲——贪欲和权势欲明明作了历史发展的杠杆。例如，封建制度和资产阶级的历史，就可以作为这方面的不断的证据。”(《路德维希·费尔巴哈和德国古典哲学的终结》)李贽从当时的社会条件出发，把在私有制度下所形成的农民、手工业者的私有心理，把地主和商人的剥削本性都看成是私，并把这种私看做是人的普遍的本性，当然是错误的。人的本性是社会关系的总和，只有在私有制的基础上，才形成人们的私有观念。而且，随着公有制的生产关系的建立，人们将最终成为不自私的人。李贽作为资产阶级启蒙思想的先驱，他的思想只能代表着萌芽的资产阶级，这是我们不能苛求于他的。

此外，道德规范同人的自觉的道德选择之间，是既对立又统一的。在过去长期的剥削阶级占统治地位的社会中，剥削阶级总是要把道德规范用来作为一种绳索，以便把广大人民捆绑起来，使他们规规矩矩、老老实实地为其服务。从这一意义上，李贽对封建伦理纲常的抨击，对道学家的嘲笑，对孔夫子的讽刺，都有很重要的进步意义。但是，李贽完全否认道德规范的必要，强调任性依情而行，认为只要能发自内心的“童心”，就可以有“有德之言”和“有德之行”，这也是有很大的局限性的。李贽的所谓“童心”、所谓“自治”、所谓“任性”，都只不过是依照他所说的“私心”而已。这种公开的私心，尽管自认为可以超越一切道德规范的约束，但最终仍然是依据自私自利的道德原则去行动而已。而且，作为一个社会的人，为了在社会中生活，是永远也无法超越这样那样的道德规范的。最重要的并不是人们根本不需要任何一种道德规范，而只凭自己去任意选择，而是要在道德行为的选择中，依据那种有利于广大人民群众的道德规范。这一点，当然也是李贽所不可能认识到的。

在道德原则、规范和广大人民群众的物质生活关系上，李贽主张“穿衣吃饭即是人伦物理”，认为除去了穿衣吃饭，就没有什么人和人之间的道德关系，这是有合理因素在内的。特别是针对当时道学家们把广大劳动人民的最起码的物质生活要求都说成是人欲、邪念和恶的思想，从而反映了农民、小生产者和商人们求生存的欲望，是进步的。但是，他认为人和人之间的“人伦物理”，包括人们的道德原则和道德规范，似乎也都只简单地是一种为了吃饭、穿衣的关系，认为除了吃饭穿衣的关系之外，人和人之间没有任何别的关系，这又是片面的。按照李贽的意思，所谓吃饭、穿衣，即指人们的生产和消费，这固然是人和人之间的最基本的关系，但是，人们为了能更好地进行生产和消费，为了能维持人和人之间的正常生产和秩序，还必须有道德关系。自从原始社会开始以来，没有道德的调节，人类社会即无法存在。这就是说，作为社会的人，作为一个整体或集体的人，他决不能只顾自己的穿衣吃饭，而是要照顾到整体的利益，以整体利益为前提，在必要时牺牲自己的利益，以便使整体的人都能更好地穿衣吃饭，而不是自私自利地只为一个人的穿衣吃饭而活着。当然，在封建剥削阶级统治的社会内，李贽不可能认识到不同阶级是有不同的“人伦物理”的，他只看到了剥削阶级的穷奢极欲和劳动人民的贫穷无告，因此，他强调“穿衣吃饭即是人伦物理”，也是可以理解的。但是，不管怎么说，他的这一理论，在伦理思想上，容易导致只重视“吃饭穿衣”，不重视人们的高尚的道德品质的重要，这是应该注意的。

不同(东西方)文化对话中的伦理问题*

从整个世界的历史发展和从当前的现实来看，我们大体上可以把人类文化看做是由西欧文化、印度文化、穆斯林文化和中国文化等四大文明体系所组成的一个文化统一体。这四大文化体系也可以称之为四大文化圈，它们各以自己的特殊内容而显现出自己的文化特质，并在人类文化的漫长发展中，作出了自己的积极贡献。如果我们作进一步考察，就会看到，在世界文化发展的这四个文化圈中，印度文化圈、以四敬为主的穆斯林文化圈和以儒家思想为主的中国文化圈，都归属于东方文化圈这个总概念和总体系之中。因而，我们所探讨的世界不同文化对话，其实质又可以说是东西方文化之间的对话。

不同的文化，是由于不同的民族、不同的地区、不同的心理、情感等因素而形成的生活习惯、文化伦理、价值观念、行为准则和道德情感等为主要内容的文化体系。这

---

* 本文系作者1989年10月8日～10月14日在德国“路德维希·费尔巴哈与哲学未来”讨论会发言稿。

种文化体系，经过了各民族的长期繁衍发展，经过思想家们不断地概括总结并在不同的历史时代，不断地补充、丰富，又在与其他民族的交流、融汇中，愈来愈形成自己的文化体系所具有的特点，从而对人类文化的发展，作出了与其他不同文化体系殊异的贡献。纵观人类文化的发展，可以看到，西方文化对世界的巨大贡献，不同于东方文化对世界的巨大贡献。研究这种不同，分析它们独有的特点，对我们研究世界伦理文化是有重要意义的。

同时，我们也应当看到，人类共处于一个地球上，尽管不同文化在其发展初期的相当一段时间内，是彼此独立发展和很少同其他文化体系交流的。但是，在以后的进程中，随着科学技术的发展，随着社会的进化，特别是20世纪以来的人类文化的广泛交流，使我们清楚地看到，在整个世界的文化圈交流过程中，在彼此不同文化的相互吸收中，既存在着因宗教、地理、政治制度不同而显示出各自的独立性；同时也产生着彼此兼容并蓄、相互蕴含和不断吸收的趋同性。对于这两个方向，我们都应当进行科学的分析。在整个世界各种文化体系特别是东西方文化体系的交流融汇中，文化伦理和社会制度将起到重要的作用。

西方文化体系，对世界人类文化的发展，是有重要意义的。西方文化，从一开始就强调理性的重要，强调实证的意义，从而在人类追求真理、发展科学技术、推动人类进步方向，起了极其重要的作用。如果就文化核心部分的伦理道德来说，西方文化中强调自我价值、重视个人尊严、个人自由等伦理精神，不但在西方社会发展中，而且在东方社会发展的一定时期中，也起到了某些积极的作用。整个人类社会，可以视作一个有生命的有机体，而社会中的个人，可以视作这个有机体中的细胞。只有每一个细胞有了充分的活力，整个有机体才能蓬勃的发展。但是，细胞不能脱离整体而无限膨胀，因此，个人中心主义最终将导致人类社会的分崩离析。

东方文化体系，可以说是一种伦理色彩比较浓厚的文化体系。东方文化，不论是以儒教为主要内容的中国文化，还是以佛教和伊斯兰教为主要内容的印度文化和穆斯林文化，都可以说归属于一种伦理型的文化。东方文化体系，特别是中国文化伦理思想，强调伦理道德在人类社会发展中的突出的、不可忽视的重要意义，主张整体属于个人，重视个人的道德品质在人和人的关系中的作用，推崇在政治生涯中“德治”和“修身、齐家、治国、平天下”的“身教”的重要意义。东方文化强调道德的重要和整体的至上。尽管在历史发展的某个时期，曾经产生了限制人的个性、压抑人的自我的缺陷，但是，在人类社会发展中，如果能够加以正确的引导，将有可能产生积极的影响。

东西方文化伦理的交流、融汇，特别是中西方文化伦理的交流、融汇，是多方面的。中国春秋战国时孔子以“己所不欲，勿施于人”的“仁”的思想，对西方就发生过重要影响。费尔巴哈对孔子的“仁”的思想，作了极高的评价，并进一步加以发展，使孔子的“己所不欲，勿施于人”的思想，在西欧获得了新的意义。费尔巴哈在他的《幸福论》中说：“中国的圣人孔夫子说：‘一个人的心地诚实，他保持对他人如同对自己一样的思想方式，他不离开人的理性本性所赋予人的那种义务的道德规律，所以他就不把自己不愿别人向他做的事施诸别人’。”费尔巴哈由此进一步引申发挥自己的人本主义思想，认为“在许多由人们思考出来的道德原理和训诫中，这个素朴的、通俗的原理是最好的、最真实的，同时也是最明显而且最有说服力的，因为这个原理诉诸人心，因为它使自己对于幸福的追求服从良心的指示。当你有了所希望的东西，当你幸福的时候，你不希望别人把你不愿意的事施诸于你，而不要对你做坏事和恶事，那么你也不要把这些事施诸于他们。当你不幸时，你希望别人做你所希望的事，即希望他们帮助你，当你无法自助的时候，希望别人对你做善事，那么当他们需要你时，当他们不幸时，你也同样对他们做。”从东西伦理交流中，我们可以看到伦理道德的出发点，人类的同情心，追求崇高的道德价值，是中西文化中相互吸收、相互融合的一个重要契机。这种融合，是有利于整个人类社会发展的。中国近现代的思想家们，如孙中山、鲁迅等，也都从西方的伦理思想中吸取了不少科学的、积极的因素。

在不同文化的对话中，可以预言，为维持人类社会更好向前发展的伦理道德的问题，将越来越为思想家们所重视。在这种伦理价值追求的交流、融汇中，人们将会认识到这种对话，比起其他社会文化对话来，是有更多的共同语言、共同心理和共同感情的。这种不同文化对话中的伦理价值的融汇，一定会具有旺盛的生命力，并在这种对话中得到日益蓬勃的发展。

关于孔子义利观的一点思考*

——兼析“君子喻于义，小人喻于利”

义利问题，是孔子思想的一个重要内容。从《论语》所记述的有关义利关系的各章来看，孔子是主张“见利思义”、“见得思义”和“义以为上”的，因此，我们可以说，孔子的思想，是先义后利的，在义利矛盾而不可兼得时，强调如果不符合“义”，那么，就应当舍利而从义。孔子反对只见小利而忽视“大事”，指出“见小利而大事不成”，反对目光短浅而提倡深谋远虑。孔子曾说：“富而可求也，虽执鞭之士吾亦为之；如不可求，从吾所好”，说明孔子对于合乎“义”的富和利，不但不反对，而且还要努力去获取它。至于有关老百姓的利益，孔子明确指出，应尽量设法满足，他曾说：“因民之所利而利之”，也就是说，要就着老百姓能得到利益的地方，使他们获得利益。孔子认为“放于利而行多怨”，这就是说，如果一切只依照利的要求来行事就会招致很多的怨恨。总之，在义利的关系上，孔子并不反对

* 原载《学术研究》1991 年第 3 期。曾收入《罗国杰文集》，下卷，62～71 页，北京，中国人民大学出版社，2007。

“利”，也不鄙视“利”和轻贱“利”，他的根本思想是不能“唯利是图”和“见利忘义”，认为在“取”和“得”的时候，应当考虑它是否符合“义”。

一

在讨论孔子的义利思想时，对“君子喻于义，小人喻于利”究竟应当做何解释，成为理解孔子义利思想的一个关键。在很长一段时期内，由于人们对这一段话的错误的理解，从而推导出孔子“贱利重义”的错误结论。因此，对这段话的本来意义，应当进行认真的剖析。

在《论语》中，将“君子”与“小人”对比并加以论述的，共有以下19处：“君子周而不比，小人比而不周”(《论语・为政》)；“君子怀德，小人怀土，君子怀刑，小人怀惠”(《论语・里仁》)；“君子喻于义，小人喻于利”(《论语・里仁》)；“君子坦荡荡，小人长戚戚”(《论语・述而》)；“君子成人之美，不成人之恶，小人反是”(《论语・颜渊》)；“君子泰而不骄，小人骄而不泰”(《论语・子路》)；“君子求诸己，小人求诸人”(《论语・卫灵公》)；“君子上达，小人下达”(《论语・宪问》)；“君子易事而难说也……，小人难事而易说也”(《论语・子路》)；“君子而不仁者有矣夫，未有小人而仁者也”(《论语・宪问》)；“君子固穷，小人穷斯滥矣”(《论语・卫灵公》)；“君子不可小知而可大受也，小人不可大受而可小知也”(《论语・卫灵公》)；“君子有三畏：畏天命，畏大人，畏圣人之言。小人不知天命而不畏也，狎大人，侮圣人之言”(《论语・季氏》)；“君子学道而爱人，小人学道则易使也”(《论语・阳货》)；“君子之德风，小人之德草，草上之风必偃”(《论语・颜渊》)；“女为君子儒，无为小人儒”(《论语・雍也》)；“君子之过也，如日月之食焉”(《论语・子张》)；“小人之过也，必文”(《论语・子张》)；“君子和而不同，小人同而不和”(《论语・子路》)。

在对以上关于君子和小人的对比中可以看出，孔子在作这种对比时，大体是从三种各不相同的要求出发，因而有着三种不同的意义。

第一，对“君子”和“小人”两种不同人所作的思想品德、器量、作风、好恶的概括，如“君子坦荡荡，小人长戚戚”、“君子怀德，小人怀土，君子怀刑，小人怀惠”、“君子泰而不骄，小人骄而不泰”等等。

一般来说，“君子”在当时认为是在位的统治阶级的成员（即世袭的贵族），同时又指有道德的人。但在某种特殊情况下，“君子”则专指在位的统治阶层中的人们，如孔子说：“君子而不仁者有矣夫，未有小人而仁者也”，这就是说，在“君子”中，也有“不仁”的人。“小人”，则是指统治阶级中的非在位者，一般被认为是没有道德的人。在更多的意义上，对“君子”和“小人”的概括，是从道德上所作的概括，是把“君子”和“小人”作为“有道德”和“无道德”来加以对照并进行概括的。

第二，比较“君子”和“小人”在当时社会中的道德、人格、政治态度及其社会作用，说明“君子”和“小人”在当时人际关系中的各自的不同行为及其影响，从而说明“君子”和“小人”往往是不同而且对立的。如“君子固穷，小人穷斯滥矣”、“君子泰而不骄、小人骄而不泰”、“君子学道则爱人，小人学道则易使也”、“君子成人之美，不成人之恶，小人反是”以及“君子有三畏：畏天命，畏大人，畏圣人之言。小人不知天命而不畏也，狎大人，侮圣人之言”等等。孔子特别强调“君子”的道德品质、思想行为、为政作风等在社会上所产生的教育、感化作用，而批评那些无道德者在人际关系中的错误行为，这同他的“德教”思想，有着直接的关系。孔子说：“君子之德风，小人之德草，草上之风必偃”，就是说的这个意思。

第三，从判断“君子”和“小人”的品德出发，提出了若干重要的道德评价的标准，如“君子喻于义，小人喻于利”、“君子上达，小人下达”、“君子求诸己，小人求诸人”和“君子和而不同，小人同而不和”等等。为了对人们进行道德评价，就必须要提出进行评价所依据的标准。从根本上来看，孔子把“仁”作为一个最高的道德评价的标准。凡是达到“仁”的要求，就是道德的，而一切违背“仁”的思想和行为，当然就是不道德的。因此，“仁”和“不仁”是孔子区分有道德或者无道德的一个最根本的标准。在具体运用这个标准时，孔子根据不同情况，又提出了各种不同的标准，“君子喻于义，小人喻于利”就是一个最重要的道德评价的标准。

二

怎样理解“君子喻于义，小人喻于利”，在中国伦理思想史上，有着一段曲折的历程，直到今天，由于对这句话的不同理解，仍然影响着我们对孔子义利思想的正确认识，影响着我们对先秦儒家思想的全面理解。

从先秦到宋代，思想家们大都把“君子喻于义，小人喻于利”理解为这是对“君子”和“小人”的品德、人格的定义或概括，认为这句话的意思是说，君子只晓得义，而小人只晓得利。朱熹在注释“君子喻于义，小人喻于利”时说：“喻，犹晓也，义者天理之所宜，利者，人情之所欲。程子曰：君子之于义，犹小人之于利也，唯其深喻，是以笃好。”(《四书集注》)这也就是说，君子每遇到一件事情，必然要辨其是非，先义后利，见得思义，而小人遇到事情则只知计其利害，有利可图的就干，无利可图的就不去做。这当然是“君子喻于义，小人喻于利”的一方面的意义。但是，从另一方面来谈，这句话的更加普遍的意义，就是孔子提出的一个臧否人物、判定道德与不道德的一个道德评价的标准。作为一种道德评价的标准，它要求人们立下志愿，不断努力，按照这一标准，省察克治，刻苦修养，不断践履，养成习惯，使自己能够在行为中深喻、笃行，从而成为一个君子；相反，如果人们只汲汲于追求官爵地位，把知识作为炫耀自己的一种手段（“今之学者为人”），每天所想、所奔的都是个人的私利，这样的结果，也就必然会把“私利”当做一切行为的动机，深深陷入到追逐“私利”的泥潭。这样的人，即如原来是“君子”，也就必然会堕落成为无道德的“小人”了。由此可见，把“君子喻于义，小人喻于利”规定为一种道德评价的标准，并不等于是对“君子”和“小人”的品德、人格的概括。一个“君子”，或者说一个有道德的人，如果不能以“喻于义”来要求自己，就可能变成为一个小人；一个小人，如果能够按照这一标准要求自己，也可能成为一个“君子”。从这一意义上来看，我们就能更全面、更准确地理解孔子所说的“君子喻于义，小人喻于利”的意义了。宋代著名的伦理学家陆象山，就是这样理解的。

三

陆九渊和朱熹，是宋代两个著名的伦理学家。陆九渊强调“心”，朱熹推崇“理”，针锋相对，争论不休。公元 1175 年，二人相会于鹅湖寺，争论的重要问题之一，就是如何使人们变化气质以达到成圣成贤的目的。朱熹“欲令人泛观博览，而后归之约”，而陆九渊则强调“先立乎其大”、“欲发明人之本心，而后使之博览”，其结果是“朱以陆之教人为太简，陆以朱之教人为支离”，当朱熹坚持，欲变化气质必先读圣贤之书时，陆象山则提出：“尧舜之前，何书可读？”①这次

① 陆九渊：《陆九渊集》，491 页，北京，中华书局，1980。

争论，由于两人分歧很大，不欢而散。公元 1181 年，陆九渊去南康访问朱熹，朱熹邀请他在白鹿洞书院讲学。陆专门选了孔子的“君子喻于义，小人喻于利”一章强调这一命题提出一个判断“君子”、“小人”的标准，在变化气质和道德修养上，有着特别重要的意义。陆说：“此章以义利判君子小人，辞旨晓白，然读之者苟不自己观省，亦恐未能有益也。某平日读此，不无所感：窃谓学者于此，当辨其志。人之所喻，由其所习，所习由其所志。志乎义，则所习者必在于义；所习在义，斯喻于义矣。志乎利，则所习者必在于利，所习在利，斯喻于利矣。故学者之志不可不辨也。”①接着，陆九渊进一步指出，“科举取士”，造成了人们追求名利，虽说是“读圣贤之书”，实际上则往往以“官资崇卑，禄廪厚薄是计”，从而走上了与圣贤背道而驰的“小人”的境地。因此，陆象山向朱熹的学生们提出，要“诚能深思是身，不可使之为小人之归，其于利欲之习，怛焉为之痛心疾首，专志乎义而日勉焉，博学审问，慎思明辨而笃行之”，只有这样，才可能成为“君子”。

陆九渊的这篇关于“君子喻于义，小人喻于利”的讲话，得到了朱熹的高度赞扬。朱熹认为这篇讲话“发明敷畅”、“恳到明白”、“切中学者隐微深痼之病，盖听者莫不悚然动心焉”。朱熹自己还说：“熹犹惧其久而或忘之也，后请子静笔之于简，而受藏之。凡我同志，于此反身而深察之，则庶乎其可不迷于入德之方矣。”据陆象山年谱记载，当陆象山讲完“君子喻于义，小人喻于利”之后，朱熹当场就再三表示：“熹在此不曾说到这里，负愧何言。”并说：“熹当与诸生共守，以无忘陆先生之训。”朱熹又对杨道夫说：“这是子静来南康，熹请说书，

① 陆九渊：《陆九渊集》，275 页，北京，中华书局，1980。

却说得这义利分明，是说得好。如云：‘今人只读书便是利，如取解后，又要得官，得官后，又要改官。自少至老，自顶至踵，无非为利。’说得来痛快，至有流涕者。”陆九渊自己也认为“当时说得来痛快，至有流涕者，元晦深感动，天气微冷，而汗出挥扇。”当时是春季二月，天气当然是寒冷的，而朱熹竟然汗出而不得不大扇其扇子，可见这篇讲话之作用。以后，朱熹和陆象山“晚年又志同道合”，陆象山的这次关于“君子喻于义，小人喻于利”的讲话，确实起着很重要的作用。从朱熹以后的许多言论也证实了这一点。

这篇讲话，在思想史上之所以有如此重要的意义，一方面是陆象山非常明确地把“君子喻于义，小人喻于利”当做是一个判断“君子”和“小人”的标准，另一方面，紧密结合当时的思想实际，分析了人们的主要思想倾向，提出了每一个人都要立志行义，不断练习，养成习惯，形成高尚品德，使自己深喻于义，从而成为一个“君子”。并且明确指出，当时的士阶层和统治者，如果只求利禄，“志”于私利，习于私利，也就必然“斯喻于利”，其结果，就只能堕落为小人。

综上可见，孔子的“君子喻于义，小人喻于利”，主要是一个道德评价的标准，以此来认为孔子是“重义轻利”或“重义贱利”，是没有充分根据的，是不符合孔子的思想本意的。

宋代思想家对中国伦理思想的贡献*

宋代是中国伦理思想发展中的一个重要历史阶段，在过去相当长一个时期内，对宋代伦理思想的研究，总的来说，存在着一种“否定过多”的倾向，即对其在伦理道德方面的精粹部分没有能够加以充分的肯定。这一方面是由于宋代思想家们的许多伦理道德思想，往往同他们的唯心主义的本体论和维护封建制度的纲常论结合在一起，即精华与糟粕合为一体，不容易分辨；另一方面，也是同我们思想上的一些形而上学观念以及“左”的思想影响分不开的。对于宋代思想家们的“心”、“理”等论述，常常被视为是颠倒了物质和意识的关系的主观唯心论或客观唯心论，并由此而被看做是神秘主义，是形而上学的闭门思过等等，从而否定了宋代思想家们在伦理道德理论方面的卓越贡献。

这里有一个认识问题需要我们特别注意，从哲学的世界观来说，在物质和意识的关系上，如果把意识作为决定

* 原载《中州学刊》1993年第4期。曾收入《罗国杰文集》，下卷，252～261页，北京，中国人民大学出版社，2007。

物质的根本，这是一种唯心主义哲学；另外，从伦理道德来说，把“心”作为一种最重要的道德现象来进行研究，这却不能简单地一概斥之为唯心主义。对伦理道德问题进行研究，最根本、最重要的一个方面就是要研究人的道德意志、道德情感、道德信念和人的良心机制，也就是要对“心”进行研究。在对“心”的研究中，可以是唯心主义，也可以是唯物主义，因为“心”的活动，本身就是一种客观的现象。宋代思想家们对于“心”的研究，有先天的唯心主义的内容，也有对“心”的活动的客观的、深入的分析，这是在研究宋代伦理思想时应当特别注意的。

一、从中国伦理思想的历史看宋代思想家对中国伦理思想的发展

中华民族的伦理道德传统，是中华民族思想文化传统的重要组成部分，从一定意义上简直可以说，中华民族的伦理道德传统，就是中华民族思想文化传统的核心。从哲学思想来看，说“中国传统哲学是伦理型的”应当被看做是中国传统哲学的一个优点。有一种看法认为，在中国传统思想文化中，伦理道德都是维护封建专制制度的，因而是封闭、保守而且僵化的，只能是不可继承的糟粕。历史的发展说明，中华民族的优良道德传统，对于中国社会主义道德风尚的形成，对于中华民族的团结、和谐与发展，发生过或正在发生着非常重要的作用。中国及其周边一些国家的经济的发展，而且已经或正在有力地证明，中华民族的优良道德传统经过吸收和改造之后，不但没有影响、阻碍这些国家的现代化发展，而且已经成为维持社会秩序、改善社会风尚、协调人际关系、增强国家凝聚力的精神支柱；对这些国家的现代化建设，也发生着强有力的推动作用。对于中国传统伦理理想，不

区分精华与糟粕、不区分不同时代的历史关系，对其过高的推崇和赞扬固然是不适当的，但是，不作具体分析，全面否定中国传统伦理思想的民族虚无主义更是十分有害的。中华民族的伦理道德传统，不仅是中华民族的宝贵遗产，也是我们的东方和全人类的精神财富。

为什么说“中国哲学是伦理型的”这一命题，不但不是中国哲学的缺点，而是中国哲学的优点呢？最根本的就是，中国哲学的“伦理型”，说明中国哲学是一种重视价值取向的哲学。在不少哲学家那里都特别强调道德主体精神的弘扬，认为这种自觉的对人生精神境界的追求，能够通过个人的道德完善而促进人类社会的发展。中国哲学所追求的这种崇高的价值取向，就是要通过“我欲仁，斯仁至矣”的个体自觉意识的觉醒来实现道德上的自我完善。中国哲学尽管在不同时期和不同哲学家那里有着复杂的表现形式，但这种“价值追求”始终是贯穿其中的一条主线。抓住了这一条主线，也就从根本上掌握中国哲学的发展线索及其核心内容同世界各国哲学相比，这确实是中国哲学的一个优点。

中国传统伦理思想，一般来说，是指以儒家伦理传统为主要内容的道德思想的概括。孔丘确立了先秦儒家伦理思想的基本原则，形成了以仁、礼为主要内容的伦理思想体系。汉代儒才董仲舒，用他所强调的“天人感应”、“阴阳五行”和“三纲五常”的所谓“三论”，改造、深化并扭曲了儒家的伦理思想。以“二程”、朱熹、陆象山、王阳明为代表的宋明时期的哲学家们，又以他们所强调的“理欲论”、“心性论”和修养论的新三论，吸收了佛教的一些思想，进一步深化了儒家的伦理思想，并赋予了儒家伦理思想以新的内容，使儒家伦理思想在登上历史高峰的同时也走上了绝对化的泥潭。明清之际的实学家们，有鉴于宋明理学家们空谈“天理人欲”、“义利”和“心性”之弊，以“崇实黜虚”、“经国济世”和“义利统一”的思想，对儒家传统伦理思想作了新的解释。随着中国启蒙思想而产生的旧民主主义革命的发展，在五四运动中，“打倒孔家店”的口号成为反对旧伦理、提倡新伦理的重要标志。从 30 年代开始，梁漱溟、冯友兰、贺麟、牟宗三等人，对儒家伦理思想，再一次地作了所谓适应时代发展的新的概括，港台海外的一些新儒家学者，也力图从伦理本体上来理解和建构一种新的儒家伦理体系。

宋代学者们对中国伦理思想的深化和发展，在中国伦理思想史上，有着里程碑的作用。探讨宋代学者们对中国伦理思想的贡献和失误，对于我们研究和学习中国伦理思想史是有意义的。

二、宋代思想家们对中国伦理思想的主要贡献

中国哲学思想，从一定意义上可以说，是以伦理思想为核心的一种具有中国特色的哲学。正是从这一意义上，我们可以说，就伦理思想来说，宋代哲学确实达到了中国古代伦理思想的高峰。

首先，宋代哲学，以它的心性说为基础，为中国伦理思想道德提出了系统化、思辨化的理论体系。在宋代以前，中国伦理思想比较多的是提出一些应当实行的道德准则，着重于人们应当如何去做，如何担负起人们在社会不同等级中所应尽的道德义务。尽管孟子、荀子及其以后的思想家们，已经开始注意到人性等问题，但始终没有能够为传统伦理道德的原则、规范建立起一个能够言之成理、持之有据的理论基础。应当说，宋代伦理思想家们的有关心性的理论解决了这一问题。宋代伦理学家们着重探讨了这些伦理道德的原则和规范，不但是应当的，而且是必然的，甚至认为这些道德原则本身就是一种天理。人们对这些道德原则，不但要知其然，而且要知其所以然，人们不但

知道处于某种地位和在某种情况下应当怎么做，而且知道为什么这种应当是应当的。这样一来，道德规范不仅仅是圣人为人们制定的，而且成了人们心中的必然规律，成了“人心天命之自然”(朱熹)，成了“古今共由之理”。对于这些原则，宋儒为之作精辟严密的论证，从而使道德戒律具有一种前所未有的神圣的光环。从宋以后，在士和知识分子中，儒家的伦理道德原则，有了一种理性的理论的力量，使其更好地发挥调整人和人之间关系的作用。

其次，在伦理道德原则下，宋代哲学家们以他们对理欲、义利问题的研究，进一步深化了公义与私利、个人与社会究竟应当以何者为本位的问题。尽管在理欲之辨的问题上，宋儒在不少论述中走上了形而上学的片面性，但从伦理道德思想来看，他们所提出的“廓然大公”、“义利问题就是公私问题”等命题，包含着处理个人同他人、个人同社会关系的重要合理因素。“君子喻于义，小人喻于利”，不仅是说君子只明白义，不明白利，而是强调，义和利，或者说公义和私利是判断一个人究竟是君子还是小人的一个评价标准。

宋代一些思想家在义利理欲问题上，确实程度不同地存在着重义轻利的倾向，但就其主线来说，目的是要维护、完善、补充和发展中国传统伦理思想中的整体主义精神和追求崇高精神境界和理想人格的价值取向。

有一种观点认为，南宋之所以灭亡是由于理学家们空谈义理而导致的必然结果，这是狭隘的，宋代理学家大多数都是爱国的。

最后，宋代哲学家们从心性理论和人性善的思想出发，以良知、良能、本心、初心为前提，形成了“主敬”、“穷理”和“先立乎其大”的修养论，把为学的目的在于变化气质的要求加以深化，从弘扬人的道德主体性出发，为封建社会的人们找到了一条所谓的成圣成贤的实际可行的道路。“宇宙便是吾心，吾心便是宇宙”，更主要的是一个伦理学命题，它主张人的一切道德观念，都是从人们的良心出发的，都是人们所固有的。宋儒继承孟子所强调的“存心”、“养心”、“求放心”的思想，也是为着使人们成圣成贤这一根本的目的。不论是修身养性，不论是操存夜气，不论是静坐反省还是惩忿窒欲，不论是省察克己还是居敬穷理，不论是静坐持修还是习善践履，都是为了使人们能够沿着道德的阶梯，不断向上攀登。宋代哲学家从心性论而发展的修养论，是对人们完善自己的道德主体性的进一步发展，在伦理思想中有着十分重要的意义。宋代思想家们认为，道德主体性就是以崇高的道德理想和道德人格为目的，以达到完善个人的一种主体的能动作用。“我欲仁，斯仁至矣”是孔子最早提出的，宋代哲学家们发扬了孔子的这一思想，他们对道德主体性的弘扬，在中国伦理思想发展诸阶段中是最突出的。

从哲学思想的研究上，我们总是要考虑到他们的思想是主观唯心主义、客观唯心主义或者是具有朴素唯物主义的倾向，从而认识其在哲学基本问题上的基本倾向。如果我们同时从伦理思想上来研究宋代哲学家的思想，我们就能够发现，这些唯心主义的思想家们在研究心性这一现象时，却往往是最接近于唯物主义的。良知、良能、初心、本心，在宋代哲学家那里，既有先天人性论和先验论，也有对人的心理活动和道德情感的客观细致的分析。如果我们能够从伦理学和科学的道德意志的理论、道德情感的理论、内心信念的理论和良心机制的理论来加以分析，以科学的心理学的心理活动来进行概括，我们就能够看到，对于心、本心、初心、良心，这一极其复杂和极其丰富的道德现象，宋代哲学家们的一些分析，至今还有着重要的启发作用，是我们发展科学的道德理论所应当批判继承的一个重要的思想宝库。

宋明以后的实学家们，由于针对宋明的空谈心性义理而走向了另一个极端，在经世致用上，在义利关系上，他们纠正了宋儒的片面化绝对化。但是，对于心性、理欲、义利和修养理论的更加深入的研究，也就到此突然停止了，道德的主体性也就因此没有能够得到进一步的发展。从某种意义上看，道德主体性不被重视了，道德的“良心机制”的研究也就愈来愈弱了。

三、从当前发展中国家的现代化来看发扬中华民族优秀道德传统的重要意义

中国正在从事社会主义的四个现代化建设。最近几十年来，在发展国家的现代化过程中形成了一个新的认识：现代化不等于西方化。对于东方国家来说，现代化在吸收西方先进技术和管理经验的同时，必须反对西方的以个人为中心、追求金钱和享乐的腐朽价值观念。以东方特有的重整体主义思想，作为我们的价值导向。

当前发展中国家的广大人民，在思想意识和价值选择方面所面临的诸多问题中，最值得人们注意和忧虑的，就是拜金主义、个人主义和享乐主义思想对人们，特别是对青少年的思想的腐蚀和毒害。金钱至上、自私自利和贪图享乐的思想正扭曲着一些人的思想，影响着人际关系的协调并制约着经济的发展和社会的进步。在马克思主义指导下，在以社会主义集体主义原则为导向的同时，以新的思想总结、批判、继承宋代思想家们在传统道德上所作出的卓越贡献，进一步发扬中华民族和东方的优良道德传统，有利于抵御西方一切腐朽思想对人们的腐蚀和毒害，有利于清除拜金主义、个人主义和享乐主义的影响。因此，我们这次宋代哲学与中华文化国际学术讨论会，不但对发扬中华民族的优良道德传统，创造人类的先进的精神文明来说，说是

对于同周边国家，同东方国家共同研究发扬东方传统伦理道德，也有着非常重要的现实意义。作为一个伦理学工作者，我衷心祝愿这次国际学术讨论会取得圆满成功。

关于中国伦理思想史的若干问题*

中国是世界上文明发达最早的国家之一，具有悠久的历史和光辉灿烂的文化。它以“文明古国”、“礼仪之邦”著称于世，因而比世界其他各国，具有更加丰富而别具特色的伦理思想和道德观念。中国历史上遗留下来的浩如烟海的史料，从不同角度反映着不同时代、不同社会的风俗习惯、社会道德状况，表现着思想家们不同的伦理思想。今天，在世界科技革命潮流和东西方文化交流的背景下，在社会主义现代化建设事业中，研究中国伦理思想和中华民族的道德传统，不仅对继承我国文化的优秀遗产，建立有中国特色的马克思主义伦理学，而且对建设有中国特色的社会主义精神文明，提高社会道德水平，改善社会风气，进而推动整个现代化建设事业，都具有重要意义。

一、中国伦理思想史的研究对象

伦理思想史是关于各种道德观念和伦理学说产生、发

* 本文为《中国伦理思想史》(中国人民大学出版社，2008)一书的绪论，曾载《罗国杰文集》，下卷，682～733页，北京，中国人民大学出版社，2007。

展、相互关系及其发展规律的历史。道德观念和伦理学说都是伦理思想的重要内容，但二者既有联系又有区别。从根源上来说，它们都来源于人类社会生活，是人们对自身道德关系的反思。但伦理学说比较深刻、全面，有一定的理论体系，而道德观念则比较简单、零碎，多散见于历史叙述、文艺思想、宗教思想和政治、法律思想中。

研究中国伦理思想史，不能简单地罗列各种道德观念和伦理学说的产生、发展及其相互关系，而是要进一步寻找其中固有的必然联系，考察这些观念和学说是如何在一定的经济结构和政治制度的影响下发生、发展的，即它们之间如何彼此影响、相互斗争、相互吸收、前后承袭及其逻辑的、必然的发展轨迹。一部伦理思想史，不但应当有强烈的历史感，而且要有鲜明的伦理学特色，要能够详细地反映出道德观念和伦理学说在历史进程中相互吸收、相互斗争、前后相承、不断发展的历史面貌和内在规律。

在很长的历史时期内，中国伦理思想一直同哲学、文学、宗教、历史、政治和法律等思想融为一体。直到 19 世纪末 20 世纪初，中国一直以经、史、子、集分类，而未形成相对明确的学科划分，也不可能形成相对独立的伦理学学科。尽管经、史、子、集的每一类中，都包含着丰富的伦理思想，特别是所谓“经”、“子”中的不少内容，更是偏重于对人生价值、人性善恶、道德原则和品德陶冶的论述，但直到民国以前，中国却始终没有以“道德学”或“伦理学”命名的专著。《论语》和《孟子》，在一定意义上可以看做中国伦理史上最早的两部伦理学著作，但其中也包含着大量的社会政治思想。朱熹的《小学》可以算是一本道德教育专著(他自称这本书是要回答“做人的样子”这个问题的)。宋明以后，哲学越来越伦理学化，理学家们著作中的本体论、认识论也都服从于伦理学。从一定意义上，也可以说理学研究的内容就是道德，但这种道德理论仍然同政治和哲学等结合在一起。虽然《礼记》中就出现过“伦理”这一概念，但长期以来在中国伦理思想史上未能建立起专属伦理学的术语和范畴。1910年前后，刘师培参照西方伦理学著作，结合中国古代伦理思想，写成《伦理学教科书》，但依旧不成体系。一个以文明礼仪著称于世的国家，伦理思想一直同各种思想混为一体，未能独立出来；而西方却早在亚里士多德时代，就已经形成了独立的有系统的伦理学体系。这不能不说是中国思想史上的一个特殊现象。这个特点，增加了中国伦理思想史研究的难度。如果不能从众多的历史资料中去寻找、挖掘、探索和剥离各种伦理思想和道德观念，从而建立起一个合乎内在逻辑的中国伦理思想的框架体系，我们就不能在这一领域内取得重大的成果。除了从所谓“经典”中，从中国思想家们的著作中来研究以外，还必须从我国的历史著作如“二十四史”，以及政治、法学和文学作品中，来探讨和总结中国伦理思想。

学习和研究中国伦理思想史，还要特别注意它同中国哲学史的区别和联系。哲学史是人们对于整个客观世界和人类思维运动的最一般规律的认识的历史。它的研究是为了汲取人类认识史的经验教训，阐明和发扬真理。伦理思想史是人类对于自身的道德关系和社会道德现象的认识的历史，它有自己的特殊性。哲学史和伦理思想史尽管都来源于客观现实，但由于对象不同、重点不同，结论有时也不同。本体论是唯心主义的，因而在认识论上往往会混淆、抹杀以至于颠倒主观同客观的关系，但在伦理思想上，有时却包含着丰富的有价值的内容。如果只看到哲学史和伦理思想史的共同点，而看不到其不同点，就势必会把哲学史的框框套到伦理思想史上，从而得出不符合事实的结论；同样，如果只强调二者的区别而看不到它们的联系，使伦理思想完全同人们的世界观和认识论割裂开来，又会走向另一个极端。这两种倾向对于伦理思想史的研究都是有害的，应该避免。如果只是从哲学史中，孤立地摘取某些思想家们关于社会、政治和道德的思想，然后把它们综合起来就算是掌握了中国伦理思想史，这种做法当然是错误的。学习和研究中国伦理思想史，必须揭示中国伦理思想的发展规律，揭示每一个伦理思想家的结构体系和理论贡献，特别是要对每一种伦理思想在历史上如何发生、如何相互影响等作出科学的实事求是的说明。

为了更明确地理解中国伦理思想史和中国哲学史的区别，我们试举几例加以说明。比如，陆王心学非常强调“心”的重要作用。从认识论上来看，由于他们否认了客观世界是人们认识的来源，因而在认识过程中，往往要导致错误的结果。但是，强调“心”的作用在伦理学研究中是有重要意义的。伦理学研究的重要的道德现象之一就是“良心”，而谁都知道良心是在人们的心内的(当然，别人的良心，是不在“我”的心之内的，但“我”正是通过我自己的良心的研究来推及他人的良心的)。从伦理学的研究来看，人们至今还没有揭示出“心”，即人的“良心”的神奥微妙，良心还是伦理学中一个重要的研究领域。西方著名的英国18世纪的伦理学家巴特勒(Butler Goseph，1692～1752)认为伦理学应该从“良心”研究起，没有良心就无法进行道德评价和道德选择；德国著名的伦理学家费尔巴哈(Feurbach，1804～1872)的幸福论用很大力量来解释良心。中国伦理学家们也以极大功夫来研究良心或本心。王阳明讲“知行合一”，从哲学的本体论和认识论上来看，确实可说，“知行合一”在某些时候是把认识和实践混为一体，但在实际上，他提出这个命题的立言宗旨不是要讨论哲学问题，而是要探讨道德意识与道德行为的关系问题。他反复强调要懂得他的立言宗旨，即一个人要有道德，必须言行一致。如“知孝”必须与“行孝”统一起来，才是真正“知孝”。再如，孟轲讲的养“浩然之气”，也不能从本体论的意义上去理解。“至大至刚”可以“塞于天地之间”的“浩然之气”，是通过了解“义理”，通过长期的道德修养形成的一种无愧无怍、无私无畏、勇往直前的精神状态。正是这种堂堂正气培育了后代无数民族英雄。因此，我们研究中国伦理思想史必须注意伦理学概念、范畴同一般哲学范畴的联系与区别，注意一个命题所具有的伦理意义与一般哲学意义的联系与区别。同时，对于中国哲学史上的很多问题，要注意对其立言宗旨从伦理学角度来考察，不能用哲学结论来套伦理思想史。

学习和研究中国伦理思想史，还必须特别注意，要在整个世界的格局中来考察中国的情况，要同世界各国伦理思想的比较中来探索，概括出中国伦理思想的传统民族特点，并以科学的态度分析、清理其中的糟粕和精华。这不仅是为了总结过去，更重要的是为了指导现在和未来。当前，我们正在努力建设有中国特色的马克思主义的伦理学体系。但是，什么是中国特色？在很多方面，有待于我们进一步研究。因此，我们特别强调，要在研究中注意中华民族的特殊的、独有的道德传统、民族习俗、民族心理，通过中西比较揭示中华民族伦理思想的发展规律。恩格斯在《反杜林论》中曾经指出：“善恶观念从一个民族到另一个民族，从一个时代到另一个时代变更得这样厉害，以致它们常常是互相矛盾的。”①这里所说的善恶观念，实际上可以看做是伦理思想的总称。各个时代、各个民族，都有其对善恶的特殊理

① 中共中央编译局：《马克思恩格斯选集》第3卷，132页，北京，人民出版社，1995。

解。过去的一段历史时期内，我们比较多地注意到不同时代善恶观念的差别，注意到阶级社会中不同阶级善恶观念的不同，这当然是正确的；但是，在从历史发展、阶级区分来研究历史上伦理学说、道德观念的同时，却往往忽略了不同民族道德观念和伦理学说的民族特性，这就是片面的了。

我们知道，民族是历史上形成的一个有共同语言、共同地域、共同经济生活以及表现于共同文化上的共同心理素质的稳定的共同体。尽管每一个民族大体上都要经历原始社会、奴隶社会、封建社会和资本主义社会，而且，每个社会、每个阶级都可能有大体相同的经济制度和政治思想，但是，各民族都有其特殊的发展过程，形成了特殊的语言、心理素质和传统习惯，因而也就形成了特殊的民族道德。中国传统道德和伦理思想，是中华民族在特定的经济、政治、社会历史条件下形成的，研究、总结其不同于其他民族伦理思想的特殊性及其发展规律，是我们学习中国伦理思想史所必须特别注意的。

近年来人们强调中西思想比较，这表现出思想的活跃和视野的扩大，这种要求是积极的。确实，不了解西方伦理思想的发展及其主要理论，就不可能在更高的层次上来概括和总结中国的伦理思想，因此只有在中西伦理思想史的比较中，才能更深刻、更准确地认识中国伦理思想的特点和价值。但是对中西文化，特别是中西伦理的比较，必须从发扬中华民族的优秀文化伦理传统出发，采取历史的、辩证的、科学态度和方法，而不能采取褒西贬东、崇洋媚外的历史虚无主义的态度和方法。在这种比较中，要看到中国伦理思想在我国漫长的封建社会中，不可避免地有着维护封建统治、束缚人们个性的方面。同时，也要看到其中所包含的富有生命力的精华。我们之所以要进行中西伦理思想的比较，其主要目的就是为了更准确、更完整、更全面地概括我国伦理思想的规范和范畴及其特点，以期建立富有中国民族特色的、能推动中华民族走向现代化、走向世界、走向未来的伦理学体系。

二、中国伦理思想史的分期

关于中国思想史的分期①，本书根据中国伦理思想产生、发展演变的历史特点，大体上划分为八个时期：殷商至春秋、春秋战国至秦、两汉、魏晋至隋唐、北宋至明中叶、明中叶至鸦片战争、鸦片战争至五四运动，五四运动至中华人民共和国成立。

第一个时期，即前孔丘时期。这一时期是中国道德观念和伦理思想的发端期。由于史料不足，目前对这个时期的伦理思想还研究得很不够。

第二个时期，即春秋战国时期。这一时期主要是我国封建伦理思想奠基和形成的时期，在我国伦理思想发展中，是一个有重要意义的时期。

第三个时期，即两汉时期。这一时期是封建伦理思想的系统化及其统治地位进一步确立的时期。

第四个时期，即魏晋至隋唐。这一时期是封建伦理思想的演变时期，包括玄学伦理思想对封建正统伦理思想的冲击以及儒道佛伦理思想的相互斗争和相互渗透。

第五个时期，即北宋至明中叶。这一时期是封建伦理思想的深化

① 关于奴隶制和封建制的分期，我们采取战国封建说，即认为春秋战国之交，是由奴隶制向封建制过渡的转化时期；关于中国社会从封建社会向资本主义社会过渡的问题，本书认为明末清初已经有了资本主义萌芽。

和成熟时期。

第六个时期，即明中叶至鸦片战争时期。这一时期是封建伦理思想的衰落的近代早期启蒙伦理思想的萌芽时期。

第七个时期，即鸦片战争至“五四”运动时期。这一时期是中国近代资产阶级伦理思想形成和发展的时期。

第八个时期，即“五四”运动至中华人民共和国成立。这一时期是马克思主义伦理思想在中国传播、发展以及对地主资产阶级伦理思想斗争的时期。

三、中国伦理思想家们所研究的主要问题

中国的思想家们由于中华民族生存、发展的特殊条件，形成了他们对道德思考的特别兴趣。很多人都认为，中国哲学就其起源来说，就与希腊不同，它不执著于首先去探索世界万物的起源，不过分于寻求人们自身的享乐，而是以其特有的精神，探索人生的意义和价值，探索道德在人类社会发展中的重要作用。中国伦理思想家们从一开始就强调“以德取人”的重要，它反对私利，强调公义，强调性善，反对性恶，从个体道德修养入手，以一定的规范体系为人们所必须遵循的戒律，寻求修身、齐家、治国平天下的道理。中国伦理思想家们所涉及的问题，主要可以概括为以下十个方面的问题。

（一）道德原则同物质利益的关系问题，简称为道德同利益的关系问题。这个问题是中国伦理史上的一个基本问题，它大体上可分为两个方面。一方面，是关于道德的根源、本质、社会作用和发展规律问题。中国古代不少思想家对此进行过比较深入的探讨，他们不同程度地揭示了道德对人们物质生活的依赖关系，把改善人们物质生活看做提高人民道德水平的基础。如管仲说：“仓廪实则知礼节，衣食足则

知荣辱”(《管子·牧民》);孔子一方面主张要“因民之所利而利之”,即根据老百姓的要求,使他们的正当的个人利益能够尽可能地得到满足;另一方面他又强调,在老百姓富庶之后,还必须要对他们进行教育。孔子所说的教育,就其主要内容来说,就是一种道德感化。韩非认为:“饥岁之春,幼弟不饷;穰岁之秋,疏客必食。非疏骨肉、爱过客也,多少之实异也”(《韩非子·五蠹》)。王充又进一步作了发展,认为:“让生于有余,争起于不足,谷足食多,礼义之心生;礼丰义重,平安之基立矣”。“为善恶之行,不在人质性,在于岁之饥穰。由此言之,礼义之行,在谷足也。”(《论衡·治期》)这些思想,都从不同的方面,不同程度地强调人们的道德水平同物质生活的关系,有着合理的因素。当然如果只是把人们的道德水平同物质生活机械地联系起来,还不是辩证的和科学的,但比起那些把道德的根源归之于理性,上帝的唯心主义来说,则是大大前进了一步。

道德同利益关系的第二个方面,主要涉及个人利益与整体利益的关系问题。对这个问题的回答,决定着某一道德体系的道德规范的原则、道德价值的标准、道德活动的方向和方法。在中国伦理思想史,这个问题,在先秦有义利之争,主要是在儒家和墨家之间进行的。儒家重义轻利,把义利之分看做评价个人道德境界高低的标准,强调道德的重要性,轻视“利”的作用。在儒家看来,“义”主要是指一定社会的道德原则,“利”主要是指个人的私利。孔子说:“君子喻于义,小人喻于利。”(《论语·里仁》)孟子说:“王何必曰利?亦有仁义而已矣”(《孟子·梁惠王上》)。正是在这一意义上,孟轲把利和恶等同起来,把义和善等同起来,认为“鸡鸣而起,孳孳为善者,舜之徒也;鸡鸣而起,孳孳为利者,跖之徒也。欲知舜与跖之分,无他,利与善之间也。”(《孟子·尽心上》)此外,法家重利轻义,认为人都是自私自利的，都有“自为心”，因此，统治阶级要善于利用人们的这种自私心，以达到自己的目的。与儒、墨、法三家不同，道家则是义利全抛，超越利益和道德，反对儒、墨、法三家的义利之争。到了宋明时代，义利之争又演变为理欲之辩，“天理”、“理”往往被统治阶级的思想看做是“公”，是最高的道德，而把人欲和私欲看成是最大的私，是与道德不相容的，正是在这种理论前提下，道学家才提出了所谓要“存天理，灭人欲”的理则。清代中期反理学的思想家戴震认为，理存于欲中，善源于欲内，从而提出欲既不可去亦不可穷而应当节的理论。由于古代思想家对于欲的含义没有确切的界说，因而引起很大争论。理欲关系问题，实际上就是国家、社会利益同个人幸福的关系问题。中国古代伦理思想家们对这个问题的讨论，牵涉到更广泛的方面，有更丰富的内容和更独特的方式。

（二）道德的最高理想问题。道德的最高理想就是人生的最高准则，也可以说是人生所追求的最高道德境界。孔子把“仁”作为道德的最高理想，墨子把“兼爱”视作道德的最高理想，老庄把“无为”视作道德的最高理想，《中庸》把“诚”作为道德的最高理想。在他们看来，只要实现了道德的最高理想，达到了道德的最高境界，就是“圣人”、“仁人”、“至人”、“真人”。中国古代的伦理思想家们认为人们为学的目的就在于变化气质，陶冶性情，以便最终成为圣人或真人。道德的最高理想和道德的最高原则有着紧密的联系，它们共同构成一个伦理学说体系的核心。

（三）人性问题。这是中国古代伦理思想家们特别注意的问题，几乎所有重要的伦理思想家，都对人性问题进行过研究。人性问题，一般包括三个方面的内容：人性是善的，还是恶的？人性是先天的，还是后天的？人性是普遍相同的，还是分品的？中国伦理思想家们之所以特别注意研究人性问题，主要同他们特别注意培养人们的道德品质相联系。关于人性问题的讨论，同时也是对人之所以异于禽兽、人的本质是什么的探讨(其中也包含着如何提高人的价值的内容)。在中国伦理思想史上，人性善恶的根源问题，又往往涉及道德的起源和本质，伦理思想家对人性的看法，又常常影响到他的政治主张。因此，人性问题的研究，有着很重要的意义。

(四)道德修养问题。中国伦理思想家们，从孔丘开始，就极其重视克己、内讼、慎独和内省，强调反省修身和澡身，到宋代更形成“修养”的概念。因此，在中国古代伦理思想家的伦理思想体系中，修养论占有重要地位。重视行为和践履，重视性情陶冶和品德涵养，这是几千年的中国伦理思想的重要内容之一。在长期的发展过程中，这种修养论又和有关心理的研究、教育的研究和政治人才的培养相结合，对于中国社会的发展和封建制度的巩固，曾发生过特殊的作用。

(五)道德品质的形成问题。与道德修养论相联系，道德品质的研究也是中国古代伦理思想家们所特别注意的问题之一。道德品质的研究同道德的理想人格的培养相辅相成，有时候往往融为一体。比如，忠、孝、节、义在伦理学说中是一种道德品质，在一定意义上又是人们在道德实践中形成的理想人格的重要组成部分。中国的伦理思想家们自古以来就很强调智、仁、勇的重要，重视恭、宽、信、敏、惠这样一些人为处世的德目，强调谦虚、中庸，强调严于律己、宽以待人，强调勤劳、朴实、正直、廉洁等，这都可以说是做人所应该具备的道德品质。当然，剥削阶级的思想家们，总是对这些道德品质予以维护统治阶级利益的解释，给它们打上剥削阶级的深刻的烙印。历史上的伦理思想家们关于道德品质问题的论述，有封建糟粕，但也包含着民族性、人民性的精华，我们应当发掘这些精华，为今天所用。

（六）道德评价问题。道德评价的标准是什么？这也是中国伦理思想史中长期争论的问题。孔子明确提出，判断善恶的标准是义和利，并把它视为区别“君子”和“小人”的唯一原则。此外，在动机和效果问题上，墨子最早提出了“合其志功而观焉”的观点，把“志”和“功”两个概念对立起来，孟轲也讲志、功，既强调志，也强调功，分别不同情况有所侧重。《左传》记述了许多有关道德评价的具体事例，也都是既重视动机，又重视效果的。例如，鲁宣公二年“赵盾弑其君”、昭公九年“许止弑其君”，都是强调效果的例子。董仲舒则片面地强调动机。两汉时期，有所谓“原心定罪”，即“意恶功遂，不免于诛”。所谓“君子原心”就是在道德评价问题上，主要依据动机。他们还提出“心”、“意”和“行”、“迹”的对立，隋朝的王通在其《文中子》中，更提出所谓“心迹之判”。这里的“志”、“心”、“意”，都是指的动机，“功”、“行”、“迹”都是指的效果。

（七）人生的意义问题或人生的价值问题。一般来说，这个问题包括以下几个方面的意思：人为什么活着？人生是有意义的，还是没有意义的？如果人生有意义或者有价值，那么，这种意义和价值是什么？人们怎样看待生死问题？人的生命是有限的，如何才能使个人的价值尽可能地长久保持，如何才算是不朽？这也是中国伦理思想史上长期讨论的一个重要问题。《左传》襄公二十四年叔孙豹所说：“太上有立德，其次有立功，其次有立言，虽久不废，此之谓三不朽”。“三不朽”在中国伦理思想史上被看成人生追求中等次不同的三种目标，对以后的思想家们有重要的影响。人们怎样对享乐问题？怎样看待自己的情欲，是纵欲或者节欲，还是任其自然？人们应当不应当为国家为社会（当然，这个国家不过是封建王朝，这个社会不过是封建社会）尽自己的义务？此外，人生应该是积极的，还是消极的？还有，人们一生的命运是由谁决定的，是天定的，是社会造成的，还是自我铸成的？这些问题，都是中国伦理思想家们十分注意的问题。努力研究和正确地解决这些问题在今天仍有重要的意义。

（八）道德的必然和自由的关系问题。这个问题，有三方面的意义。第一，是道德行为与客观必然性的关系问题，孔子一方面讲“死生有命，富贵在天”，另一方面又特别强调“我欲仁，斯仁至矣”的道德行为的自主能动的选择。孔子认为，“命”或“天”都是一种人所必然服从的力量；另外也还存在着自己能够发挥主动性以后而可以达到的事情。墨子则明确提出“力”与“命”的对立，认为人们依靠自己的主观能动性，可以克服、改变命运的支配。庄子则认为理想的圣人可以忘掉礼义、忘掉自身存在，从而得到超出客观必然性的自由。第二，是在同一情况下的多种可能的道德冲突中，有没有道德选择的自由，以及这种选择应当依据什么样的标准的问题。一般来说，儒、墨、道各家，都强调这种道德行为选择中的能动作用，用孟子的话说，就是所谓“取舍”问题。孔子说：“志士仁人，有杀身以成仁，无求生以害仁”（《论语·卫灵公》），孟子说：“鱼，我所欲也；熊掌，亦我所欲也；二者不可得兼，舍鱼而取熊掌者也。生亦我所欲也，义亦我所欲也；二者不可得兼，舍生而取义者也。生亦我所欲，所欲有甚于生者，故不为苟得也；死亦我所恶，所恶有甚于死者，故患有所不辟也。”（《孟子·告子上》）这一论述，包含着极其深刻的道德选择的理论。第三，道德的必然和自由，还包含有统治阶级道德规范同个人个性发展的关系，即人们是否必须受一定社会的道德规范的约束。在魏晋时期，曾经发生过所谓“名教”与“自然”的一场大争论。这是汉武帝独尊儒术以后，中国社会长期处在礼教即名教的束缚禁锢之后又一次的思想转折。所谓“名教”，即社会各等级要安于自己的名分和职位的教化，其内容就是关于人伦关系的道德规范。“自然”在魏晋玄学中，主要是指人性的自然状态。有些人认为，“名教”的教条，不利于发展人的个性，而且残害人的个性，因此，要求重视人的本性，并由此引起了一连串的关于“名教”与“自然”的争论。过去把这场争论看做玄学对儒家的冲击，而没有注意到其中包含的必然与自由的关系问题。

（九）道德规范问题。每个时代的伦理思想家，都是从其所代表的时代要求和阶级利益出发，对本时代的道德活动和道德关系进行总结和概括，提出或制定出他们所代表的阶级所需要的行为规范体系，以调节各种社会关系和维持社会秩序。一般来说，在制定一套道德规范体系时，还往往要提出贯穿这些规范的总的原则。如孔子强调仁，又强调智、仁、勇、孝、悌、忠、信，还提出恭、宽、信、敏、惠等。孟子强调仁义，又提出父子有亲、君臣有义、长幼有序、朋友有信，还提出仁、义、礼、智四端，等等。在中国伦理思想史上，不但伦理思想家们注意道德规范的研究，政治家们也很重视，甚至封建帝王还亲自召开会议讨论制定道德规范，并用颁布中央文件的形式，以至高无上的权威来宣传、推行符合统治阶级利益的道德规范。中国封建社会的最主要的道德规范“三纲五常”几乎是家喻户晓，人人皆知，成为人们的一切行为的准则。中国伦理思想家们对于一般的道德规范和婚姻、家庭道德规范有着深刻的、全面的、系统的研究，对职业道德规范也有一定的探讨。道德规范在很大程度上体现着民族的特点和道德传统，体现着民族和社会文明程度，因此，它应当成为我们着重研究的问题之一。

（十）德治和法治问题。这既是一个伦理道德问题，也是一个关于政治和法律的问题。维持社会秩序、巩固统治的最有力的手段是德治还是法治？如果刚柔相济、宽猛相辅，那么究竟应以何者为主，如何配合？道德和法律各有多大的社会作用？在中国伦理思想史上，对这个问题的回答，有道德决定论、道德与法律相济论、道德无用论等。但是，由于中国古代社会的一个特点是政治和道德合为一体，因而，常常是政治伦理化，伦理政治化。这样，几乎所有伦理思想家都把其伦理思想同社会政治问题联系起来，从中引申出治理国家、管理社会的办法；而大多数政治家也非常重视伦理道德问题，把它同法律政治问题联系起来，把道德教育同法律约束结合起来，又往往把道德手段放在首位。中国古代史上，周朝总结商朝灭亡的原因，汉朝总结秦朝覆亡的教训，和宋明时期讨论如何巩固没落时期的政治统治这样三次关于统治阶级如何更好地巩固自己统治的大反思，结果都认为德治重于法治。西周时代的思想家开始就提出“明德慎罚”主张，后来的伦理思想家建立了“正心、诚意、修身、齐家、治国、平天下”的梯级理论，把自身的道德修养看成是实施一种好的政治基础。儒家认为，进行道德修养是为了达到孔丘所说的“修己以安人”、“修己以安百姓”(《论语·宪问》)的目的。孔孟以后的儒家学派，有的还宣扬道德决定政治、社会、历史的理论，夸大德治的作用，走上了唯心主义。

上述十大问题，是中国古代伦理思想家们曾经着重探讨的问题。他们对这些问题的回答，有着自己民族的传统方式。这些问题在漫长历史中获得的各式各样的答案，体现着古人对自身、对社会中的道德关系和道德现象认识的不断深化。另外，我们可以看到，这些问题都是围绕着伦理学的基本问题即道德同利益的关系问题展开的。它说明中国古代思想家对伦理学的研究并不是零碎的、肤浅的，而是有系统的、深刻的，并且涉及面也是十分广泛的。

四、中国伦理思想的基本特点

中国伦理思想究竟有哪些基本特点，这是我们在研究中国伦理思想史中不能不认真研究的一个重要问题。

当前，我国正处在一个前所未有的经济、政治、文化、伦理的变革时期。关于经济体制改革、政治体制改革等正在引起各方面的热烈讨论。与此相关，如何吸收外来文化、改造和发展中国的传统文化，或者说，如何使中国传统文化能适应中国今天发展的形势，更成了意识形态领域、特别是理论界所注意的一个问题。正是在这一时代背景下，从整个中国改革的格局中，从世界文化发展的联系上，从中西伦理道德思想的比较中，对中国传统的伦理道德进行一次较深入的反思和较全面的估价，对我们来说，尽管相当困难，但是有重要意义的。

对研究中国传统伦理思想，有两种态度我们认为是应当摒弃的。

一种是强调中国伦理传统、民族心理的消极因素，认为中国传统伦理是糟粕多而精华少，应该基本否定或全盘否定。有的人认为，中国的传统伦理以至传统文化都是阻碍中国改革的一种消极因素。这种思想是片面的。在我国强调对外开放、学习国外先进技术的同时，少数人产生了中国一切都不如西方的民族自卑心理。他们甚至认为，西方文化是一个整体，要学习西方就要“大胆”、“全面”地学习。在这些人看来，除先进的科学技术外，西方的民主、自由以及婚姻、家庭等道德，都是我们应该学习的，有的人甚至自觉或不自觉地推崇西方的个性解放、个人奋斗、个人主义以及性自由等各种思想，认为中国的传统道德只能是束缚人的个性发展的桎梏而不能高扬人们的主体的能动性。这种思想，虽然也看到了中国传统伦理思想的消极方面，认识到中国传统伦理思想在今天改革的形势下必须加以批判，但是，他们忽视或抹杀了中国传统伦理思想的积极因素。因而是不全面的。

另一种是认为，既然中国的传统伦理思想的核心是儒家的伦理思想，儒家伦理思想中有着东方独有的“人道精神”，那么，在当前的现实生活中，也只有儒家的思想才能救中国。在国外，资本主义世界在物质文明高度发展的同时，产生了所谓精神危机(强盗、凶杀、吸毒、卖淫以及所谓性解放、同性恋等)。由于西方社会中所出现的离婚率增高、非婚生子女大量出现、家庭破裂、青少年无人教育、社会道德败坏等社会危机，某些西方人就想要从东方文明中找寻出路。在亚洲，儒家的仁义道德正受到日本、韩国、新加坡等国的重视，这些国家，为了维持自身的稳定，正举起儒家的仁义礼智等旗帜，并以此来调整他们的各种社会矛盾。因此，有些人认为，只要把孔子之道重新实行起来，中国人的道德面貌和社会风尚，就可以焕然一新。在一定意义上，这些人的活动也可以称之为“儒学复兴”运动，或者称之为“新儒学”运动。我们认为，在今天的条件下，封建道德的影响仍然是不可忽视的。但是，这种观点同样是片面的。

因此，为了正确地对待中国传统伦理思想，我们最好先找出中国伦理思想的特点(当然，这种特点，总是要从比较中得出的)，并对这些特点作出恰如其分的分析，从而看一看我们到底应如何来看待中国的传统伦理思想。

中国传统伦理思想，到底有哪些最基本的特点，对这些特点应该怎样看待？我们认为，从总的方面来看，中国传统伦理思想，可以初步概括为六个方面的特点，即重人伦关系(或人伦价值)、重精神境界，重人道精神、重整体观念、重修养践履和重推己及人。

中国传统伦理思想的这六个方面是相互联系从而构成一个整体的，是自成一个系统的。人伦关系或人伦价值是中国传统伦理思想的起点，精神境界是中国传统伦理思想的支柱，人道精神是中国传统伦理思想的核心，整体观念是中国传统伦理思想的归宿，修养践履是中国传统伦理思想的根本要求，而推己及人则是中国传统伦理思想的唯一重要方法。

(一)中国传统伦理思想同西方相比，特别重视人伦关系。古代希腊，思想家们也曾经谈到不同的人有不同的义务，提出过不同的人伦要求。如柏拉图就曾指出人分三等，神用金、银、铜、铁分别创造了立法者和监护者(即国家的统治者)、军人(保卫者)以及手工业者、农民和商人。柏拉图认为，立法者和监护者是第一等级；军人是第二等级，手工业者、农民和商人则属于第三等级。每个等级的人，只能从事属于自己所应该做的事业，不能有所逾越。与此相对应，他认为智慧、勇敢、节制和正义四种品德，前三种各对应一种人，而“正义”就是“做你自己的事情，不要干涉别人的事”。苏格拉底、柏拉图、亚里士多德等也谈到了父母、君臣、主奴等之间的关系，亚里士多德的政治学，曾对这处关系作了理论的叙述。但是，这种研究始终没有扩展到对社会各种人伦关系的深入全面的考察，没有把人伦关系作为伦理学的重要内容来分析概括。中世纪以后，神和人的关系代替了人和人的关系，从而始终没有能够全面地提出，处于不同等级的人们，或同一等级中处在不同关系的人们，彼此之间应以何种关系相处，这是中西伦理传统的一个重要区别。

在我国的《尚书·尧典》中，最早提出了人和人之间应当如何相处的记载。舜对他的大臣契说：“契！百姓不亲，五品不逊。汝作司徒，敬敷五教，在宽。”这就是说，现在老百姓不够和睦团结，人和人的五种关系也不很和顺，现在让你担任司徒这种官职，对他们进行这五个方面的教育。在教育时，你一定要发扬宽厚的精神。这五种关系，就是以家族为本位的父、母、兄、弟、子五个方面的关系。在公元两千年前的虞舜时期，中国的传统思想中，已经提出了要处理人和人之间的这五个方面的关系。从此，在我国就有所谓“修其五教”（《左传·恒公六年》），并“布五教于四方”（《左传·文公十八年》），即在全国各地普遍进行五种教育，还进一步提出这五个方面所应承担的道德义务是“父义、母慈、兄友、弟恭、子孝”，以达到“内平外成”的目的。也就是说，只要做父亲的有道义，母亲的能慈祥，哥哥能友爱，弟弟能恭敬，儿子能孝顺，整个家庭和社会就会和谐发展。

以后，孔子的“君君臣臣，父父子子”的思想，把“孝”亲的观念更明确地加以扩大，使中国传统伦理思想中的人伦关系，更带上家庭和等级制的尊卑贵贱色彩，从家庭伦理扩大到社会上人和人的关系。在《论语》中有一段专讲人伦关系的话：“子夏曰：贤贤易色；事父母能竭其力，事君能致其身；与朋友交，言而有信。虽曰未学，吾必谓之学矣”，这样，就涉及了夫妇、父子、君臣、朋友四种人伦关系。“曾子曰：吾日三省吾身。为人谋而不忠乎？与朋友交，而不信乎？传，不习乎？”“子曰：弟子入则孝，出则悌，谨而信，泛爱众，而亲仁，行有余力，则以学文”，从一定意义上，也可以说是讲到了兄弟一伦。当然，在孔子那里，最重要的还是父子一伦，即所谓孝。在一切人伦关系中，尽管强调要“臣事君以忠”、“君使臣以礼”（《论语·八佾》），而且，还明确地说，如果人们不能恪守君君臣臣父父子子之道，就是有粮食，国君也是不能享受了①，指出了孝亲忠君的意义，但孔子主要还是讲的“孝”。

---

① “齐景公问政于孔子。孔子对曰：‘君君臣臣，父父子子。’公曰：‘善哉信如君不君、臣不臣，父不父，子不子，虽有粟，吾得而食诸？’”

孟轲在提出自己社会发展观的同时，指出，人类虽然脱离了动物界，学会稼穑，树艺五谷，但由于“逸居而无教，则近于禽兽”，因此，“圣人有忧之，使契为司徒，教以人伦”，即“父子有亲、君臣有义、夫妇有别、长幼有序、朋友有信”。孟轲所提出的五伦，是对封建社会人伦关系的最基本的概括，也可以说封建社会的一切人伦关系都可以概括于这五伦之中，整部《孟子》，就是对如何维持这五种人伦关系的探讨和论证①。“五伦”作为人和人之间的五种关系，每种关系，都有对立的两个方面，它们都有一个处理两者之间关系的最高准则，依此准则，每一方面都有自己的义务和责任。君臣关系，在孟子那里，并不像后来封建社会那样片面而且绝对，很有些民主思想。“民为贵，社稷次之，君为轻。”“君之视臣如手足，则臣视君如腹心；君之视臣如犬马，则臣视君如国人；君之视臣如土芥，则臣视君如寇仇。”“齐宣王问曰：‘汤放桀，武王伐纣，有诸?’孟子对曰：‘于传有之’。曰‘臣弑其君可乎?’曰：‘贼仁者谓之贼，贼义者谓之残，残贼之人，谓之一夫。闻诛一夫纣矣，未闻弑君也。’”(《孟子·离娄下》)当然，君臣关系，本来就是剥削阶级社会中的一种特殊的政治伦理关系。从“事”和“使”这两个词本身，就说明了它标志着一种不平等的尊卑等级。这种君君、臣臣的尊卑等级关系经过后世儒家和统治阶级的不断强化，使这种尊卑等级观念深入到社会的各个方面，以致在今天的某些人的思想中，家长统治、个人专断、等级观念、奴隶主义，以致阿谀奉迎等旧的传统，还严重地影响着现代社会中人与人的关系，这也是我们应该注意的。

---

① 当然，这里似乎看不到个人对整体对社会的关系，其实，孟轲往往是用君臣关系包括了封建国家中的个人同整体、个人同社会、个人同国家的关系。

在孟轲看来，人伦之教是最为重要的。他总结了历史上夏、商、周三个朝代的学校教育的宗旨，认为这三个朝代一千多年的传统教育的共同特点就是对人民进行有关人伦的教育，所以他说："学则三代共之，皆所以明人伦也，人伦明于上，小民亲于下"，又说："舜明于庶物，察于人伦，由仁义行，非行仁义也。"

确实，在探讨中国传统伦理思想的重人伦关系、即重人伦价值这一特点时，必须注意抛弃它的消极影响。在封建社会的贵贱有别的森严等级制度下，在宋明以后的时期中，不但君臣关系、父子关系、夫妇关系是不平等的，就是长幼关系，由于嫡子继承制的长期发展，也成了一种不平等的尊卑关系。这样，在全部人伦关系中，除朋友一伦还保存着平等的关系外，其他处于所有人伦关系中的人们，都被分化成两个极端。一端是至尊、至贵、至高，一方是至卑、至贱、至低。处于另一个极端的人们，在人和人的关系中，似乎从生到死都被注定了是一种从属物，是为对方而存在的，他不允许有自己的个性，不允许有自己的自由，更不允许有自己的需要。他应当牺牲一切，在他自己的等级分位内去尽伦尽职，这就是"天理"，而他的作为一个人的正常的发展、必要的自由、正当的需求，则往往被说成是"人欲"，是违背人伦要求，是大逆不道。这种畸形的、变态的发展，是和封建等级制度相联的。在今天，尽管封建的等级制度已经不存在了，但是，它的消极影响还是需要注意的。

（二）中国传统伦理思想的第二个重要特点就是重视精神境界，认为道德需要是人的一种最高的需要。从道德起源上来看，从人和动物的根本不同来看，西方的思想家们，认为人是一种有理智的动物，人能够用理性来控制感情。人是万物的尺度，固然也可以说有人本主义的思想在内，但就其核心来说，是说的人有理智，从而可以作为评价万物的标准。在中国传统思想中，把“人为万物之灵”，作为人和动物相区别的根本标志，它强调的不是人的“理智”，而是人有高尚的道德品质。在古代思想家看来，人在早期之所以能脱离动物界，就是因为人有道德。人是怎么脱离动物界而成为人的？恩格斯说，劳动创造了人。恩格斯曾经比较过蜜蜂的劳动和人的劳动的不同，最高级的建筑师，有时候也要感叹不如蜜蜂的技巧，但是，人的活动是有理智、有目的的活动，这却是任何动物、包括高等动物都不可能有的。孟子曾讲过人类社会的发展史，在他看来，人虽然有了劳动，有了饭吃和衣穿，但是，由于逸居而无教，仍然和禽兽没有区别。只有有了仁义礼智信这些道德观念，人们才算最终地脱离了动物界。正由于此，中国传统的伦理思想家们认为在人的一切需要中，道德需要是一种最高层次的需要，是一切需要中最高尚的需要。如果说亚里士多德强调的是“人是社会的动物”，苏格拉底、柏拉图强调的是“人是有理智的动物”，那么，孔丘和孟轲强调的则是人是有道德的动物。在西方，笛卡尔曾经提出“我思故我在”，费尔巴哈则提出“我欲故我在”，那么，中国古代的思想家们则主张“我德故我在”，即因为我有道德，我才存在。10 世纪英国著名的思想家培根认为“知识就是力量”，而中国的思想家们则强调德性就是力量，认为人的德性是人从事一切事业的最主要的精神动力。

孟轲认为，人的需要是有层次的，物质生活的需要固然是人所不可缺少的，但道德的需要是更重要的。在相互冲突的道德选择的情况中，可以舍弃物质生活的需要，甚至可以舍弃自己的生命。我们知道，中国传统伦理思想，从周公姬旦开始，直到孔丘、孟轲，他们并不忽视人民群众的物质生活需要。孟轲从管理国家的要求出发，强调老百姓必须有物质生活的满足。他认为，老百姓不但要吃饱穿暖，

“仰足以事父母，俯足以畜妻子”，“乐岁终身饱，凶年免于死亡”(《孟子·梁惠王上》)，而且每家都要有五亩宅基地，种上桑树养蚕，老年人都要穿上丝绸，每家还要养鸡养猪，使老年人可以保证有肉吃。但是，孟轲还认为，除了物质生活的需要，人们还有受一定文化教育的需要，还有其他动物所不可能有的伦理道德需要。他还认为，人们经过修养，就能够达到“尽其心”、“知其性”从而进入“知天”的境界。他特别强调个体道德修养的能动性，认为，人只要认识到人的最高需要是道德需要、最大价值是道德价值，那么，人们就可以不需要借助外力而自觉、自主、自动地进入一种最愉快的境地，也就是所谓“万物皆备于我矣。反身而诚，乐莫大焉”(《孟子·尽心上》)。孟轲的“万物皆备于我矣”，在很长一段时期内，只是被人们理解为一种主观吞并客观的主观唯心主义的唯我主义，而没有剥离出其中所包含的合理内核，因为它说的主要的并不是本体论的问题，而是人的道德修养的主动性问题。

在中国伦理思想中，一个传统的特点就是对人性是善是恶的问题进行了时间最长、涉及问题最多而且层次最深的讨论。绝大多数的思想家们，都主张人性善的理论。人为什么能有一种道德主体的为善的能动性？就是因为人的本性是善的。人为什么有这样一种最高级的需要？就是因为人的本性是善的。这种善的本性，是一种精神本能，它和人们的生理本能，同样是人的本能，都会产生人的需要。“人皆有不忍人之心”，即不忍别人受到伤害之心，也就是爱人、助人、同情人、关心人之心，也就是一种高尚的道德之心。

“孟子曰：人皆有不忍人之心。先王有不忍人之心，斯有不忍人之政矣。以不忍人之心，行不忍人之政，治天下可运之掌上。所以谓人皆有不忍人之心者，今人乍见孺子将入于井，皆有怵惕恻隐之心，非所以内交于孺子之父母也，非所以要誉于乡党朋友也，非恶其声而然也。由是观之：无恻隐之心，非人也；无羞恶之心，非人也；无辞让之心，非人也；无是非之心，非人也。恻隐之心，仁之端也；羞恶之心，义之端也；辞让之心，礼之端也，是非之心，智之端也；人之有是四端也，犹其有四体也。有是四端而自谓不能者，自贼者也；谓其君不能者，贼其君者也。凡有四端于我者，知皆扩而充之矣，若火之始然，泉之始达。苟能充之，足以保四海；苟不充之，不足以事父母。”(《孟子·公孙丑上》)

正是从这一前提出发，孟轲认为，人们应该特别注意培养、发扬自己的这种善良本性，因为它是人的高级需要(道德需要)的基础和根源。正像水无有不下一样，性没有不善的，“仁义礼智，非由外铄我也，我固有之也。”(《孟子·告子上》)，“人之所以异于禽兽者几希，庶民去之，君子存之”(《孟子·离娄下》)，等等。正由于善的要求，是人本身所固有的，依照中国伦理思想家们的意见，它也就成了人区别于动物的一种特殊需要。

(三)中国传统伦理思想的核心，是一种具有民族特点的“爱人”思想，从一定意义上，也可以说是一种人本主义的精神。由于这种具有民族特点的“爱人”思想，是在奴隶社会和封建社会中得到发展和传播的，因此，又带着很大的剥削阶级的烙印，并在很长时期内被严格的等级关系所制约，从而只能成为统治阶级用来统治人民和欺骗人民的一种虚幻的理论。尽管在奴隶社会中，奴隶不被当做人，但是，却并没有出现诸如“奴隶只是会说话的工具”一类的理论。正当古代希腊的许多思想家们认为“奴隶只是会说话的工具”时，中国的儒家和墨家，却都以“爱人”作为自己理论的重要原则来互争长短。孔丘提出“仁”作为他的学说的“一以贯之”的唯一原则。从他的一贯言论来看，他所说的贯穿其整个理论的唯一思想就是他所反复讲到的“仁”。他的弟子曾子认为“忠恕”是他理论的唯一原则，原因可能是曾子把“忠恕”当做“仁”的内涵，其实质仍然还是一个“仁”字。孔丘曾明白地解释说，“仁”就是“爱人”。他没有讲，他所爱的“人”也包括奴隶；但是，不论是从概念的范畴、理论的选择还是从当时的文字使用和这一思想的内容来看，也得不出他所说的人就不包括奴隶。应该说，尽管在实质上，他不会像爱奴隶主贵族一样去爱奴隶，但从一般意义上来看，他们说的“人”是包括奴隶在内的一切人。孔子和儒家把“仁”当做最高的道德原则，就是要强调一种舍己利人和舍己爱人的无私精神。什么是“克己复礼为仁”呢？就是要克制、消除和战胜人们的利己、自私的心理，达到一种纯洁的爱人、利人的“仁”的境界。墨子尽管不同意孔子的某些主张，反对孔丘所提出的“厚葬”、“久丧”以及爱有差等的思想，但他提出的“兼爱”原则同样是一种人本主义的思想。墨子在提出“兼相爱”、“交相利”的同时，甚至还提出更为全面、更为彻底的“爱人”思想。他认为，人不但要爱人，而且要能够“爱人若爱其身”，即在爱别人的时候，要能够做到像爱自己一样去爱别人。他还认为，爱应该不分厚薄亲疏远近，给予所有人以同样的爱，而且要如同爱自己一样的程度去爱一切人。更值得指出的是，墨子认为，整个社会之所以产生祸乱，人际关系之所以发生各种纠纷，主要是因为人们彼此之间不能相爱的原因。为了兴天下之利和除天下之害，为了消除人类社会种种祸乱怨恨的根源，为了更好地调整人和人之间的各种关系，必须强调他所主张的对一切人的爱。墨子并不像孔丘那样，把“爱人”的思想建筑在纯粹利他的动机上，而是从功利主义的思想出发，提出了“兼相爱”和“交相利”，提出了“爱人者，人亦从而爱之；利人者，人亦从而利之”的思想，使自己的理论更能够为人们所接受。在今天看来，尽管它只能是一种无法实现的空想，但我们不能不说，它确实是一种最高层次的人道思想，有着合理的因素。在以后的历史发展中，尽管墨家的思想，在很长时期内几乎处于泯灭状态，但它对中国传统伦理思想的影响是应当肯定的。自秦以后，墨家的人道思想未能广为流传，但儒家的人道思想(其中也包含着对墨家人道思想的吸收)在中国传统伦理思想中占有相当重要的地位，尽管这种思想是被统治阶级的政治家和思想家所严重扭曲了的。

(四)中国传统伦理思想就其个体与整体的关系来看，重“整体精神”、重“公私关系”，是中国传统文化和民族心理的最高价值，一切价值目标，都以是否能与其相一致为唯一标准。当然，在漫长的封建社会内，这一整体精神在大多数的情况下，只能是以虚幻的内容，即以国家和社会的形式来掩盖其为一姓王朝谋利益的本质。

在中国长期的封建社会中，所谓整体，也就是社稷和国家，即所谓“公”或“公利”，因此，这种整体精神，又往往是和义利之辩或公私之辩相联系的。当然，这里所说的义、利和公、私和我们今天所说的义利、公私的意义是不同的。由于中国历代的思想家们没有很好地注意到概念的准确性，往往因使用概念的不同而造成许多误解。例如，尽管他们在义利问题上，存在着各种不同的看法，但他们都以不同的概念(或者是“义”或者是“利”)来强调整体精神的重要。孔丘讲“君子喻于义，小人喻于利”，孟轲讲“王何必曰利，亦有仁义而已矣”。他们所说的义，就其实质来说，就包含着社会和国家的“公利”的意义。墨子明确地认为，“义者利也”，在他看来，符合于“义”的言论和行为，就必然会符合社会、国家和人民的公利。法家的主要代表人物商鞅和韩非等，公开提出要重利贱义，但他们所说的“利”，就其主要内容和本质来看，无非是要巧妙地利用人们的“自为心”和“自私心”，以达到发展生产、加强军备的整体利益的目的。法家公开地宣扬个体的自为、自私的心理，反对儒家的仁义礼智，其目的仍然是为了封建地主阶级的社稷和国家，即为了维护剥削阶级的公利。在中国伦理思想史上，只有老庄的义利皆抛(或超脱义利)的思想，才是一种从消极方面高扬个体作用，强调“贵已重生”，忽视以至于否认整体精神的思想。由此可见，从先秦以来的儒、墨、道、法四家来看，儒、墨、法的重视整体的精神，到后来，都统一在儒家的思想中，并得到了强化。

中国封建社会的政治思想家和伦理学家们，从维护封建制度出发，总是把所谓社会国家的利益强调到至高无上的地位。怎么样才算是为社会、为国家尽伦尽职呢？其最终要求，就变成了对国君一人的忠诚。忠于国家、忠于民族，在封建专制社会中，同忠于皇帝成了同义语。整体精神，在实质上是虚幻的、虚假的、欺骗的。

但是，也要看到，中国传统伦理思想中强调“义”的原则，认为在个人利益和整体利益矛盾时应当“杀身成仁”、“舍生取义”的思想在中华民族的发展史上有消极影响，但也有积极的意义。南宋时期的著名民族英雄、爱国诗人文天祥，就是在儒家伦理传统思想的影响下，表现他的不挠不屈的精神。1282 年，文天祥被杀害了，人们从他的衣带中找到的《绝笔自赞》上写着：“孔曰成仁，孟云取义，惟其义尽，所以仁至。读圣贤书，所学何事？而今而后，庶几无愧。”孔子说要杀身成仁，孟子说要舍生取义，只有行为完全合乎正义，才能达到仁的境地，读了那么多古圣先贤的著作，到底要学的是什么？从今以后，我总算问心无愧了。而且，他在《过零丁洋》诗篇中，早已表示了“人生自古谁无死，留取丹心照汗青”，表示了为民族整体利益而勇往直前的无私无畏的精神。有人说，中国文化是一种不讲是非、不懂是非、一味追求荣华的文化；又说中国文化是一种明哲保身、安贫乐道的文化等，这是一种无知的、虚无主义的态度。这里需要强调指出的是：中国传统的伦理道德，是既有糟粕，又有精华，而二者往往是结合在一起的。而且，愈是精华的东西，往往也愈伴随着糟粕，而这两者常常是糅在一起，因此对中国传统伦理思想的整体精神也决不能采取简单的态度。在西方，特别是从文艺复兴以来，从伦理道德来看，虽然在法国唯物主义那里，在英国功利主义者那里，也都强调了整体利益，但由于他们的整体利益，实质上是资产阶级一个阶级的利益，因而，在商品经济的发展和个人的民主自由的要求下并未形成强大的思想。相反，人们为了反对封建神学压迫，比较重视个人的自我发展，强调以不损害他人为原则的合理利己主义，强调以个人为中心的个人主义，强调个人利益和个人需要的获取的正当性，强调民主精神。这些思想不但对资本主义的发展曾起过积极的作用，就是在当前西方的社会中，在某些情况下，也仍然可能会产生某些有利于社会协调的积极作用。可是，随着资本主义商品经济的发展，西方以自我为中心的利己主义和个人主义思想愈来愈成为西方社会发展和调整人际关系的一个障碍。我们今天要建设的是有中国特色的社会主义，包括有中国特色的物质文明和精神文明，中国伦理传统的整体精神，它的公私之分和义利之辩，如果能抛弃其所积淀的陈旧内容，吸收其作为一般的道德原则和评价标准，以马克思主义的观点立场和方法加以改造，应当说，还是有重要意义的。

（五）如果从个体道德和群众道德的关系来看，中国传统文化和民族心理，又总是强调道德修养，或者说个体的道德修养。中国的传统伦理思想，并不是不重视个体，而是从另一个方面来强调个体的。中国传统伦理思想所说的道德修养，即以个体道德为起始点，强调个人的正心诚意，即“自天子以至庶人，一是皆以修身为本”的个体修养。在个人和整体、个体和社会的道德关系上，突出个体的为善的主动性，“我欲仁，斯仁至矣”，强调在个人道德主动性的发扬中来完善人格；来享受至高无上的精神幸福，从而达到至人、圣人、真人、完人的目的。中国的思想家们，从长期实践中认识到外在的、客观的道德规范，只有通过人们的良知，通过人们的认识、体验、内化以至于融会到人们的思想情感之中，才能成为人们的一种品质。正是由于这种原因，它极力从人的善良本性出发，强调人的“本心”、“初心”、“良知”、“良能”的重要作用，高扬“良知”、发扬“本心”，宣扬性善、强调修身成了中国传统伦理思想和民族心理的又一个特点。

中国传统伦理中的个体修养，是独具特色的。道德修养，是道德规范转化为人们道德品质的重要环节。古代的伦理思想家们既然特别强调整体精神、强调道德价值、强调人伦关系，认为人之所以异于禽兽就在于有人伦以及建立在人伦之上的道德原则，因此，为了使人的本性能得到发展以至于达到完善的纯德至善，中国的伦理思想家们，几乎都无例外地认为，必须加强人的修养活动。中国古代所说的“澡身”、“洁身”、“修身”等，就是说的个体道德的修养。孟轲的一个学生问他有什么特长，孟轲说：“我知言，我善养吾浩然之气。”（《孟子·公孙丑上》）这种浩然之气，究竟是什么呢？孟轲认为：“其为气也，至大至刚，以直养而无害，则塞于天地之间。其为气也，配义与道；无是，馁也。”（同上）

长时期来，孟轲的“浩然之气”，被说成是神秘主义的主观唯心论，因为他竟然把“气”说成是能“充塞于天地之间”，这当然是很“荒唐”了。其实，这是对孟轲的一种误解。孟轲在谈到自己的“浩然之气”时，先谈了两个武士是怎样培养自己的勇气的，然后，又谈到了他的这种具有最高道德价值的“浩然之气”是可以充塞宇宙、万古长存的。如何培养这种“浩然之气”呢？就是要“知道”和“集义”。“知道”就是深刻理解道德价值在一切价值中所占的重要地位；“集义”就是日积月累地实行道德践履。这二者的统一，就是“配义与道”。以后，宋儒更进一步发展了这种修养的功夫，认为只有经过这种修养后所达到道德上的最高境界，才能把名利看得犹如浮云，才能达到一种“富贵不能淫，贫贱不能移，威武不能屈”的境界。宋明的理学家们，从一方面来看，他们死守那些忠孝节义等儒家教条，十分迂腐而可笑；另外，他们之中也确有一些人在严格地按照那些要求来进行修炼，使自己的品德，尽量符合封建道德的要求。明代的黄绾，曾经有“黑豆、红豆”、“罚跪自击”以及“以册刻天理人欲藏袖中”等方法来修炼、践履自己的道德。清初思想家李颙在《四书反身录》中，曾谈到吕原明晚年修养的体会，说到他在桥毁人堕时的动心和不动心的情景，尽管有夸大之处，但也反映了中国古代思想家们对反省、修养、践履的重视。这些修养方法确实有许多唯心主义的糟粕，但是，我们应当看到道德原则是来自现实、又高于现实、既是从现实中总结归纳、又有着指导现实生活中人和人关系的作用，因此，一个人要想具备高尚的道德不应该看做是一个简而易行的事，否则，道德也就没有什么价值，至少不会有像现在人们对他的崇拜了。因此，一个人要想使自身有道德，即成为一个有道德的人，修养是决不可少的。中国传统伦理的许多规范是需要批判的，它的修养方法、修养理论、道德践履的要求，也是应该加以扬弃的，但强调伦理道德的修养对我们培养新社会的新道德仍然是十分重要的。

在中国长期的历史中，封建道德规范之所以能发生过那么重要的作用，其最主要的原因，就是它能够同个体的修养陶冶紧密结合，按照马克思的说法，道德的最重要的本质就在于它是一种用实践精神来改造世界和掌握世界的特殊科学。一种道德之能否有改造世界的生命力，除了它的原则、规范是否符合社会发展的要求外，就在于它能否使这种道德成为人们实际奉行的原则。中国的伦理思想家在道德的修养和践履方面，给我们留下了极为丰富的思想资料，提供了很多的修养方法，并且在修养的理论上，也有着从“实际”中来又到“实际”中去的许多概括。因此，是值得我们认真加以批判继承的。

（六）从道德思维方法来看，在方法论上，中国传统的思维方法，更有其独自的特点。在儒家看来，伦理价值的最高标准，就是“仁”，就是“忠恕”。什么是“仁”，就是“爱人”，就是一个人必须以“爱”来对待自己的同类，所以“仁”就是二人，就是两个人之间的最高原则①。与此相应，怎样才能达到道德的最高价值“仁”呢？也就是说，怎么才能达到“爱人”呢？这就是孔丘所说的“能近取譬”，也就是中国古来常说的“取譬”、“推己及人”、“将心比心”、“设身处地”的“忠恕”之道。《论语》中说“己所不欲，勿施于人”、“己欲立而立人，己欲达而达人”、“吾不欲人之加诸我也，吾亦欲无加诸人”，孟轲说的“善推其所为”的“恻隐之心”，都是这个意思。

这种“能近取譬”、“推己及人”、“将心比心”、“设身处地”的方法，以人类的道德经验、道德感情和道德体验为前提，是每个人都可以通过自己的感情、欲望、经验而可以体验和认知的。因为，每个人都不能否认，只要是一个正常的人，他必然会知道自己的欲望、要求、理想和追求。因此，只要他能以自己的欲望、要求、理想和追求

① 有人证明，仁字的古字形“从”的意思正像清儒阮元所说：“仁之意，人之也”。这就是说，仁的本意就是要以“人”的要求来对待他人。

来推及他人、将心比心，他也就可以知道了别人的欲望、要求、理想和追求。扩而充之，只要他在处理人和人的关系中，能够把别人也当做像自己一样来对待，这就是道德。这种方法，尽管在现实生活中还会碰到许多矛盾，在阶级社会中，对不同的、甚至对立阶级的人来说，这只能是一种空想，甚至在某种情况下只能成为一种欺骗，但人们不能不承认，它确实在调整社会中人和人之间的关系上能起到积极的、有益的作用。这一方法，即使在社会主义社会中，由于存在着利益关系的不同，也不可能无条件地实现。因此，作为一种在处理人和人的道德关系中的一种方法论原则，对研究、解释和论证伦理学的许多问题无疑是有重要意义的。孔丘说“能近取譬，可谓仁之方也”，正是说的这个意思。

在西方、在东方其他国家古代的一些思想家那里，也有一些人曾提到过类似“己所不欲，勿施于人”的思想，显露出人道精神的思想闪光，但是，任何人也没有把它上升为一种“为仁之方”，即没有从方法论的原则的高度，作为研究处理人和人道德关系中的最根本、最重要、最简易、最能为人们所理解和接受的普遍方法。这一方法论原则的确立，具有中国传统道德和民族心理的特点，对研究伦理道德问题有重要的启示。

当然，对于中国传统伦理的研究方法即“推己及人”法决不能原封不动地照搬或移用于今天，必须要用马克思主义的历史唯物主义予以批判的改造。首先，这种“推己及人”的方法，是在唯物辩证法的指导下，是以广大人民群众的道德践履作为检验标准的，不是某些人的脱离现实的、变态的、畸形的愿望和要求。其次，这种“推己及人”是在社会主义的人道主义基础之上，是为了建立人和人之间的平等、互助、团结、友爱的新关系而服务的。最后，这种“推己及人”的方法，是要摒除旧社会的一切狭隘个人偏见，摒除一切个人的、小集团的私利，而是为了发展每个社会成员的积极性和创造性而服务的，是必须要同某些个人的私利作斗争的。

五、研究伦理思想史的态度和方法

研究伦理思想史的态度和方法，和研究伦理学的态度和方法一样，是需要在今后的学科发展中来逐步解决的问题。因为一般说来，这里有两个方面的问题。一个是，就中国伦理思想史作为一门社会科学来说，最根本的方法，是马克思主义的立场、观点和方法，即唯物辩证的方法、阶级分析方法、历史与逻辑相统一的方法。但是这些方法尽管有很重要的指导作用，却决不意味着、事实上也不可能以此来代替每门具体科学的特殊方法。因此，必须在这些基本方法的指导下，或者说，在其基础上，确定研究中国伦理思想史的特有的研究方法。

中国伦理思想史的研究方法，也应该是系统的、多层次的。有最一般的社会科学的研究方法，有思想史方面的共同方法，有伦理思想史的方法，还有中国伦理思想史的特殊方法。这些方法，需要在今后的科学研究工作中去探讨和总结。如何依据伦理思想史研究对象本身的特殊性，吸收心理学、社会学、人类学、教育学、德育学等学科的方法，融会贯通，吸收创新可能还要花很大工夫。这里，仅就一般研究思想史的方法和伦理思想史的研究方法，同时也注意到中国伦理思想史的特殊方法，提出一些看法。

最根本的，就是要以马克思主义基本理论为指导，来分析研究中国道德观念和伦理思想发展史。这就是说，考察每一种道德观念和伦理学说，都必须依据辩证唯物主义和历史唯物主义基本原理和方法，把它们放在一定的历史条件下，即一定的经济生活和政治制度下加以考察，分析这些思想和学说代表哪些阶级、哪些阶层的利益，在政治上起什么作用，以及它们在伦理思想史上具有什么地位等等。以马克思主义伦理学基本理论指导中国伦理思想史的研究，不是寻找马克思主义的一些词句，生搬硬套，给古人的伦理思想和道德观念贴上各种标签；也不是把古人的道德观念和伦理思想当做插图或例证，去论证马克思主义伦理学的结论，而应该考虑到不同历史时代的各种不同情况，从全局的联系上来分析不同的道德观念和伦理思想的特殊性，分析各社会各时代道德观念和伦理思想的内在联系及其发展的规律性，为建立中国特色的社会主义道德和伦理学说服务。具体说来，下列几方面是必须注意的。

第一，客观公正的介绍，即实事求是的态度。在研究中国伦理思想史的过程中，总要对历史上的各种道德观念和伦理学说进行介绍。这种介绍必须能给读者以准确、全面的了解，也就是说，必须从历史事实出发，力求清楚地说明某种伦理思想是在什么样的社会条件下，主观上从什么目的出发，为了解决什么问题而被提出来，并客观地、准确地把这种伦理思想的本来意义解释清楚，说清楚它在当时产生的效果和在以后思想史中的作用。这就是所谓“不偏不倚的客观态度”，不歪曲作者的原意，“让每个伦理学家有充分的机会表明自己的论点”。

客观的介绍，应当成为研究每一门思想史所必须遵循的一个原则。如何对待历史上的道德观念和伦理学说，关系到是否坚持历史唯物主义的问题。那种认为历史和历史上的思想好像一个百依百顺的女孩子，可以任人梳妆打扮、任人摆布调理的观点，是完全错误的。那种认为，既然强调阶级立场和阶级分析方法就不可能客观介绍的说法，也是错误的。研究中国伦理思想史最首要的一点，就是要如实地描述中国伦理思想史上各种各样的道德观点和伦理学说。客观介绍，不是不要历史唯物主义指导，恰恰相反，如实反映历史，乃是历史唯物主义的原则之一。这里需要指出的是，客观介绍并不是客观主义。在过去很长一段时期内，一篇文章、一本专著，一旦被看成“客观主义”的，就会被当成是没有阶级观点、不坚持甚至丧失了无产阶级立场，至少也是受了资产阶级的所谓不偏不倚的虚伪说教的影响。这种做法的最直接的后果是，对所研究的对象的思想观点可以不作全面客观的了解，只要孤立地抓住几句话就可以进行批判。有不少剥削阶级的思想家，尽管他们曾经千百次地被人们批判，但其思想观点至今仍未能被客观地介绍，因而也不能作出令人信服的结论，或者说，也是它们至今并未被驳倒的原因。至于说客观主义，则必须具体分析。确实有一些资产阶级思想家，认为科学无力对事物作出批判性的、有党性的评价，强调科学研究对待一切问题都应该是“不偏不倚”的，它本身应该是超阶级的、全民的和无党性的。这显然是资产阶级思想家为了把自己的思想伪装成全民的思想，并以此把无产阶级思想家的研究贬斥为不科学的一种借口。正是在这意义上，列宁尖锐地批判了资产阶级的“狭隘”的客观主义。他指出，客观主义同主观主义一样同马克思主义是格格不入的，因为马克思主义的党性的观点，是完全符合社会科学的客观必然性的，它本身就强调要把社会科学的研究引导到合乎事物发展进程的党性的结论中去。因此，党性原则反对狭隘的客观主义，并不是不要客观态度。这是我们在研究中古代思想史，特别是研究古代剥削阶级思想家们的道德观点和伦理思想时所要特别注意的。

在研究思想史的著作中，对古代思想家们的思想进行客观公正的介绍，并非易事。在资产阶级学者中间，确实有不少人曾经标榜自己是不偏不倚、持平公允的，但实际上，他们的狭隘的阶级偏见，使他们的许诺和实际做法相背离(宾客来的《理想的冲突》对马克思主义价值观点的介绍，就是一个很好的例子)。正因为马克思主义者能够坚持无产阶级原则，才能够真正做到对一切剥削阶级思想家的客观、公正的介绍。

第二，系统的辩证的深入研究。这就要求研究者不但对中国古代和近代的道德观念、伦理思想作出公正的介绍，而且要寻找伦理思想家互相影响、继承发展的关系，寻找其中内在的、必然的联系，获得规律性的认识。

伦理思想是人类对自身道德关系的认识。由于这种认识涉及人的情感、意志、信念、良心等心理活动，涉及人的道德行为、习惯等实践活动，涉及人的政治生活、伦理生活等各方面的问题，它有自身的特点。因此，对于一定的道德观念和伦理学说，必须从各个方面深入研究，才能达到正确的结论。

培根在《新工具》一书中曾经说过："历来研究科学的人要么是经验主义者，要么是独断主义者。经验主义者好像蚂蚁，他们只是收集起来使用。理性主义者好像蜘蛛，他们从他们自己把网子造出来。但是蜜蜂则采取一种中间的道路，从花园和田野里面的花采集材料，但是用自己的一种力量来改变和消化这种材料。真正的哲学工作也正像这样。因为它既不只是或不主要是依靠心智的力量，但它也不是从自然历史和机械实验中把材料收集起来，并且照原来的样子把它整个保存在记忆中。它是把这种材料加以改变和消化而保存在理智中的。"①

① 北京大学哲学系外国哲学教研室：《西方哲学原著选读》(上)，358～359页，北京，商务印书馆，1981。

所谓运用理智的力量加以改变和消化，按照马克思主义的观点去理解，也就是要根据历史唯物主义的原则，对这些伦理思想加以分析、综合、归纳、整理，从而使我们对中国伦理思想的发展得出规律性的认识，使材料和观点、实践和理论高度统一起来。

第三，历史的阶级的评价。所谓历史的评价，主要是从历史发展的角度，考察这些思想在当时的社会条件下和后来的历史发展中起进步作用还是反动作用，它们是谁先提出的，谁在前人的基础上又作了新的发展，谁根据新的情况又对它作了新的解释。对那些最早提出重要思想的人，我们将力求肯定他的理论贡献和历史功绩；对于那些大体上只是重复前人思想的人及其理论，则只是简略地加以介绍。当然，这种做法有时难免会有厚古薄今之嫌，但是，只要坚持历史唯物主义观点，坚持事物总在不断发展的论点，按照历史的本来面目反映历史上伦理思想的演变发展，即使文字上、篇幅上不大平衡，也并不会影响问题的本质。所谓阶级的评价，就是要用马克思主义的阶级分析的方法，评价不同的伦理思想在当时的实际作用。在评价时，既不能仅仅以思想家的政治进步与否为唯一依据，而且也不能以政治上的成败论英雄。对于政治上反动、理论上“荒谬”的伦理学说，也要看它是否有合理因素，是否从反面促进了中国伦理思想的发展，从而正确地估价它在伦理思想发展中的意义。

第四，批判地继承。研究中国伦理思想史。实质上就是一个批判继承的过程。中国长期的封建社会形成的封建道德，影响深远。至今还严重影响着我们的道德生活。对它从理论上彻底进行批判。是中国伦理思想史研究的重要任务。研究中国伦理思想，不仅仅是为了批判他的消极影响，同时，更重要的是为了继承其优秀传统。而随着其封建糟粕的不断清除，继承其优秀传统的意义就会显得更为重要。为了继承，就得批判。批判是为了更好地继承。系统地清理总结历史上的道德遗产，批判地吸收其中的精华以及一切有价值的因素，这是共产主义道德形成和发展的必要条件之一。过去我们注意到了对封建道德传统的批判，却不承认在此基础上的继承。实际上，只要我们用科学的观点和方法去考察、分析，即便是那些已经过时了的东西仍有可以借鉴的东西存在。比如，姚鼐写的《小腆纪年》，记载了明崇祯皇帝自杀后，他的大臣们如何为他“杀身成仁”的史迹。今天看来，这种对腐朽、没落的封建帝王的愚忠是很可悲的，但为什么封建道德的影响和作用如此之深之大，成为一些人的内心信念，并发生这样的作用，这自然值得我们很好地研究。并且，封建道德还广泛而深入地渗透到穷乡僻壤，妇孺皆知，成为人们的行为准则和规范，这里同样有值得借鉴的内容。

发展马克思主义的新的伦理学理论，并在前人的基础上有所创新，这是大多数伦理学工作者的意愿。而要有所创新，一定要掌握马克思主义基本理论，了解这门学科发展中所提出和解决的问题，掌握该学科的历史。不学习和掌握马克思主义的基本理论，就谈不到正确的创新；而不学习和掌握历史，也就谈不到真正的创新。因而，了解和掌握中华民族千百年来伦理思想的成就和特点、弊端和缺陷、发展的连续性及其规律性，就为建立有中国特色的马克思主义伦理学理论打下坚实的基础。这就是我们学习和研究中国伦理思想史的意义所在。

第五，比较的方法。一是中西比较。要通过不同层次、不同方面的分析、解剖，更准确更深刻地把握中国伦理思想史和西方伦理思想史各自的长短优缺，从而清除中国传统伦理思想中的糟粕和尘垢。吸收西方伦理思想中的精华，扬长补短，建立崭新的中国特色的共产主义道德体系和马克思主义伦理学。这里要防止两种偏见：一种是认为只有中国道德和伦理学说最好，连西方都把目光投向中国传统道德和伦理思想，只有中国伦理道德才能挽救西方以至于整个世界道德的堕落沦丧；另一种是认为中国传统伦理道德一无可取，说什么中国伦理思想偏重于协调规范、束缚个性，没有奋斗自强的观念，而西方伦理思想则强调自我奋斗、个性发展，强调积极进取，因而主张抛弃中国传统，向西方学习。这两种看法都是片面的、错误的。事实上，中西伦理思想各有其长短优缺，我们的任务就在于去认识和发现它们，而不能浮光掠影式地主观臆断。二是相关学科的比较，即把中国伦理思想史同中国史和中国思想史的有关学科部门进行比较。例如，可以联系中国古代伦理政治化、政治伦理化的特点，把中国伦理思想史同中国政治思想史、法律思想史、政治制度史和法制史联系起来进行比较，研究伦理思想同政治法律思想和政治法律制度互相影响、互相渗透的内容和机制，从而更准确、更深刻地把握中国传统道德和伦理思想的特点、本质和社会作用。总起来说，不论哪一种比较，其目的都在于深刻认识中国伦理思想的特点和发展规律，进而为今天的道德实践和伦理学科研究服务。

中国古代儒家思想与政治统治*

中国古代儒家思想，发端于春秋末年的孔子（公元前551～公元前479），经过孟子（约公元前372～公元前289）的继承发展，形成了以孔孟思想为体系的一个学派。孟子之后，战国末年的荀子，是先秦诸子的集大成者，他在批判各家的同时，又进一步对这一思想加以发挥，使其具有了更为丰富的内容。汉代以降，儒学成为统治阶级所推崇的意识形态中的一个重要内容。宋明时期，这一思想又经过程颢（1032～1085）、程颐（1032～1107）、张载（1020～1077）、朱熹（1130～1200）、陆象山（1139～1193）、王阳明（1472～1528）等人的发展，从而成为在理论上更加深刻、体系上更加完备、方法上更加周密的一个学派。儒家思想，在中国历史上起着极为重要的作用。

在中国古代传统思想中，有着众多的学派，儒、墨、道、法，是其中最著名的四大学派，儒家又有着独特的地

---

* 原载《中外历史问题八人谈》，中共中央党校出版社，1998。曾收入《罗国杰文集》，下卷，734～779页，北京，中国人民大学出版社，2007。

位。春秋战国时期，儒家和墨家都曾被称为显学，即被称为在社会上有显著影响的学派，但墨家到后来，简直可以说是销声匿迹了；法家的学说，在当时的晋国和秦国，都很受重视，秦国从秦孝公开始，经过六代国君的努力，终于统一了中国，从意识形态的指导思想来看，法家的思想起了重要的作用；至于道家，它在长达两千多年的历史中，始终都有其特殊的影响。为什么其他三个学派，都没有儒家那么大的影响呢？其中的原因当然是很多的，我们可以举出很多，但我认为，其中最重要的原因有四个：一是儒家在产生、形成和发展的过程中，继承和发展了西周的政治哲学、世界观和道德思想，从某种意义上可以说，在孔子以前，儒家思想的主要内容就已经在当时的社会上存在了；二是中国古代社会在社会结构方面，家与国之间的特殊联系形成一种伦理政治，儒家思想在根本上适应、反映并体现了中国社会的这一特点；三是儒家学者始终都强调学术思想必须与政治结合，力求使自己的思想和理论能够经世致用，为当时社会的政治和经济服务；四是它强调了道德在人类社会生活中的重要作用，把道德视为维护国家安定、保持人际和谐、提高人的素质、完善人类社会的重要力量。从一定意义上，儒家认为，人和禽兽的区别，就在于禽兽没有道德，而人有道德。在研究和分析中国古代各个学派的时候，必须要考虑儒家所特有的这种情况。

墨家作为一个学派，也很重视理论和现实生活的结合，力求为人民大众的利益做出自己的贡献。为什么墨家在长达两千多年的历史时期内，始终没有受到统治者的重视呢？原因当然也是很多的，但主要的可能是两个：一个是他们提出的纲领有些超出了当时社会实际发展的可能；另一个是他们对道德的作用还强调得不够。法家作为一个学派，同儒家一样，是非常强调同政治相结合的，它极力主张革新和变法，力求富国和强兵，但由于它完全否认了道德的功用，在历史上被称为一个非道德主义的学派，在秦代以后，也就失去了它原有的地位。

儒家思想产生的一个重要原因，就是它是应当时社会发展的需要，为了“救时之弊”、“忧世之乱”而提出的治国安邦、济世救民之良方。由于它特别强调道德教育和道德感化的作用，因此，在国家处于战争、动荡、革命和混乱之时，总是不可能得到重视，甚至要受到各种各样的非难和嘲笑，往往被视为迂阔之见而不被那些注重功利的政治家们所采用。但是，在国家安定和社会处于和平发展的时期，在需要加强道德教育和提高人的素质的时期，就常常受到了统治阶级的重视。

儒家思想最突出的特点，是它特别强调道德精神，即所谓“仁”，它希望通过每个人的自觉努力，做到“仁者爱人”。儒家认为，一个人生活在社会中，最高的人生追求，就是要成为一个具有“仁”这种道德品质的“圣人”。在儒家看来，为学的目的，就是要提高自己的德性，学作一个有道德的人。儒家思想强调，社会应当明确而详细地规定各种政治、法律制度和道德规范，并以此来约束人的行为，这就是儒家所强调的“礼”。各种礼仪规范，都渗透着一种强烈的伦理道德要求，从而为维护当时的政治制度服务。因此，社会生活中的每个人，都应当消除自己头脑中不符合“礼”的错误思想，以达到“仁”的境界，这就是孔子所说的“克己复礼为仁”。儒家思想是一种为政治服务的伦理思想，又是一种伦理思想同政治的紧密结合。伦理政治化，政治伦理化，是儒家思想区别于其他学派的一个显著特点，也是儒家思想之所以能够在很长历史时期内成为统治阶级意识形态的一个根本原因。

儒家思想是在历史的长河之中，不断发展变化的。先秦是儒家思想的发生、形成的时期，汉代是儒家思想进一步发展和完善的时期，尤其是在伦理政治化方面，得到了进一步的发展。宋明时期，由于封建社会日趋走向衰落，国家经常处于患难之中，政府腐败情况不断加剧，儒家思想也随着走向极端和片面。为了维护封建王朝的统治，“三纲”的思想不断地加以强化，愚忠愚孝的思想也随之发展。

一

中国古代儒家思想的核心和内容究竟应当怎样来概括，自古以来，学者们都有不同的看法，有的学者认为儒家思想的核心的是“仁”，有的学者认为儒家思想的核心是“礼”。至于说儒家思想的内容，学者们的意见也就更多了。我个人认为，对于儒家思想的核心和内容，可以概括为五个方面：

（一）仁爱思想

孔子强调“仁”，认为仁者应当爱人。在人和人的相处中，他提出“反求诸己”和“能近取譬”的思想。他从所有的人都是同一个“类”的思想出发，主张人和人之间应当相爱。孔子认为，判断一个人有无道德或道德觉悟的高低，最重要的标准，就是看他能不能“爱人”。《论语》中记载：“樊迟问仁，子曰：爱人”，这是孔子对“仁”所作的既重要又深刻的解释。从《论语》中有关“仁”的大量论述来看①，最能代表孔子“爱人”思想的，就是《论语》中的四段话：“己所不欲，勿施于人”、“己欲立而立人，己欲达而达人”、“吾不欲人之加诸我也，吾亦无欲加诸人”、“能行五者（恭、宽、信、敏、惠）于天下为仁矣”。我们把这四段话联系起来，就可以理解孔子所说的“仁”的主要意义。在这

① 据统计，在《论语》一书中，提到“仁”字的地方，就有104处。

里，孔子把“仁”看做是一种最高的道德准则和道德品质。“爱人”就要设身处地为他人着想，就要拿自己作比喻。凡是自己不愿意的事，就不要加到别人的头上；凡是自己所希望能够有的，也要使别人能够有；自己所希望能够达到的，也要设法使别人达到。对一个统治者来说，就是要尽量地设法来满足人民的需要，要“因民之所利而利之”，即根据实际的情况，根据可能，使老百姓富裕起来，就是要“惠民”，要使人民得到实际的恩惠。孔子不但把“己所不欲，勿施于人”当做“爱人”的一个重要内容，而且还强调它的方法论意义，即把“己所不欲，勿施于人”当做一种人和人之间相处的根本方法，即他所说的“为仁之方”。孔子为什么要强调这一“为仁之方”呢？因为孔子认为，他所提出的这些有关“仁”的原则，应当成为一个有道德的人的一切思想和行为的动机、出发点和达到目的的手段。从另一方面来说，只要能从这些原则出发，一个人的行为，也就必然会合乎道德的要求了。

孔子的“爱人”，尽管在当时的社会中，奴隶主阶级不可能真正地去爱奴隶阶级，孔子和当时的贵族也不可能像对待奴隶主那样去对待奴隶，但这一思想的提出，或多或少反映了他对劳动人民的一种宽厚的思想，在当时和以后封建社会中，都有积极的意义。孔子的这一思想，经过孟子的发展，成了较系统的民本思想。

孟子进一步提出了所谓“民贵君轻”的思想，强调了不但人和人之间要相爱，而且作为统治者，更重要的是要爱民，即要爱护老百姓，否则，老百姓就会反对统治者，社会也就不可能得到稳定。孟子认为，一个统治者，要想使国家富强、保持自己统治的巩固，就必须要得“民心”。他说：“桀、纣之失天下也，失其民也；失其民者，失其心也。得天下有道：得其民，斯得天下矣；得其民有道：得其心，斯得民矣；得其心有道：所欲与之聚之，所恶勿施尔也。民之归仁也，犹水之就下、兽之走圹也。故为渊驱鱼者，獭也；为丛驱雀者，鹯也；为汤武驱民者，桀与纣也。今天下之君有好仁者，则诸侯皆为之驱矣。虽欲无王，不可得已。”(《孟子·离娄上》)孟子又说：“三代之得天下也以仁，其失天下也以不仁。国之所以废兴存亡者亦然。天子不仁，不保四海；诸侯不仁，不保社稷；卿大夫不仁，不保宗庙；士庶不仁，不保四体。今恶死亡而乐不仁，是犹恶醉而强酒。”(同上)

孟子认为，一个统治者，最重要的就是要得民心，而为了得民心就必须要有爱民的思想，因为，在他看来，统治者只要有了爱民的思想，他就能够尽量去满足老百姓的要求，老百姓想要的，他就会使他们得到；老百姓厌恶的，就决不加给他们。孟子认为，这一“爱民”思想是有着十分广泛和普遍的意义，它不但对于天子、诸侯等上层统治者是必要的，就是对于士大夫和老百姓来说，也都是有重要意义的。总之，我们可以看到，孟子在强调“爱人”是人和人之间的一个重要的道德原则的同时，又着重强调了“爱人”作为一个道德要求，对于统治者来说所具有的更为重要的意义。

荀子是春秋战国时期儒家思想的集大成者，他对儒家的“爱人”思想，也作了新的发展。荀子继承了孔子的思想，进一步更加明确地从“类”的高度来看待“人”所具有的特性。他说：“水火有气而无生，草木有生而无知，禽兽有知而无义。人有气、有生、有知，亦且有义。故最为天下贵也。”又说：“人，力不若牛，走不若马，而牛马为用，何也？曰：人能群，彼不能群也。人何以能群？曰分。分何以能行？曰义。故义以分则和，和则一，一则多力，多力则强，强则胜物。”(《荀子·王制》)因此，荀子强调人和人之间，应当保持相互之间的和谐。但是，荀子又看到：“人生而有欲，欲而不得，则不能无求。求而无度量分界，则不能不争。争则乱，乱则穷。”(《荀子·礼论》)怎样才能克服或者避免这种情况发生，并保证人和人之间的和谐呢？荀子特别强调了“礼”的作用。荀子认为，礼能够“养人之欲，给人之求”，每个人都要根据礼的要求和按照礼的规定，限制自己的欲望，想到在追求和满足自己的欲望时，还要想到别人的欲望，从而保持社会的稳定。与此同时，荀子在他所写的《富国篇》中，还着重强调了发展生产和改善直接生产者的生活的重要。

宋明时期，张载把儒家的“爱人”思想，又作了更广泛的解释，使儒家的这一思想，达到了一个新的高度。张载在他的《正蒙》中有一段话，虽然比较长，但是很重要，我们把它引在下面：

“乾称父，坤称母；予兹藐焉，乃混然中处。故天地之塞，吾其体；天地之帅，吾其性。民吾同胞，物吾与也。大君者，吾父母之宗子；其大臣，宗子之家相也。尊高年，所以长其长；慈孤弱，所以幼吾幼。圣其合德，贤其秀也。凡天下疲癃残疾、孤独鳏寡，皆吾兄弟之颠连而无告者也。”（《张子正蒙·西铭》）

这段话的意思是很深刻的。它的意思是说，乾坤就是人的父母。人禀气于天，赋形于地，在天地之中生活，是非常渺小的。我们人的身体，就是由于天地之间的可象之气构成的，我们每个人的人性，就是由天地之间的清通之神构成的。既然一切人都是由天地这一共同的父母所生的，因此，所有的人彼此都是亲兄弟；世界上的其他万物，都是人类的同伴和朋友。帝王和国君是我们所有的人的共同父母（天和地）的长子，他们的大臣是天地的长子家里的总管家，他们和所有的人也都是亲兄弟的关系。对于天下所有的年老人，我们都要尊敬，就如同尊敬我们自己家中的年长的人那样去尊敬；对天下所有的孤弱的人，我们都要慈爱，就如同我们对自己家中一切幼小的人那样去慈爱。社会中具有高尚道德的圣人，是与天地的道德相合的，一切有才、有德的贤能的人，都是我们兄弟中的优秀的人才。所有那些疲癃残疾、孤独鳏寡的人，都是我们兄弟中的颠连困苦而无处告诉的人，我们都应当对他们给予最大的关心和爱护。张载提出的“民吾同胞，物吾与也”的思想，是对儒家“爱人”思想的一个重大的发展，受到宋代以后思想家们的推崇，在中国哲学思想和伦理思想史上，产生了十分重要的影响。

（二）强调整体精神

在过去很长时期内，对于儒家思想的概括，往往忽视了蕴涵于儒家思想中的这一重要精神。从孔丘开始，在儒家思想中，国家利益、社会利益、民族利益和整体利益，都占有着特殊重要的地位。孔子认为，达到“仁”的唯一条件就是“克己复礼”，即克制自己一切不符合“礼”的思想和行为。《论语》中记载：“颜渊问仁。子曰：‘克己复礼为仁，一日克己复礼，天下归仁焉。’……请问其目。子曰：‘非礼勿视，非礼勿听，非礼勿言，非礼勿动。’”他对他的儿子特别强调“不学礼，无以立”，充分肯定了“礼”的重要。孔子说：“古也有志，克己复礼，仁也。”

在古代思想中，“礼”的内容很广泛，主要包括三个方面，即国家的政治制度的要求、法律准则的约束以及伦理道德的规范，一言以蔽之，“礼”代表着国家的利益、整体的利益、民族的利益和社会的利益。《左传》引君子的话说：“礼，经国家、定社稷、序民人、利后嗣者也。”（隐公十一年）“夫礼，天之经也，地之义也，民之行也。”（昭公二十五年）强调“礼不行，则上下昏，何以长世？”（僖公十一年）儒家在“礼”之外，又强调“义”，把“义”看做是与个人的“私利”相对立的公共利益。在个人对他人、对社会的关系上，儒家强调“义以为上”、“先义后利”，主张“见得思义”、“见利思义”，反对“见利忘义”、“以私废公”。孔子说：“君子喻于义、小人喻于利”，并不是把“君子”和“小人”看成是固定不变的两种相互对立的人格模式，而是提出了一种判断“君子”和“小人”的评价标准。如果“喻”于“私利”并按照是否能满足“私利”去行事，就会成为一个没有道德的“小人”；相反，如果能够“喻”于义，并按照义去行事，就会成为一个有道德的“君子”。在这里，“义”主要是指整体利益，“利”主要是指个人的自私自利。早在《尚书》中就提倡“以公灭私”，《春秋左氏传》中多次把“忠”和“公”联系起来，提出：“公家之利，知无不为，忠也”、“临患不忘国，忠也”。汉代初年的思想家贾谊又进一步提出“国而忘家，公而忘私，利不苟就，害不苟去，唯义所在。”宋代以后，儒家所强调的义利之辩，也同样是要强调国家利益、社会利益的重要，认为义利之辩的实质，就是公私之辩。朱熹认为“君子小人趋向不同，公私之间而已。”(《四书章句集注》)

早在春秋末期，孔子针对当时的社会动荡的情况，极力强调中央集权对一个社会的稳定和经济的发展，有着重要的意义。当然，从历史发展的观点来看，确实，他是站在保守方面的，是为了维护已经处于没落地位的奴隶社会服务的。但是，在今天，对于孔子的这些论述，我们还应当以历史唯物主义的方法，进行辩证的分析。在《论语·八佾》中，有两段孔子的话，是有关维护天子和当时的国家统治的，在过去，我们多是从批判的方面给予了全面的否定，这种否定和批判，应当说，基本上是正确的，但是，今天看来，我觉得还应当看到它的另外一个方面。《论语》中记载孔子谓季氏“八佾舞于庭，是可忍也，孰不可忍也。”孔子还针对当时“三家者以‘雍’彻”的情况说“‘相维辟公，天子穆穆’，奚取于三家之堂?”在这里，我们可以看到，孔子的正统思想和维护统治阶级的利益的立场是坚定的，他坚决反对各个诸侯国以下犯上的僭越行为，其中包含着孔子所一直强调的维护国家的整体利益的思想。什么是“八佾舞于庭”，为什么孔子对季氏这件事那么生气呢？季氏在当时，只是周王朝统治下的一个诸侯国中的大夫，爵位是很低的。根据当时的“礼”的规定，天子用八佾，诸侯用六佾，大夫则只能用四佾。孔子认为，季氏的做法，表明了他的僭越思想和行为，发展下去，就会犯上作乱，造成社会的混乱和国家的动荡，这是对社会和国家的最大的危害，所以孔子知道了这件事以后，非常生气，说这样的事季氏都能忍心做出来，还有什么事他不能狠心做出来呢？什么是“三家者以‘雍’彻呢?”孔子所指的三家，是指当时鲁国的大夫孟孙、叔孙、季孙三家。根据礼的规定，“雍”的音乐，是只能在天子举行祭礼的时候用的。孔子说，他们三家在举行祭礼完毕的时候，也叫乐工唱“雍”的诗，而这首诗所唱的内容则是“四方的诸侯都来助祭，天子严肃地在那里主祭”，这三家奏这样的乐，到底是什么意思呢？当然，在孔子看来，这是大逆不道的。在《论语·季氏》中，孔子又从另一个方面，论述了他的这一观点。他说：“天下有道，则礼乐征伐自天子出；天下无道，则礼乐征伐自诸侯出。自诸侯出，盖十世希不失矣；自大夫出，五世希不失矣；陪臣执国命，三世希不失矣。天下有道，则政不在大夫。天下有道，则庶人不议。”孔子发了这么大的议论，究竟说的是什么意思呢？孔子所说的“道”的意义和内容是很广泛的，这里，主要指的是一个社会的统治秩序，如果一个社会的统治秩序得到巩固，孔子就认为是天下有道，否则，就是天下无道。那么，判断一个社会是否巩固的标准是什么？孔子认为，一个很重要的标准就是看它的中央政府的权威，看它的政令能不能在全国得到贯彻。如果周天子的大权旁落到诸侯国的国君的手上，大概经过十代很少有不垮台的；如果是落到诸侯国的大夫的手上，那么经过五世很少有不垮台的；如果落在大夫的家臣的手里，经过三代很少有不垮台的。所以孔子说，“天下有道”，国家政权就不能落在各个诸侯国的手里。由此可见，孔子强调，为了保持社会的安定，为了维护一个社会的统治秩序，加强中央领导的权威是非常重要的。当然，我们应当用马克思主义的历史唯物主义来分析这个问题，孔子所要维护的是奴隶主阶级的统治，他所说的中央集权，是一种剥削阶级对被剥削阶级的压迫和统治，这是应当彻底否定的。但是，孔子思想中的这一精神，对中国社会的发展是有重要影响的，对它在历史上所起的作用，也要作辩证的分析。在今天，国家政权和中央领导的权威，是建立在广泛的人民大众的民主和自由的基础之上的，这是我们必须认识清楚的。

儒家的整体主义思想，对弘扬中华民族的爱国主义，起了重要作用。从孟子的“杀身成仁”、“舍生取义”，到范仲淹的“先天下之忧而忧，后天下之乐而乐”，直到顾炎武的“天下兴亡、匹夫有责”和林则徐的“苟利天下生死以，岂因祸福避趋之”，都可以说是从中国古代儒家的整体主义出发的。

（三）提倡人伦价值

儒家强调每个人在社会人伦关系中的地位及其所应有的义务与权利。人在社会生活中，必然会发生各种不同的关系，因此，就必须要有各种不同的规范来调节人们的各种不同的关系。中国传统伦理道德的一个重要的特点，就是它非常重视每个人在人伦关系中的地位及其价值，强调每个人都必须要根据规范的要求，来尽自己应尽的责任。我们可以看到，早在《尚书》中就提出了“五教”的思想。根据《尚书·舜典》中的记载，在当时，“五教”已经成为社会上人们公认的五条重要的道德规范。据说，舜在未继承尧的帝位以前，就非常注意自己的道德修养，涵养“父义”、“母慈”、“兄友”、“弟恭”、“子孝”这五种人伦要求。后来，他继承了帝位，就委派当时一个叫契的人为掌管教育的司徒，并且对契说：“契，百姓不亲，五品不逊。汝作司徒，敬敷五教，在宽。”这意思是说，在老百姓中间，父母兄弟子女之间都不和顺，现在让你去作司徒，要认真地进行五种教育，要注意对他们宽厚。这里所说的五种教育，就是“父义、母慈、兄友、弟恭、子孝”。在《左传·文公十八年传》中，季文子引臧文仲之言，使史克告曰：“高辛氏举八元，使布五教于四方：父义、母慈、兄友、弟恭、子孝，谓之五教。”在《左传·昭公二十六年》中记载了齐国的晏子同齐侯的一段对话，晏子告诉齐侯说：“礼之可以为国也久矣，与天地并。君令、臣共、父慈、子孝、兄爱、弟敬、夫和、妻柔、姑慈、妇听，礼也。君令而不违，臣共而不贰，父慈而教，子孝而箴；兄爱而友，弟敬而顺，夫和而义，妻柔而正；姑慈而从，妇听而婉：礼之善物也。”在这段话中，晏子对中国古代的道德规范“十义”，作了一个更为全面的解释。

孔子继承了春秋以前关于五教的思想，在上述这些关系中，孔子尤其重视父子关系和君臣关系在各种人伦关系中的地位和作用。《论语》中记载，当齐景公问孔子如何治理国家时，孔子回答说：“君君、臣臣、父父、子子”。(《论语·颜渊》)这就是说，要想治理好一个国家，首先要做到，做国君的要像个做国君的样子，做臣子的要像个做臣子的样子，做父亲的要像个做父亲的样子，做儿子的要像个做儿子的样子，如果君臣父子都能够履行自己在人伦关系中所应尽的责任，那么，国家也就自然可以治理得很好了。孔子特别重视“孝”，把“孝顺父母”看做是人和人一切关系的出发点，从而达到维护封建社会的整体利益和国家利益的目的。正是从这一要求出发，“孝”被称为一切道德的根本，是所有教化的出发点。《论语》开宗明义第一章就提出："其为人也孝悌，而好犯上者，鲜矣，不好犯上；而好作乱者未之有也。君子务本，本立而道生。孝悌也者，其为仁之本欤！"（《论语·学而》）孔子认为，对父母不但要养，而且要敬。他说："今之孝者，是谓能养。至于犬马，皆能有养，不敬何以别乎？"（《论语·为政》）儒家强调"孝子之有深爱者必有和气，有和气者必有愉色，有愉色者必有婉容。"（《礼记·祭义》）儒家思想认为，可以从一个人对待父母的态度，来推断他对待国家、民族的态度，只有对自己的父母孝顺，才能够对国家忠诚。如果对抚育自己的父母都不能爱，又怎样希望他去爱国家、爱民族呢？所谓"求忠臣于孝子之门"，也正是从这一前提出发的。到了战国时期，孟子根据当时社会中的人伦关系的新的情况，也概括为五个大的方面，并提出了处理关系的准则，即"父子有亲、君臣有义、夫妇有别、长幼有序、朋友有信"。孟子所提出的这五种人伦关系，包括了父子、君臣、夫妇、长幼、朋友之间的相互关系，并提出了处理这五种关系的五个不同的原则。父子有亲，是说父母对子女应当慈爱，子女对父母应当孝敬；君臣有义，是说国君对臣子有礼，臣子对国君应当尽忠；夫妇有别，是说丈夫应当主管外面的大事，妻子只应管理家内的事情；长幼有序，是说年长的应当在前面，年幼的应当有秩序地在后面；朋友有信，是说朋友之间，相互都要诚实守信。孟子所概括的这五种人伦关系，基本上反映了当时人际关系的实际情况，他所提出的处理这五种关系的五个原则，对于调整当时的人和人之间的各种关系，是有利的。正因为如此，它在历史上受到人们的重视，并且发生着重要的影响。汉代以后，思想家们为了更好地调整不断变化着的人际关系，相继提出了一些新的原则，如董仲舒提出了"仁、义、礼、智、信"五常，宋代的思想家们又提出了所谓

“忠、孝、节、义”四大德目等，并不断强化在人伦关系中每个人的责任，强调人伦价值的重要意义。

（四）追求精神境界和理想人格

追求精神境界，向往理想人格，是儒家思想的一个重要内容。孔子主张，在物质生活基本满足的情况下，把追求崇高的理想人格，作为人生诸种需求中一种高层次的需求。他甚至认为，即便在物质生活条件极端困苦的情况下，只要抱有一种高尚的追求，仍然可以生活得乐观愉快、奋发有为。他认为他的学生颜回，就具有了这种境界。他说：“贤哉，回也！一箪食，一瓢饮，在陋巷，人不堪其忧，回也不改其乐。贤哉，回也！”（《论语·雍也》）孔子谈到他自己时也说：“饭疏食，饮水，曲肱而枕之，乐亦在其中矣。不义而富且贵，于我如浮云。”（《论语·述而》）这里的意思是，由于孔子已经具有了一种崇高的人生追求，所以尽管是只能吃粗粮、喝白开水，穷得睡觉时弯着胳膊当枕头，在这样的生活中也是有很大乐趣的；相反，对于那些用不正当的手段所得到的富贵，对孔子来说，就像天空中的浮云一样，不会去理会它。叶公问孔子的学生子路，怎样评价孔子的为人，子路不知道怎样回答。孔子知道后对子路说：“其为人也，发愤忘食，乐以忘忧，不知老之将至云尔。”（《论语·述而》）正因为孔子自己有这种精神，所以他也能特别称赞颜回的这种精神。宋代的儒学家程颢、程颐在教导他们的学生时，还特别要他们寻找和体会，为什么在艰苦的条件下，孔子和颜回会有这样的快乐，这就是儒家所说的“孔颜之乐”。儒家所强调的这种对崇高理想人格的追求，又往往成为实现“杀身成仁”、“舍生取义”、无私奉献、勇于牺牲和爱国爱民的精神支柱。从《论语》中所强调的孔、颜之乐，到《孟子》中的“忧乐天下”和“富贵不能淫、贫贱不能移、威武不能屈”以及“唯义所在”，就是这种追求在人生中的体现。儒家所提倡的这种对崇高理想人格的追求，又总是同“自强不息”、“刚健有为”、“奋发图强”、“知其不可而为之”的持生态度联系在一起的。尽管这种崇高的追求，对一般人来说，并不能“一蹴而就”，甚至很难达到，但是儒家强调，即使是“虽不能至”，仍然要抱着“心向往之”的执著追求，持之以恒地不断努力。

在追求精神境界和理想人格方面，孟子提出了“天爵”和“人爵”的不同。孟子说：“有天爵者，有人爵者。仁义忠信，乐善不倦，此天爵也。公卿大夫，此人爵也。”(《孟子·告子上》)孟子所说的“天爵”，就是由一个人的道德行为、道德品质在人民群众中所自然形成的一种道德“爵位”，这是一种最高尚的“爵位”，是一个人的人格价值的最高体现。他所说的“人爵”，就是他在社会上所获得的政治爵位，它只能由别人所给予而又随时可能被别人所罢去的一种职位，所以它同一个人的人格价值并无必然的联系。针对当时社会中的一些人只知道追求权势而不要道德的情况，孟子又说：“古之人，修其天爵，而人爵从之；今之人，修其天爵，以要人爵，既得人爵而弃其天爵，则惑之甚者也，终亦必亡而已矣。”(同上)孟子认为，古时候的人，修养自己的道德爵位，政治爵位也就随着来了；现今的人修养自己的道德爵位，却是为了追求自己的政治爵位，而一旦获得了官场中的政治爵位，也就把道德爵位抛弃了，这是一种非常糊涂的想法，其结果是连自己的政治爵位也不能保住。他还提出了所谓“良贵”的思想。他认为，一个人在一生中，一定会有许多追求，其中最值得追求的，并不是权力和爵位，而是自己的道德人格。他说：“欲贵者，人之同心也。人人有贵于己者，弗思耳。人之所贵者，非良贵也。赵孟之所贵，赵孟能贱之。”(同上)孟子认为，追求富贵是所有的人的共同愿望，这是大家都承认的。但是，对每一个人来说，都有一个对自己来说最贵重、最值得追求的东西，但这却是许多人所不曾仔细考虑的。孟子提出，这个最值得追求的东西就是他所说的“良贵”。“贵”，在中国古代有贵重和值得追求的意思，用今天的话来说，就是有“价值”。因此，所谓“良贵”，就是最有价值，最值得人们追求的东西。这个东西是什么呢?在孟子看来，就是高尚的道德追求和理想人格。

在追求崇高的精神境界上，儒家把“至善”作为最高的道德境界，把“圣人”作为最完善的理想人格。在儒家的经典《大学》中，提出了“大学之道，在明明德，在新民，在止于至善”，认为学习的目的在于：一是要明悉自己本有的善良的德性；二是要把自己明悉了的善良的德性推以及人；三是要努力使自己的品德修养，达到“至善”的最高的境界。儒家认为，至善虽然是一个极高的道德境界，每个人不一定都能够达到，但是，为了修养自己的品德，都应该而且必须知道有一个最后当止的境界。只有认识了和明确了这样一个最高的境界，一个人的修养，才能有一个明确的目标。如果没有至善这样的目标，在修养的过程中，往往就会迷失方向。

(五)强调修养践履的重要

儒家认为，为学的目的就是要“陶冶性情”、“变化气质”，从而达到成圣成贤的目的。因此，在树立崇高的理想信念和道德人格的同时，儒家认为，最重要的就是要通过“修身”、“躬行”来达到提高道德品质的目的。

儒家从“人性善”出发，认为人人都有与生俱来的“恻隐”、“羞恶”、“辞让”、“是非”之心的“四端”，只要能发扬“本心”、启迪“良知”，再通过长期的切磋琢磨，就可以达到尧舜的道德水平。孔子提倡“修己”、“克己”，提倡“见贤思齐焉，见不贤而内自省”、“见善如不及，见不善如探汤”，曾子要求自己每日“三省吾身”，孟子更主张

“养性”、“养身”、“善养吾浩然之气”。宋明道学家们更加在修养的“功夫”上用力，强调自省、存养、克治、知耻、慎独和躬行的重要。

在中国古代儒、墨、道、法的思想中，儒家不但特别重视修养，而且尤其重视所谓“修养的功夫”，即强调要用种种修养的手段，以求达到修养的目的。儒家认为，一个社会的道德规范和道德原则确立之后，最重要的就是要使这些道德原则和道德规范能够很快地转化成人们的思想品德和行为实践，养成良好的道德习惯，形成完善的道德人格。如果一个社会的道德原则和道德规范不能够在人们的思想和行为中发生作用，那么，一切道德教育和道德要求，都只能是一句空话。正是由于这样一个原因，儒家把修养的功夫，看做是解决这一问题的根本的保证。早在孔子的时候，他就非常强调“克己”、“内省”、“修己”和“自省”等，但是，孔子对这些修养的方法和要求，没有作详细的发挥。孔子的学生曾子，虽然把“吾日三省吾身”作为自己修养的要求，并规定了修养的三个方面的内容，但也没有具体地说明他到底是如何进行修养的。孟子进一步发展了孔子的思想，在提出“修身”、“养性”和“我善养吾浩然之气”的同时，又进一步回答了何为“浩然之气”的问题，谈了他是如何修养那种“浩然之气”的。孟子认为，他所说的“浩然之气”，是一种“至大至刚”的正气，如果能够不去伤害它，而且用正义去培养它，它就能“塞于天地之间”，即充满了上下四方，无所不在。一个人如果能够具有这种正气，他就能够不受外界一切邪恶的引诱，保持自己的善良的本心，就能够为一切正义的事业而献身，成为一个道德高尚的人。他认为，在天即将黎明的时候，一个人的思想正处于一种能够清醒辨别善恶是非的情况之时，因此，应当很好地进行修养和反省。他指出，这种“浩然正气”，必须与“义”和“道”相配合，它是长期的“正义”的思想和行为积累而成的，不是偶然的正义行为所能取得的，只要做一件有愧于心的不道德的事，那种“浩然之气”也就疲软了。他一方面强调要认真地去培养这种“浩然之气”，另一方面又指出，这种“浩然之气”的培养必须遵守循序渐进的规律，要持之以恒，不能拔苗助长。到了宋明时代，由于受到道家的思想、特别是佛家思想的影响，儒家的修养的理论和实践，有了更进一步的发展，更加重视所谓“修养的功夫”。宋明的理学家们，大多数都强调“静坐”和“内省”的意义，认为这是道德修养的一个最基本的方法。

儒家的经典《大学》中明确提出，“修身”是齐家、治国、平天下的前提和基础，也是儒家所以强调“修身”的根本的目的。为了使一个国家能够国泰民安、兴旺发达，儒家强调“自天子以至庶民，一是皆以修身为本”。一个人如果不重视“修身”，也就根本不可能去治国和平天下。所以说，要想使国泰民安，就必须要在全国人民中间，强调道德修养的重要。《大学》中又说：“其本乱而末治者，否矣，其所厚者薄，而其所薄者厚，未之有也。”这就是说，从最高的国君，到最下层的老百姓，每一个人的道德修养是最根本的。犹如树的根和叶的关系一样，只有根深，才能叶茂。国家的兴旺犹如一棵树的茂盛的枝叶，只有树根很深，树叶才会茂盛，如果树根枯萎了，又怎么能有茂盛的枝叶？在儒家的人性论中，孟、荀各执一端，一个主张发扬人的善良本性，一个主张要加强教育来“化性起伪”；一个是“反身而诚”，一个是礼法教化，但都主张通过教育和修养来提高人的道德品质，以达到成圣成贤的目的。

二

从上面的分析中，我们可以看到，中国儒家虽然是一个学术派别，但这个学派又是同政治密切相联系的，是以治国安民、经世致用、稳定社会、协调关系、完善人的德性为最终目的的。儒家思想强调，在治理国家、对国家进行管理时，最主要的有以下五个原则：

（一）利民、富民和教民、导民

儒家认为，在治理国家时，一方面要利民、惠民和富民，另一方面更要教民、化民和导民。管理国家的统治阶级，既要使老百姓能够富裕起来，又不要使他们有争财夺利之心，即既要使他们得到利益，又要减少和消除他们的自私自利的思想。

孔子主张“因民之所利而利之”，这是孔子教导他的弟子从政的一个主要原则。什么是“因民之所利而利之”呢？就是说，要根据老百姓的要求和实际可能，使他们得到能够得到的利益。因为，只有这样，才能够达到孔子所说的“惠而不费”的目的，即既能使老百姓得到实际的恩惠，又不要花费国家的支出。在《论语》中我们可以明确地看到，孔子认为，一个有道德的人决不应当追求个人的私利，另一方面，他又主张要给老百姓以利益。他还强调，对老百姓要“恭、宽、信、敏、惠”。所谓“惠”，就是要给老百姓以恩惠，因为“惠则足以使人”；他还特别同他的弟子冉有谈到治理一个人口众多的卫国时，首先就是要设法使这个国家的老百姓富起来。据《论语》中记载：“子适卫，冉有仆。子曰：‘庶矣哉！’冉有曰：‘既庶矣，又何加焉？’曰：‘富之。’曰：‘既富矣，又何加焉？’曰：‘教之。’”孔子还认为，在“富民”、“利民”和“惠民”的同时，要注意“均”。他说，“不患贫而患不均”，他认为“均无贫”、“和无寡”，强调人和人之间不应该贫富差距过大，否则就引起患乱，而人和人之间的和谐，对一个国家的稳定是最重要的。

孔子在注重“富民”、“利民”和“惠民”的同时，又特别强调“君子喻于义，小人喻于利”。他认为，如果一个人只知道追求个人的私利，这个人就必然会成为一个没有道德的小人。他还说，在人与人的相处中，如果一个人只知道按照个人的私利去行事，就会招来周围人对他的怨恨，即他所说的“放于利而行，多怨”。孔子所说的“利”，在大多数的情况下，主要是指个人的私利，因此，儒家认为“欲利于己，必害于人，故多怨”。另外，当孔子的学生子夏问如何从政时，孔子说：“无欲速，无见小利。欲速则不达，见小利则大事不成。”这里，孔子认为，在政治上要从长远的观点看问题，不要仅仅注意眼前的狭隘的利益而忽视了根本的利益。总之，为了成“大事”，就不能看到“小利”。这是儒家的政治思想。《孟子》继承并发展了孔子的这一思想，对此作了进一步的论述。孟子认为：“民事不可缓也，诗云：‘昼尔于茅，宵尔索绹。亟其乘屋，始播百谷。’”(《孟子·滕文公上》)统治阶级最重要的就是要使老百姓有必要的物质生活条件，使他们有一定的物质生活保证，才能使他们有稳定的、健康的思想。也就是说，只有使老百姓有一定的产业的收入，他们才能遵守一定的道德观念和行为准则。这就是他的“恒产”、“恒心”说。下面两段话，可以代表孟子的这一思想：

“民之为道也，有恒产者有恒心，无恒产者无恒心。苟无恒心，放辟邪侈，无不为已。及陷乎罪，然后从而刑之，是罔民也。焉有仁人在位罔民而可为也?”(同上)

“是故明君治民之产，必使仰足以事父母，俯足以畜妻子，乐岁终身饱，凶年免于死亡。然后驱而之善，故民之从之也轻。”(《孟子·梁惠王上》)

“五亩之宅，树之以桑，匹妇蚕之，则老者足以衣帛矣。五母鸡、二母彘，无失其时，老者足以无失肉矣。百亩之田，匹夫耕之，八口之家足以无饥矣。”(《孟子·尽心上》)

只有使老百姓有“恒产”，才能有“恒心”，否则，忍饥受寒，老百姓就会胡作非为、违法乱纪，什么事都可能做得出来。等到他们犯了罪，然后去加以处罚，这等于陷害。哪有有道德的人掌握政权却做出陷害老百姓的事呢？

所以说，一个英明的君主在规定人们的产业时，一定要使他们对上能赡养自己的父母，对下能够养活自己的妻子和儿女；如果遇到了好的年成全家都能够丰衣足食，不幸碰上了坏年景也不至于饿死。然后再引导他们走上善良的道路，老百姓也就能够很容易的听从了。

那么，对于老百姓来说，一个家庭应当有哪些基本的条件需要满足呢？孟子提出了他自己的标准。用五亩的地方来盖房屋，并在房下栽培桑树，由妇女来养蚕缫丝，老年人也就能够有足够的丝和棉来穿了。在家中能养五只母鸡，两只母猪，并使它们不断繁殖，老年人就可以有足够的肉吃了。每个家庭能够分到一百亩的土地，由男人们去耕种，八口人的家庭，也就可以吃饱饭了。

孟子在强调“恒产”的重要时，更强调要“教民”，最重要的就是要去掉老百姓的争利求名之心。《孟子》一书开宗明义第一章，就是对梁惠王的对话。他说：“万乘之国，弑其君者，必千乘之家；千乘之国，弑其君者，必百乘之家。万取千焉，千取百焉，不为不多矣。苟为后义而先利，不夺不餍。”（《孟子·梁惠王上》）因此，如果一个国家内的人，“上下交征利”，那么这个国家也就危险了。孟子认为“未有仁而遗其亲者也”，从统治者的利益出发，最重要的是要教育人民去掉争“利”之心。

在汉代，儒家学者复兴了儒学，进一步发展了儒学教民、导民的思想，并使之与统治阶级的意识形态结合起来。《周礼》治民思想有二：一是大宰之“八统”（一曰亲亲，二曰敬政，三曰进贤，四曰使能，五曰保庸，六曰尊贵，七曰达吏，八曰礼宾）；二是大宰之“九两”（一曰牧，以地得民；二曰长，以贵得民；三曰师，以贤得民；四曰儒，以道得民；五曰宗，以族得民，六曰主，以利得民；七曰吏，以治得民；八曰友，以任得民；九曰薮，以富得民），根据其总的精神，施教是其核心部分。汉代的统治者将施教于万民作为国策固定下来，以后的统治阶级有所增损，对中国社会产生极其重要的影响。

（二）德教为先

在治理国家中，儒家主张“明德慎罚”、“德主刑辅”和“德教为先”的思想，也就是在法治和德教的关系中更加重视道德教育的作用。

从中国的政治统治的历史来看，先秦是儒、法并行时期。秦国则是先秦各个诸侯国中一个强调法治、实行严刑峻法的国家。秦国从秦孝公采纳商鞅的意见，实行变法之后，彻底地批判并否定了儒家的“德治”的思想，把“法治”作为治理国家的唯一的指导原则。根据商鞅奖励耕战、发展农业、增加生产、扩大军备的政策，经过一百多年的努力，终于结束了长达几百年的战乱和动荡时期，实现了中国的统一。但谁也没有想到，秦国在取得了这个伟大的胜利之后仅仅十四年，秦朝竟被灭亡。汉代建立政权后，在长达一百多年的时间内，政治家、思想家们进行了一次如何接受秦亡教训的大讨论，从而进一步肯定并发展了儒家的这一“德主刑辅”的思想。

儒家在治理国家中的“德主刑辅”的思想，可以追溯到西周初期的周公姬旦。西周的统治者们取代了商朝的统治以后，继承了商朝的王权神授的思想，宣称他们是受天之命来统治国家的。周公根据商朝滥用刑法最终导致灭亡的教训，提出了一个统治者一定要“以德配天”和“敬德保民”，主张通过自身道德的提高和加强对老百姓的道德教育来感化老百姓，强调要“明德慎罚”。西周的统治者们看到“天命靡常”，也就是说，天命不会老是让哪一姓来统治一个国家，只有那些有德的人，才能得到上天的保佑。正因为“皇天无亲，唯德是辅”(《尚书·蔡仲之命》)，所以，对于统治者来说，最重要的就是要自己“有德”，并且能够对老百姓少用“刑罚”，多进行道德教育。孔子继承了周公的思想，提出“道之以政，齐之以刑，民免而无耻；道之以德，齐之以礼，有耻且格”(《论语·为政》)的思想。这就是说，在政治统治方面，如果只用政令来教导他们，用刑法去约束他们，老百姓可以免于犯罪而不知道犯罪是可耻的。如果能用道德教育来感化他们，用道德规范来约束他们，老百姓不但不犯罪，而且还知道犯罪是可耻的，这样就能够提高人们的道德品质，改善社会的道德风尚。对于一个统治者来说，孔子强调要“为政以德，譬如北辰，居其所而众星拱之。”(同上)意思是说，如果一个国君能够以“德”来统治老百姓，他就会像北斗星一样，坐在那里不动，而别的众星就会围拱着他。孟子强调“仁政”，使“德治”思想得到了进一步的发展。

孟子认为，在治理国家方面，有两种根本不同的方法和道德，一个是他所赞成的“王道”，另一个就是他所反对的“霸道”。他反对一个统治者用强力的方法，使老百姓服从，主张用道德感化的方法，使老百姓心悦诚服。他说：“以力假人者霸，霸必有大国；以德行仁者王，王不待大。汤以七十里，文王以百里。以力服人者，非心服也，力不赡也；以德服人者，中心悦而诚服也，如七十子之服孔子也。”(《孟子·公孙丑上》)孟子所说的“力”，也就是人们所说的“刑罚”的强制；他所说的“德”，就是人们所说的“德教”。在治理国家中，孟子特别强调礼和乐的教化作用，他所大力称赞的“王道”，基本上来说，一个是统治者自己要有道德，另一个是必须要用道德感化的方法来教育人民，不要用压服的手段来对待老百姓。

汉代贾谊、陆贾等人进一步分析了刑罚和道德的本质作用。贾谊认为："凡人之智，能见已然，不能见将然。夫礼者禁于将然之前，而法者禁于已然之后，是故法之所用易见，而礼之所为生难知也。"(《汉书·贾谊传》)贾谊认为，道德教育的作用，"贵绝恶于未萌，而起教于微眇，使民日迁善远罪而不自知也"(同上)，因此，道德教育和感化的目的，就是要"以德去刑"，所以孔子说："听讼，吾犹人也，必也使勿讼乎。"贾谊认为一个社会的安危，都是有许多事情不断积累而造成的，"安者非一日而安也，危者非一日而危也，皆以积渐然，不可不察也。人主之所积，在其取舍。以礼仪治之者，积礼仪；以刑罚讼治之者，积刑罚。刑罚积而民怨背，礼仪积而民和亲。故世主欲民之善同，而所以使民善者或异：或导之以德教，或驱之以法令。导之以德教者，德敬洽而民气乐；驱之以法令者，法令极而民风哀，哀乐之感，祸福之应也。"贾谊这篇被鲁迅称作"西汉一代最好的政论"的《治安策》，是他写给汉文帝的治国纲要。毛泽东同志说，这篇文章"全文切中当时事理，有一种颇好的气氛，值得一看"。强调"德治"的重要、对德治与法治的不同作用的深刻的分析，是这篇论文的一个主要内容和指导思想。

汉初的思想家们，都特别注意研究秦亡的原因，他们认为，只有正确认识了秦始皇灭亡的原因，才能够从中吸取教训，从而巩固汉朝的统治。

贾谊认为：

"及至始皇，奋六世之余烈，振长策而御宇内，吞二周而亡诸侯，履至尊而制六合，执敲朴以鞭笞天下，威震四海。南取百越之地，以为桂林象郡，百越之君俯首系颈，委命下吏。乃使蒙恬北筑长城而守藩篱，却匈奴七百余里，胡人不敢南下而牧马，士不敢弯弓而抱怨。于是废先王之道，焚百家之言，以愚黔首。隳明城，杀豪俊，收天下之兵聚之咸阳，销锋鍉，铸以为金人十二，以弱天下之民。然后践华为城，因河为池，据亿丈之城，临不测之溪以为固；良将劲弩守要害之处，信臣精卒陈利兵而谁何。天下已定，秦王之心，自以为关中之固，金城千里，子孙帝王万世之业也。”（《过秦论》）

从贾谊的这段话来看，在秦始皇消灭六国而统一中国之后，军事、政治的力量都十分强大，威震四海，本来是一个长治久安的大好事业，对国家的兴旺发达有着极为美好的前景。而且，经过春秋战国特别是战国末年的一百多年的大规模的战乱，人民也极其希望有一个安定的环境，“夫寒者利短褐，而饥者甘糟糠，天下之嗷嗷，新主之资也；此言劳民之易为仁也”（同上），在贾谊看来，只要有一般的领导能力，正确地使用贤良的臣子，适当满足老百姓的要求，大家就会很高兴地安居乐业，任何图谋不轨的人都不会得到人民的支持。

但是，谁也没有想到，这么强大的一个秦国，竟然在秦始皇统一六国后短短的十四年的时间，遭到了彻底的覆灭。而陈涉是一个“瓮牖之子，氓隶之人，而迁徙之徒，才能不及中人，非有仲尼、墨翟之贤，陶朱、猗顿之富”，“率罢散之卒，将数百之众而转攻秦。斩木为兵，揭竿为旗，天下云集响应，赢粮而景从，山东豪杰俊遂并而亡秦矣”，一个小小的秦国，经过一百多年的六个国君的努力所最终建立起来的一个大国，秦始皇本来想一世、二世一直传到万世的天下大业，在他死后还“坟土未干”的时候，就很快地灭亡了，这到底是什么原因呢？贾谊认为就是：“仁义不施而攻守之势异也。”贾谊的意思是说，秦朝的统治者，在取得全国胜利以后，形势已经发生了根本的变化，没有认识到在新情况下仁义道德的重要作用，以致原有的人人争夺、相互争利的思想不断发展。由于当时的统治者不懂得“安民可予行义，危民易于为非”的道理，最终导致了自己的灭亡。

儒家在强调道德教化重于刑罚的同时，也强调刑罚的重要，因为这是每一个统治阶级为维护政权所必需的。在孔子活着的时候，郑国发生了“盗”乱，郑国对此进行了镇压。《左传》中记载了这件事，说孔子知道后，说了一段很重要的话：“郑子产有疾，谓子大叔曰：‘我死，子必为政。惟有德者能以宽服民，其次莫如猛。夫火烈，民望而畏之，故鲜死焉。水懦弱，民狎而玩之，则多死焉。故宽难。’疾数月而卒。大叔为政，不忍猛而宽。郑国多盗，取人于萑苻之泽。大叔悔之曰：‘吾早从夫子，不及此。’兴徒兵以攻萑苻之盗，尽杀之。盗少止。仲尼曰：‘善哉，政宽则民慢，慢则纠之以猛。猛则民残，残则施之以宽。宽以济猛，猛以济宽，政是以和。’”(《左转·昭公二十年》)从这里就可以清楚地看出，孔子虽然强调道德教育的重要，但为了维护统治阶级的政权的稳定和巩固，对于犯上作乱的人，他还是主张要坚决加以镇压的。孔子也认为，“政宽则民慢”，即只进行道德教育而不用法律制裁，老百姓就会怠慢而不守规矩，甚至会犯上作乱，所以必须要“纠之以猛”，即对他们施以刑罚。如果只知道用刑罚来镇压人民，那么老百姓就会残忍和暴戾，应当及时地“施之以宽”。自从孔子讲了这句话之后，“猛以济宽，宽以济猛，政是以和”的思想，就成了儒家的既要“刑罚”又要“德教”的两手并用的思想，人们把它简称为“猛宽相济”。

(三)统治者要“以身作则”

在政治统治中，儒家强调统治者“以身作则”的重要作用。孔子讲过很多这样的话。他说：“政者正也，子率以正，孰敢不正?”(《论语·颜渊》)“苟正其身矣，于从政乎何有？不能正其身，如正人何?”(《论语·子路》)孔子还特别重视统治者所颁行的政令能否得到执行，是同国家统治者自身的“正”与“不正”有密切关系的，“其身正，不令而行，其身不正，虽令不从”。当鲁国的大夫季康子问孔子如何治理国家时，孔子特别强调，如果统治者能够以身作则，他的道德还能够对人民起到道德感化的作用。《论语》记载：“季康子问政于孔子曰：‘如杀无道，以就有道，何如?’孔子对曰：‘子为政，焉用杀？子欲善而民善矣。君子之德风，小人之德草，草上之风，必偃。’”(《论语·颜渊》)

季康子认为，治理一个国家，应该先杀掉那些无道的人，用以成就那些有道的人。但孔子不同意他的话，却提出了一个统治者在道德上“以身作则”的重要。他的意思是说，君子的品德好比是风，小人的品德好比是草，风吹到草上，草就必定会跟着倒向风吹的方向去。在以身作则方面，儒家的从政道德，尤其强调自身廉洁的重要。孔子甚至认为，如果国君能够克制自己的欲望，朴素廉洁，老百姓就会受到感化，也就不会有追求享乐、生活侈靡和抢劫别人财物的行为。《论语》中记载：“季康子患盗，问于孔子。孔子对曰：苟子之不欲，虽赏之不窃。”对于一个从政者来说，孟子更特别强调，一个有道德的人，在取与不取之间，应当以身作则。他说：“可以取可以不取，取伤廉。”这就是说，对于那些可以拿来归于自己，也可以不拿来归于自己的东西，就不要去拿。拿了这些东西，虽然并不违反法律和道德，但对于一个从政的人来说，却伤害了自己的廉洁。三国时蜀汉政治家诸葛亮说：“非法不言，非道不行，上之所为，人之所瞻也。……故人君先正其身，然后乃行其令。身不正则令不从，令不从则生变乱。”(《诸葛亮集·便宜十六策》)明代的著名思想家、道德家薛瑄更进一步指出，“廉”也有高低层次之分。他说：“世之廉者有三：有见理明而不妄取者，有尚名节而不苟取者，有威法律、保禄位而不敢取者。见理明而不妄取，无所为而然，上也；尚名节而不苟取，狷介之士，其

次也；畏法律、保禄位而不敢取，则勉强而然，斯又为下矣。”（《薛瑄全集·从政名言录卷二》）

后世儒家认为，一个统治者应当在三个方面以身作则。陈宏谋在他所编著的《从政遗规》中指出“当官之法，唯有三事：曰清、曰慎、曰勤。知此三者，则知所以持身矣”，又说“唯俭足以养廉”。儒家认为，统治者好比一个人的身体，老百姓就好比他的影子，“身正影必正”、“未有身正而影曲、上治而下乱者也”。正由于这种原因，儒家强调要“举贤才”，使那些有能力而且有道德的人来统治人民。

（四）以民为本

早在周代时期，开明的政治家、思想家和有识之士就注重“民”在安定社会、治理国家中的作用，“因民”、“保民”、“获民”、“庇民”、“托民”、“爱民”等频繁地出现在早期的各种文献典籍之中。鲁大夫引《尚书·大誓》说：“民之所欲，天必从之。”（《左传·襄公三十一年》）要求当政者注意满足老百姓的要求。陈逢滑说：“臣闻国之兴也，视民如伤，是其福也；其亡也，以民为土芥，是其祸也。”（《左传·哀公元年》）意思是说，臣下听说国家的兴起，看待百姓如同受伤的人，这是它的福德；国家的灭亡，把百姓看做粪土和草介，这是它的祸殃。儒家继承了春秋时期的这些“民本”思想，强调人民大众是社稷、国家之根本，认为“民惟邦本”。孔子强调“爱人”、“宽则得众”。孟子则强调“民贵君轻”（民为贵，社稷次之，君为轻），荀子进一步提出“君舟民水”，指出水可以载舟，亦可以覆舟。荀子在《王制》中说：“传曰：君者，舟也；庶人者，水也。水则载舟，水则覆舟。……故人君者，欲安，则莫若平政爱民矣，欲荣则莫若隆礼敬士矣，欲立功名，则莫若尚贤使能矣，是君人之大节者也。”

儒家认为统治者要与民同乐，不能超出老百姓的水平去追求享受而为老百姓所怨恨。因此，必须关心广大劳苦大众的疾苦，要使广大劳苦人民得到实际的利益，只有这样，国家的统治才能长治久安。

儒家的民本思想，在孟子的“民贵君轻”中有着突出的反映。孟子说：“民为贵，社稷次之，君为轻”，他把老百姓看做是一个国家的根本，是最重要的，并且认为，除了人民之外，一个国家的政权，比国君还要重要，如果把这三者在一起来比较，那么，国君是最轻的。

这些思想，也可以说是儒家从政治上看到了人民的重要。从一定的意义上来说，孟子的这一思想，是儒家关于统治经验的一个极其深刻的总结。尽管统治阶级及其思想家们，不可能真正认识到人民的历史作用，但是，他们知道，离开了人民的拥护，要想维护自己的统治，是不可能的，也正是从这一点出发，一个聪明的统治者，总是要随时随地考虑到老百姓的利益。

（五）任人唯贤

在任用官吏上，中国古代的传统、特别是儒家，强调任人唯贤、反对任人唯亲，在德才兼备的要求下，更注重人的道德品质。

孔子在《论语》中强调要“举贤才”，就是要把那些有道德、有才能的人，推举到领导的岗位上来。《论语》中有一段孔子同鲁哀公的对话，进一步说明了孔子的“举贤才”的思想。“哀公问曰：‘何为则民服？’孔子对曰：‘举直措诸枉，则民服；举枉措诸直，则民不服。’”鲁哀公是一个昏君，他任用了那些没有道德和没有才能的人来治理国家，所以老百姓都不服。孔子回答他的问题时说，你应当选拔那些正直的、有道德的人来治理国家，并罢黜那些邪恶的人，老百姓就会服从统治了；如果你选拔那些邪恶的人来治理国家，罢黜那些有道德的、正直的人，老百姓当然也就不会服从统治了。

孔子自己也是一个非常尊重贤人的人。他认为“贤者识其大者，不贤者识其小者”。他自己说要“见贤思齐焉，见不贤而内自省也”，又说：“君子尊贤而容众”，说明他对有贤德的人是十分尊敬的。

孟子继承了孔子的“举贤才”的传统，强调在治理一个国家时，一定要使“贤者在位”和“能者在职”，要求“贤者”能够居于掌握政权的地位。孟子也主张“尚贤”，他认为一个统治者，应当“尊贤使能，俊杰在位”，应当“贵德而尊士”，只有这样，一个国家才能得到很好的治理。

在《晏子春秋》一书中记载，当郑国的大夫叔向到齐国去访问时，他同齐国的大夫晏婴的一段对话，反映了中国古代道德传统对品德的重视。“叔向问晏子曰：意孰为高？行孰为厚？对曰：意莫高于爱民，行莫厚于乐民。又问曰：意孰为下？行孰为贱？对曰：意莫下于刻民，行莫贱于害民。”根据民国初年的刘师培的考证，此段引文中的四个“意”字，都是“德”字之讹。因为古代的“德”字的写法，是上面一个“直”字，下面一个“心”字，字形和今天的“意”字很接近。由此看来，意孰为高，当做德孰为高，意莫高于爱民，当做德莫高于爱民，意孰为下，当做德孰为下，意莫下于刻民，当做德莫下于刻民。刘师培的这一理解是正确的，这一理解，体现了中国古代思想家们对这一问题的认识。

一般来说，在任用人才的问题上，儒家是注重德才兼备的，但儒家更强调任人唯贤，反对任人唯亲。儒家特别强调，一个国君在治理国家中，“得贤则昌，失贤则亡”，“治国之道，务在举贤”和“官人无私，唯贤是亲”。

任用人才，必须处于公心，外举不避仇，内举不隐子。在《左传·襄公三年》和《吕氏春秋》中，都曾记载了祈黄羊的故事。晋国中军尉祈黄羊退休离任时，晋悼公要他推荐任事的人，他立即举荐了解狐。晋悼公听了很吃惊，说解狐不是你的仇人吗？他回答说，你问的是谁能代替我作为你的大臣，不是问谁同我有仇啊！以后，悼公又请他举荐一个领兵的将才，祈黄羊举荐了祈午，悼公同样吃惊地问他，祈午不是你的儿子吗！他又回答说，你问的是谁可以担任将领，没有问他是不是我的儿子啊！这两个人都很称职，所以我才举荐了他们。孔子对这件事称赞地说："善哉！祈黄羊之论也。外举不避仇，内举不避子。"(《吕氏春秋·去私》)在中国长期的政治统治中，对中央和地方官的考察，还往往以其所举荐的人的优劣而衡量其本身对国君的忠与不忠。这种荐贤才、举贤良的传统，在一定程度上和一定范围内，对中国的政治生活，也能起到一定的积极作用。

在德才关系上，儒家更加重视一个人的道德品质的作用，强调要以德统才。司马光在他所写的《资治通鉴》中，对于德才关系，作了全面的论述。他说："夫才与德异，而世俗莫之能辨；通为之贤，此其所以失人也。夫聪察强毅之谓才，正直中和之谓德。才者，德之资也；德者，才之帅也。云梦之竹，天下之劲也，然而不骄揉，不羽括，则不能以入坚。堂溪之金，天下之利也；然而不熔范，不砥砺，则不能以击强。是故才德全尽为之圣人，才德兼亡为之愚人；德胜才为之君子；才胜德为之小人。凡取人之术，苟不得圣人、君子而与之，与其得小人，不若得愚人。何哉？君子挟才以为善，小人挟才以为恶。挟才以为善者，善无不至矣；挟才以为恶者，恶亦无不至矣。愚者虽欲为不善，智不能周，力不能胜，譬如乳狗搏人，人得而制之。小人智足以遂其奸，勇足以决其暴，是虎而翼者也，其为害岂不多哉！夫德者人之所严，而才者人之所爱，爱者易亲，严者易疏，是以察者多蔽于才而疏于德。自古以来，国之乱臣，家之败子，才有余而德不足，以至于颠覆者多矣，岂智伯哉！故为国为家者苟能审于才德之分而知所先后，又何失人之足患哉！”

三

对于中国古代传统文化和传统道德，包括儒家的孔孟之道，我们一定要正确地对待，既要继承其中的精华，弘扬其中的优良部分，又要剔除其中的糟粕，批判和否定其中的消极因素。儒家强调等级制度和尊卑关系，这当然是错误的，但儒家思想中，也确实包含着很多合理的因素，这是我们应当加以分析的。由于儒家思想同社会政治之间所特有的关系，因此，吸取其中的合理的内容，对克服我国当前政治生活中的某些消极因素是有帮助的。总而言之，对儒家的思想，要采取一分为二的态度。如儒家等级制度是错误的，它提倡尊老、敬贤和尊师则是好的。儒家强调孝顺父母，我们也应加以分析，其中宣扬愚忠愚孝的部分，当然是错误的，但子女应当尊敬父母和赡养父母则是应当弘扬的。儒家讲“先义后利”、“见得思义”、“见利思义”等也有合理的因素，应当加以继承。我们现在搞社会主义市场经济，也要搞竞争，但是，我们所提倡的竞争，与资本主义市场经济条件下的竞争是不同的，我们提倡的是公平竞争，反对见利忘义，反对见“小利”而忘“大义”。我们要建立的是社会主义的现代化国家，在义利关系上，我们应当强调集体主义的价值导向，而不能允许用自私自利、见利忘义思想来腐蚀我们的干部和群众。最近几年来，个人主义思想在我国社会生活中又有些沉渣泛起，这对我们的改革开放和社会主义现代化建设是十分有害的，我们不能容许那种把个人利益强调到高于一切的思想，不能容许那些置民族利益于不顾的专门谋自己私利的行为。我们应当坚持以马克思主义为指导，加强集体主义的教育，加强国家利益、民族利益、社会利益高于个人利益的教育，努力弘扬中华民族的优良传统。同时，要十分注意警惕西方意识形态、价值观念对我们的渗透和腐蚀。总之，对于中国古代的传统文化，我们要认真地研究和分析，去其糟粕，取其精华，以利于古为今用。

社会主义道德建设问题探讨

试论社会主义人道主义伦理观*

胡乔木同志的重要文章《关于人道主义和异化问题》的一个极为重要的理论建树，就是在科学地区分人道主义的两种含义的基础上，运用马克思主义原则，紧密结合我国的实际，深刻地阐明了社会主义人道主义的特点、形成和宣传实行它的重要意义。这不仅澄清了我们在人道主义问题上的思想混乱，丰富了马克思主义的伦理观，并且必将对社会主义精神文明的建设产生巨大的影响。认真地深入地探讨和阐明社会主义人道主义是摆在我们理论工作者面前的一项迫切任务。下面，就谈谈自己的一些粗浅看法，与同志们共同探讨研究。

一、社会主义人道主义的特点和形成

社会主义人道主义是社会主义社会中对待人的一种伦理道德原则，处理人和人之间一种新型关系的道德要求，

* 原载《关于人道主义和异化问题论文集》，北京，人民出版社，1984。曾收入《罗国杰文集》，上卷，353～372页，北京，中国人民大学出版社，2007。

是无产阶级在领导人民革命斗争中建立和发展起来的更高水平的伦理观。这种伦理观在社会主义的经济基础之上，与社会主义的政治制度相适应，以马克思主义世界观和历史观为理论基础，形成了它区别于资产阶级人道主义伦理观的一系列本质特点。

首先，社会主义人道主义以马克思主义的世界观、历史观为指导，在对待人的问题上，不是从那种抽象的、笼统的、无差别的人出发，而是从一定的社会关系出发，对人作具体的分析，由此引出对各种不同人所采取的不同的道德态度和行为要求。社会主义人道主义是强调关心人、爱护人、重视人的尊严和价值的，但它不是抽象地提出这种要求。现实的人是分化为不同阶级、不同集团的进步或反对的人。毛泽东同志曾根据人的本质是社会关系的总和的历史唯物主义观点，强调对于“人”要加以区分，首先要区分是“人民”还是“敌人”，并主张对人民爱，以敌人恨，即“对己和，对敌恨”。这是社会主义人道主义对待人的一个基本道德要求。因此，社会主义人道主义不把暴力和人道抽象地绝对对立起来，认为革命的暴力是实现对人民爱的重要手段，而且是合乎人道的，具有高尚道德意义的。社会主义人道主义的“对敌恨”的要求，也是根据不同条件，因人而异，采取不同行为的。对于拿枪的敌人、穷凶极恶、残害人民的敌人，决不施以“仁政”，而必须给以狠狠的打击和镇压；对于缴枪投降、受伤俘虏等已不能为害的敌人，对于一切有条件教育改造的分子，则尽可能地采用尊重人格、感化教育、劳动改造等方法，使他们重新做人，并不是简单地从肉体上惩罚或消灭他们。对待敌人实行的这种特定的人道态度，是立足在唯物史观对人的科学分析基础上的。因此，和那种从抽象人性出发笼统号召给一切人以爱的人道主义比起来，它是更高明的，也是现实中行得通的。

社会主义人道主义站在人类大多数的立场，代表广大人民的根本利益，它的充分实现必然要求突破资本主义制度的限制，以消灭资本主义所有制，建立社会主义公有制为前提。这是社会主义人道主义的又一个根本特点。历史唯物主义强调，每个人的幸福、价值和尊严的实现，并不是也不可能只靠“理想的权利”来达到，都必须要通过一定的物质手段才能实现。正像恩格斯在谈到幸福时指出的：“追求幸福的欲望只有极微小的一部分可以靠理想的权利来满足，绝大部分却要靠物质的手段来实现，而由于资本主义生产所关心的，是使绝大多数权利平等的人仅有最必需的东西来勉强维持生活，所以资本主义对多数人追求幸福的平等权利所给予的尊重，即使一般说来多些，也未必比奴隶制或农奴制所给予的多。”①只有在社会主义的经济基础上，才能保证社会主义人道主义的伦理原则有充分的可能真正实现。在社会主义制度下，个人与社会之间、社会成员之间，他们的基本利益是一致的，因此，社会能够真正做到对劳动者及其劳动成果的尊重，真正把满足社会成员日益增长的物质文化需要作为社会生产的目的，真正体现出国家、社会对绝大多数人民的权利、利益、人格、幸福的尊重和关怀，人与人之间也才能广泛建立起相互尊敬、同情、友爱和互助的人道关系。比起在资本主义制度下的资产阶级人道主义，社会主义人道主义是更广泛、更充实和最现实的。

社会主义人道主义以集体主义为其核心。集体主义作为无产阶级的一种崭新的道德原则，它在无产阶级革命斗争中产生、并在社会主义公有制的基础上得到更广泛的事实。社会主义人道主义是社会主义

---

① 中共中央编译局：《马克思恩格斯选集》第4卷，235页，北京，人民出版社，1972。

社会成员处理自己和自己的社会集体、自己和这个集体中每个成员之间关系的最基本的伦理道德原则。以它作为核心和实质，是社会主义人道主义区别于资产阶级人道主义伦理观的又一个重要特点。资产阶级人道主义伦理观从抽象的人性论出发，认为每个人都追求自己个人的欲望、利益、幸福和尊严是天然的最高目的。因此，一般说来，它是以个人主义为核心的。所以，在资产阶级看来，社会主义人道主义的集体主义原则是反人道的。而从社会主义经济关系和马克思主义世界观来看，恰好相反，集体主义精神，使社会主义人道主义伦理观在实现人的利益、幸福和价值等要求上，体现了更崇高的道德境界，表现出更进步的伦理道德意义。

在剥削制度下，劳动者不能作为社会的主人，不能作为目的意义的人而存在，对剥削者来说他们只是具有工具、手段价值的东西。社会的主人和目的是剥削者，劳动者为剥削者服务，而剥削者却不会为劳动者服务。劳动者作为手段创造了劳动成果，然而却不能作为目的，充分地享受自己所创造的成果。这也正是我们认为资本主义制度最不合理、最不合人道的地方。而在社会主义社会，劳动者成为社会的主体和目的。他们实现了自己作为手段价值的人和目的价值的人的真实统一。这是劳动者自己的集体，是一个我为人人、人人为我的集体。这种集体及集体主义的原则，对人民来说正是最合理、最人道的。

在这种集体中，一个人首先要对集体、对他人作出贡献，使自己的存在，对社会具有积极意义，即有手段价值。同时，集体和大家也把个人当做目的来服务，这样，每个个人也就取得分享他人劳动成果和集体利益的权利，实现自己作为目的而存在的价值。在这种集体中，一个人越是努力根据集体和他人的需要做贡献，他就越能找到各种充分创造和发挥自己才干的途径，而集体事业的发展和财富的增长，又反过来会为每一个成员提供自由发展的更好条件。因此，一个人的利益、幸福和价值的实现，都是以为集体和他人的利益、幸福和价值去斗争、去劳动为前提的。

在集体主义原则指导下，人们的道德观也必然发生深刻的变化。既然劳动者自己的这种集体是他们每个人幸福地生存发展的最根本基础，那么，它的存在和发展，相对于每一个个人的生存发展，就具有更重大的价值。正因为如此，整体的利益、大家的利益，必然被人们视为高于个人的利益。个人与集体之间、个人与个人之间普遍的相互关心、爱护和支持，也必然被人们认为是最基本的道德要求。这种集体主义的人道主义伦理观，不再是把个人放在至高无上的地位，离开集体和人民去讲什么个人的价值和尊严，去讲什么个人奋斗和个人幸福的自我实现。所以我们说，以集体主义为核心的社会主义人道主义所达到的更高伦理道德水平，是资本主义私有制下以资产阶级个人主义为核心的人道主义所不可比拟的。

总之，社会主义人道主义的本质特点表明，它是和资产阶级人道主义有本质不同的一种伦理原则和道德规范，是人类历史上一种崭新的更高水平的人道主义伦理原则。

社会主义人道主义和资产阶级人道主义，是两种有本质区别的伦理观。但是，它们之间又不是毫无联系的。不同时代、不同社会、不同阶级的道德，虽然因其社会经济基础、政治制度和思想意识等的不同而表现出不同类型、不同本质，但又往往由于存在着某种共同的生活基础和历史背景而具有某些共同的相似的内容。因此，对于一定的时代、社会或阶级来说，在形成和发展自己的道德的时候，总是不可能彻底割断与过去的道德的联系，总要有所批判继承，也就是既抛弃那些对自己不利的成分，同时又把那些仍然有用的共同的积极的内容加以批判地改造和吸收。这样，就构成了人类道德发展中多样性和共同性的统一、间断性和连续性的统一、批判性和继承性的统一。作为伦理原则和道德规范的社会主义人道主义，也并不是离开人类道德文明发展的大道而孤立地、凭空地出现的。它并没有抛弃人类道德以往发展中所取得的积极成就，并不排除历史上人们长期向往和追求的基本的人道精神以及已形成的一些积极的人道生活准则。它并不是彻底的割断和以往的一切联系而建立的体系，相反，却是在新的基础上对以往的具有科学性、人民性、进步性的因素所作的批判继承。这就是说，社会主义人道主义是在马克思主义指导下，从社会经济基础的需要出发，对资产阶级人道主义伦理观进行科学分析，扬弃其中那些错误的、落后的、消极的糟粕，诸如唯心主义的世界观、历史观的思想基础，否定革命暴力的观点，维护资本主义制度的前提，个人主义的核心等等，而对它强调人对人的关心、爱护、同情、尊重，注重人的价值和幸福等项要求，因其在一定程度上有合理因素，则加以批判的继承。

社会主义人道主义的形成和发展，一方面是批判继承资产阶级人道主义的合理因素，另一方面，从根本上来说，作为无产阶级的伦理原则和道德规范，它是无产阶级在革命实践中处理人和人之间关系的伦理原则的继续，是从无产阶级的革命人道主义发展而来的。革命人道主义，是社会主义人道主义的一个直接来源。社会主义制度建立以前，在无产阶级领导人民为建立这种制度而斗争的革命过程中，在无产阶级政党领导的革命队伍中，就已经产生和发展了革命的人道主义。无产阶级革命运动需要革命人道主义作为一种伦理道德原则来处理和调整人与人的各种关系，以促进革命实践的发展。同时，无产阶级革命事业本身也就体现了崇高的人道主义的伦理道德意义。例如在我国民主革命时期，革命队伍内部实行官兵一致，强调尊重士兵人格、人人互相关心、互相爱护、互相帮助、人民军队爱人民、不拿群众一针一线、说话和气、不打人骂人、不调戏妇女、不虐待俘虏、医治伤兵、废止肉刑等等，都是革命人道主义精神的表现。新中国成立以后，无产阶级继续领导人民，清除旧社会的疮痍，努力解除人民群众疾苦，如消灭娼妓、禁止贩毒吸毒，救济失业，大规模地治理旧中国几千年束手无策的水旱灾害，兴办各种福利事业等等。这些都使革命人道主义精神在更大范围内得到实现。随着社会主义制度的确立，无产阶级革命人道主义就在社会主义公有制的基础上和新的政治制度下，发展成为社会主义的人道主义，不但扩大了范围，而且具有了更加丰富的内容，成为社会主义社会中对待人的一项伦理原则。它起着调节社会主义新型人与人的关系，促进人类社会道德风尚不断向上发展的重要作用。

但是，社会主义人道主义并不是自发地、自然而然地形成的，而是在共产主义思想教育下，在先进分子的模范行动的带动下，逐步形成的。因此，宣传和实行社会主义的人道主义，是我们的伦理道德教育的一项重要内容，是社会主义精神文明建设的一项重要任务。

二、社会主义人道主义同共产主义道德的关系

社会主义社会生活中的伦理道德要求是一个总体，其中包含着一些高低不同的层次。一般说来，“层次”这一概念，意味着事物有高低、深浅、顺序的分别。对社会现象来说，“层次”概念，还意味着事物中这些高低、深浅、顺序的关系，有着上下相属、彼此渗透以及相互联系和相互制约的关系。在社会主义社会生活的伦理道德要求的总

体中，引进“层次”这一概念，对我们分析道德这一社会现象是有重要意义的。总的来说，从难易程度看，高层次的道德要求相对低层次的道德要求，较为难于做到，但却是人们应该努力追求的方向；而较低层次的要求则较为容易实行，是可以做到也必须做到的。从适应的范围看，高层次的要求能达到的人较少一些，适应范围窄，而低层次的要求，能做到的人则较多一些，适应范围就更广泛。现实中人们道德觉悟的发展程度是不一样的。但又都应该按社会主义社会伦理道德来行动。所以为适应这种状况，社会主义社会生活中的伦理道德总体中，既有较低层次的一些起码要求，又有人们应努力追求的一些更高要求。这些不同层次的规范，不加区分地一律强求各种人统统做到，是不现实的，同时又是不应相互排斥、相互取代的。明确区分这些层次，有利于认识它们在道德实践中的地位及相互关系，使它们都能充分发挥作用，切实地变为人们的行动。

社会主义社会生活的伦理道德要求总体，大体可以分为：人类公共生活规则，国民社会公德，社会主义人道主义和共产主义道德等不同的层次（从一定意义上看，社会主义人道主义和国民社会公德也可以归属于一个层次）。

人类公共生活规则是人们在日常生活中必须普遍遵守的最起码的、最简单的道德准则，例如言谈举止应有礼貌、要遵守公共秩序等等。这些道德要求处于最低的层次，是每个人甚至少年儿童都很容易做得到的。一般来说，随着人类文明的发展，在不同的国度，都能普遍提倡并实行这些人类生活的起码的公共规则，因而它也是最具有广泛性的。

国民社会公德一般指一定社会、一定国家特别提倡人们实行的基本道德规范，是一定社会制度、一定国家内人们基本能达到的道德要求。例如我国宪法规定："国家提倡爱祖国、爱人民、爱劳动、爱科学、爱社会主义的公德。"这些要求比起人类公共生活的规则，处于较高一个层次，也是社会主义国家每一个公民都应该也一般比较容易做到的起码道德行为。

社会主义人道主义是在社会主义制度基础上形成和发展的人与人的相互关心、相互爱护的基本道德要求，是社会主义伦理道德要求的一个重要的层次。

共产主义道德则是现时代人类的最高道德属于最高层次，这种道德要求集中表现为大公无私，为共产主义事业、为人民利益而奋斗，富于牺牲精神等。

以上这些不同层次，作为社会主义社会生活的伦理道德要求，构成一个有机整体，它们既有着高低相属的关系，同时又是相互联系和相互渗透的。例如对人有礼貌，表示对他人人格的尊重，这和社会主义人道主义的要求就有一定的共通性，而社会主义人道主义提倡对人民的爱，又和共产主义道德全心全意为人民服务的精神是一致的。具体到共产主义道德要求和社会主义人道主义要求之间的关系来说，有这样一些特点，这两个层次的要求有它们各自特别的作用，在实行的对象和范围上有一定具体的区别，但又不能绝对分割开来。不能用高层次要求去取代低层次要求，也不能只讲低层次道德而排斥高层次道德。两者作用的发挥是相互依赖、相互补充、相互联系的。共产主义道德统帅和指导着社会主义人道主义等低层次道德要求，而它的广泛普及又有待于各低层次道德要求的充分实现。

在现时代，一般来说共产主义道德是无产阶级先进分子、共产党人所应当身体力行的道德。这些先进分子首先应切实努力做到大公无私、毫不利己、专门利人、全心全意为人民服务、为集体工作和劳动，随时准备为整体利益和他人利益牺牲自己个人的一切。这些高层次的共产主义道德要求，还不是一般人一下子能够做到的，不能不加区别地一律强求。不过对于先进分子却应成为身体力行的要求。例如，身为共产党员而没有献身精神，贪生怕死，对受害的人民见死不救，对他人有生命危险时避而远之，这样的党员除应受组织的批评教育以至处分外，更应受到严厉的道德谴责。而一个普通老百姓一时做不到敢于斗争、敢于牺牲，往往就不能这样严格对待。虽然一般人不容易达到最高的共产主义道德要求，但是按照社会主义人道主义的起码要求行动，建立起基本的真诚的人道关系，却是可以做到的。每个人都不应有侮辱人格、伤害他人身心、给人们造成痛苦和不幸等种种反人道行为，不应对他人的种种不幸遭遇和困难处境采取漠不关心、冷若冰霜、麻木不仁、毫不相干的不人道态度，而应当尽可能地关心他人，特别是关心普通劳动者、普通知识分子、普通服务人员和普通顾客，尤其是妇女、老人、儿童和病残者。对于那些因不公正待遇而遭受到各种不幸、挫折、打击而身心受到很大痛苦的人，更应特别予以深切的关心、爱护、同情和帮助。这些要求并不很高，既是社会主义社会每个公民都希望实现的，也是容易为绝大多数人所接受并切实付诸行动的。这种低层次的社会主义人道主义道德要求对于调整人和人的关系是有着广泛的重要作用的。

当然，我们决不能因为人们一般可以努力达到社会主义人道主义要求，还不能广泛达到共产主义道德要求，就以为共产主义道德只能对少数人去讲，一般人实行社会主义人道主义就可以了。相反，这两种道德要求在实践中是不可能这样截然分离的，而是紧密相联的。共产主义道德代表着人类道德发展的必然趋势，它同时又是已成为现实的一种道德现象。它在社会主义社会生活的伦理道德要求总体中居于主导地位，指导人们、保证人们能够从社会主义人道主义等低层次要求做起，然后朝着一个正确方向去发展自己的道德觉悟。并且，广大人民的道德觉悟也不应该停留在只按社会主义人道主义行事，还必须提高，因此应该自觉地向共产主义先进人物的道德榜样学习，向更高的标准看齐。再者，如前所说，社会主义人道主义的要求同共产主义道德要求有着相互渗透的联系，共产主义道德的基本原则集体主义，也是在社会主义人道主义这一低层次的要求中体现着的。因此，两个层次之间并无不可逾越的鸿沟，人们完全可以在实践社会主义人道主义的同时，不断地向共产主义道德更高境界跨进，而社会主义人道主义实行得越广泛、越充分，人们的觉悟也就越是向共产主义道德接近。所以，既要广泛宣传和实行社会主义人道主义，又必须向人民广泛提倡共产主义道德，并要求共产党员及一切先进分子率先实践，把共产主义道德要求化为真实感人的举动，并用以教育和鼓舞人们更自觉地去追求最高层次的道德要求。

这里应当指出，有人认为社会主义人道主义应该是高于共产主义道德的，因为人道主义是一种最高的道德要求是衡量道德进步的最高标准。在他们看来，共产主义道德之所以最进步、最高尚，就在于它是最人道的。我以为这是不正确的。诚然，共产主义道德中也体现着社会主义人道主义的要求，但它所表现的崇高牺牲精神和相应的行为要求是远远高出于社会主义人道主义的。在我们的社会中，一般人们的行动，只要达到了基本的社会主义人道主义的要求，就可以说体现了社会主义人道主义的精神，但却不能说这就达到了最高的共产主义道德境界；而共产主义先进分子达到的低层次的人道主义要求和最高层次要求的行为中，体现的就不仅是人道主义精神，还包含着更高的共产主义道德境界的特点。两种不同水平、不同高度的道德，其地位是不能倒置的。

还有的同志认为，现阶段我们的道德就是共产主义道德，不必提或不能再提“社会主义道德”。另一些同志则认为，社会主义阶段应有反映其历史特点的“社会主义道德”，以与更高级的共产主义道德有所区别。从实质上看，这两个提法并不矛盾。因为在一定意义上，社会主义道德和共产主义道德是可以通用的，在社会主义社会条件下的共产主义道德也可以称为社会主义道德。同时，我们也常常把共产主义道德作为一个最高层次的要求，而把社会主义道德理解为一个比共产主义道德较低层次的要求。例如社会主义人道主义以及社会主义的社会公德可以说属于社会主义道德的范畴。1980 年，有的同志提出，现阶段只应提倡社会主义道德，而不应提“共产主义道德”，认为提了就是把将来共产主义社会才可以做到的道德拿到现在来推行。这样理解“共产主义道德”和“社会主义道德”显然是不合适的。我们的共产主义初级阶段的道德就是共产主义道德。这个共产主义道德体系，以集体主义为基本原则，其中既包含现阶段人们普遍能做到的一些基本的道德要求，也有现在有的人已做到、并应大力提倡的更高道德要求。这个意义上的共产主义道德体系，实际也就是社会主义社会生活的伦理道德要求总体。在明确了在社会主义阶段应当认真提倡共产主义道德的前提下，我们可以把社会主义社会生活的伦理道德要求总体中那些反映社会主义现阶段特点的一般人应切实普遍做到的社会公德等称为“社会主义道德”，把那些在一部分先进分子中，在一定范围内能够切实实行而在将来共产主义社会才能够普及的现时代人类最高道德要求称为“共产主义道德”。

三、宣传和实行社会主义人道主义的重要意义

在对待人道主义的问题上，我们一方面必须批判资产阶级人道主义的世界观和历史观，批判资产阶级人道主义伦理观中一切错误的和消极的内容，反对抽象地宣传人道主义而实际上是宣传资产阶级人道主义的倾向，另一方面，也必须反对把问题简单化，即笼统地否定人道主义，甚至连社会主义人道主义也加以否定的倾向。这两种倾向都是值得注意和需要克服的。从伦理道德的角度来说，在我国，虽然革命人道主义和社会主义人道主义初步形成了优良的传统，特别是新中国成立以后一段时期得到发扬光大，但是50年代后期以来，我们多次批判了人道主义，以至连革命的人道主义、社会主义的人道主义也不注意提倡和宣传了。这就使我们较长时期内不能很好运用社会主义人道主义伦理观和道德武器，去广泛地提醒人们、武装人们，有力地反对不讲人道主义的严重封建主义传统影响，以及鼓吹个人主义的资产阶级人道主义。另一方面，近年来，当人们强调批判封建主义影响，批判极“左”思潮对人民利益不关心、不重视的错误时，由于没有正确地宣传社会主义人道主义，资产阶级人道主义的思想又得到了传播，有些人更借助资产阶级人道主义武器来宣扬个人主义，主张追求不受社会道德关系制约的个人的绝对自由和解放，追求不服从、不顾及整体利益和他人利益的个人幸福享乐的最高价值目标。这些错误宣传给人们尤其一些青年的思想和行为造成了不好的影响，给社会主义道德和共产主义道德的宣传和实行带来了极大的阻力。为了明确地划清社会主义人道主义和资产阶级人道主义的界限，纠正上述两种错误倾向，克服其有害影响，我们必须大力宣传和实行社会主义人道主义。

宣传和实行社会主义人道主义也是我们社会主义社会生活的迫切需要，是建立人和人之间的新型道德关系的迫切需要，并符合广大人民的切身利益。由于长期封建主义思想的影响，由于资产阶级腐朽思想的影响，再加上文化和经济的落后所带来的愚昧，在目前我国现实生活中，仍然不同程度地存在着种种反人道的现象，例如，一些人对他人肆意进行残忍的人格侮辱和肉体、心灵的摧残，一些人为生养男孩而抛弃和杀害亲生女儿，一些人无情地虐待生身父母、遗弃老人。至于对普通劳动者、妇女、儿童、老人、病残者缺乏关心爱护的现象也是常有的。此外，在一部分干部中，还存在着特权思想、家长作风、官僚主义，他们只知道对自己的上级负责，而不知道关心人民群众，只要求人们完成任务，而不关心他们的生活、福利、健康等切身问题，甚至对他们的疾苦置若罔闻、不闻不问。凡此种种，不但离共产主义道德的要求相差甚远，而且连社会主义人道主义的起码要求也没有达到，这对我国社会主义物质文明和精神文明的建设，对人民的利益都是极为不利的。因此，我们必须大力宣传和实行社会主义人道主义，使它像社会主义制度要求的那样得到最充分的实现，使它深入人们的心中，广泛消除人对人的种种冷漠无情的现象，建立、扩大相互间美好的伦理道德关系，把我们的社会主义社会建设得更加美好，更加幸福。

宣传和实行社会主义人道主义，对于我们在国际上反击资产阶级的种种攻击，争取进步人士和广大人民对社会主义制度的了解、向往和支持，也有重要作用。人道主义作为一种伦理道德理想，虽然在资本主义社会难以真正实现，在资产阶级那里有着很大的虚伪性和欺骗性，但它在资本主义社会的一些进步人士中间，在广大劳动群众之间，却有着广泛而深刻的影响。一些进步的文学家、思想家和科学家，一些真诚的人道主义者，他们举着人道主义的旗帜，同情劳动人民的遭遇，痛恨资本主义的剥削、压迫现象，憎恶法西斯主义和其他恐怖主义，反对制造战争危险的霸权主义，反对种族歧视等等，他们的要求在相当程度上得到了广大人民的响应。而且正是从这种追求人道主义理想的思想基础出发，曾有许多人进而转变为社会主义者或社会主义的同情者。当然，更多的人由于资产阶级立场和世界观的局限或影响，找不到实现人道主义理想的出路，不理解我们社会主义实践中出现的失误，怀疑社会主义制度的优越性；另外，一些资产阶级政客论客们也在用人道主义口号迷惑人们，丑化社会主义，美化资本主义，在这种情况下，我们在马克思主义及其历史唯物主义指导下，正确地宣传和实行社会主义人道主义，就不仅可以支持这些进步人士和广大群众的要求和斗争，并影响他们，团结他们，争取他们，同时也能更有力地回击资产阶级的进攻，揭穿他们丑化社会主义的谎言。这对于扩大社会主义制度在世界上的影响，促进人类进步事业无疑是极为有益的。

宣传和实行社会主义人道主义积极的意义还在于，这有利于共产主义道德的教育和普及。要达到高层次的道德要求和道德境界，需要从一些较低层次的道德实践起步。社会主义人道主义的宣传和实行，使人们在建立个人与他人，个人与大家的互相关心，互相爱护的新型道德关系的道德实践中受到感动和启发，必将有助于人们不断培养起关心他人和集体的高尚情操和思想，激发人们追求更崇高的共产主义人与人关系的热情，使共产主义道德随着社会主义人道主义的广泛普及和充分实现而日益发扬光大。促使人们在道德阶梯上一级一级向上攀登，最后步入共产主义道德境界。显然，这对于我们培养造就共产主义新一代将产生积极而深远的影响。

宣传和实行社会主义人道主义，也将指导和推动着社会主义文艺事业的蓬勃发展。文学要写人，艺术要表现人，但是如没有科学的正确的立场和方向，“人”便总是写不好，表现不好的。我国文学艺术的发展表明，宣传人道主义的世界观和历史观，宣扬抽象的人性论，只能歪曲革命的历史和现实，歪曲真实的人性、人和人之间的关系，严重妨害社会主义文艺健康发展；而反对文学艺术描写人，反对文学艺术宣传社会主义人道主义，那就不仅是愚蠢，而且是反对我们的文学艺术本身，摧残它们的生命力，剥夺它们的感召力和教育意义。因此，明确地提出社会主义人道主义的伦理原则，就可以帮助广大文艺工作者在文学艺术活动中，更好地坚持革命的社会主义的文艺方向，放手去具体地生动地描写真实的人性、人情、爱国心、正义感和普通公民和人格的尊严，人对人的关心、尊重、同情、友爱的人道精神和新型的高尚的关系等等。这必将使我们的文艺事业在正确的轨道上健康发展，开创更加兴盛的局面。

宣传和实行社会主义人道主义的实践，向哲学社会科学的一些学科提出许多需要探讨的问题，推动马克思主义理论研究的发展。特别是马克思主义的伦理学，通过对于社会主义人道主义理论和实践的研究和总结，将会发展得更加完备，在社会主义精神文明的建设中发挥更为重要的作用。

西方现代伦理道德观念与社会主义道德*

关于西方伦理道德观念与我国社会主义道德建设的关系以及西方伦理道德观念对我国青年的影响，我想主要讲三个问题：第一是西方伦理观念和人生价值目标对我国青年学生的影响；第二是怎样看待个人、自我、个人主义等问题；第三是社会主义初级阶段的道德建设，即我们应培养和提倡什么样的伦理思想和价值观念。在这三个题目中，主要讲对于个人、自我奋斗、自我意识、自我价值和个人主义思潮这样一种思想体系，究竟应当怎样正确地看待和分析。这个问题在当前学术界和我们伦理学的研究范围里面，还有很多不同的意见。今天讲的只是我个人的一种看法。同时，也想和有不同意见的同志商讨，因为我们究竟应该怎样看待西方文化对我国的影响对我国的现实生活和思想理论教育工作是有重要意义的。

---

* 原载《国外社会文化思想和我国当代青年学生》，北京，大地出版社，1988。曾收入《罗国杰文集》，上卷，752～790页，北京，中国人民大学出版社，2007。

（一）

我想先讲一讲最近几年来西方思潮对我国社会影响的情况。我国实行改革开放以来，西方文化、特别是在伦理道德观念和人生价值取向的影响是多方面的。这种影响，实际上也就是东西方文化、东西方伦理思想交流、交融、汇合后所必然产生的情况。西方伦理道德和中国伦理道德有很大不同，一个是资本主义社会，一个是社会主义社会；一个是以私有制为基础的，一个是以公有制为主导的。这两种思想文化和伦理道德观念在经过最近几年来的广泛的汇合、交流、融会之后，究竟发生了什么样的变化？这些变化对我们的四化建设，对我国人民的人生价值取向，特别是对青年人的人生价值取向，对整个社会的道德风尚，将会产生什么影响？我们如何正确引导我国青年克服它的消极因素，发挥它的积极作用，并在这汇合、交流、融会中间逐步形成真正具有中国特色的伦理道德观念和人生价值取向？这对我们今天来说不仅仅有理论意义，也确实有很重要的实践意义。

从伦理道德观念和人生价值取向上来看，近几年来对我们影响最大的有叔本华和尼采的唯意志论、萨特的存在主义思想以及弗洛姆强调的个人、自我的观念等等。为什么这些伦理道德思想，能在我国社会上发生影响呢？为此，我们有必要先分析一下我国的道德文化传统和改革开放以前的情况。我国原是一个有着悠久历史的文化古国，它以“文明古国”、“礼仪之邦”著称于世界民族之林。这个古老的礼仪之邦的民族，主要的传统道德是在封建大一统的专制政体要求下，在小农经济的基础上建立的，在孝亲和忠君作为基本要求，以所谓三纲五常作为它的主要道德规范。这一道德体系，重义轻利，重视整体、崇尚理想，弘扬精神之作用。在封建等级社会中，这一思想体系，必然要强调牺牲臣子的利益和维护国君和父亲的权力。所以，从长期封建社会的影响来讲，我们这个国家，在大一统的专制的封建社会中间，在道德要求上，从它的消极方面来看，在一个相当长的时期内，确实过分地、片面地强调了所谓国家社稷的这种整体利益。在封建的等级制度下边，作为被压迫、被剥削阶级的个体来说，没有任何个人的尊严和个人的自由。中国传统封建道德基本上没有强调个体的道德。当然中国也讲个人的“修养”和“慎独”，这种“修养”和“慎独”，作为一种道德活动来看，当然应当属于个体道德的范畴。但是其实质，中国传统的个体道德的“修养”和“慎独”，其主要目的，就是要以封建道德作为准则来压抑人的人性，禁锢人们的感性欲望。从我们国家的历史来看，在长期的封建专制主义下面，它的伦理道德思想趋向于整体观念和绝对的整体主义。如果说中国传统道德重视个体道德的话，那么这种个体道德正是为了培养那些个体对整体、对国家的绝对服从，正是为了使个体不再成为一个真正的、充满活力的、有自己价值的个体，使个体成为一种服务于封建统治的工具。所以，鲁迅先生曾说，中国的封建道德就是一种吃人的道德。封建社会就是吃人的宴席。新中国成立以后，我们建立了一个无产阶级专政的民主政权。但是，由于我们国家从来没有经过像西方那样的资本主义反对封建主义的长期、曲折而激烈的斗争，没有像西方那样经过近四五百年的反宗教神权的斗争，更没有像法国大革命时期那样为争得自由、平等、博爱而奋斗。因此，人们的自我意识、自我价值、自我选择、自我奋斗、自我权力，个人尊严的思想就非常淡薄。新中国成立以后，我们形成了新的统一国家，在公有制为主导的经济基础和人民民主专政的政治制度下，又出现了新的统一集权这样的局面。所以在人们新的道德价值取向方面，在个人和社会、个人和整体、个人利益和社会利益的关系方面，也形成了一个特别强调整体利益的思想。对社会主义集体主义这样一个原则，在较长时间之内，主要是强调了集体利益这一方面，强调了个人必须为集体做出牺牲这样一观念，强调了个人利益必须服从集体利益这样一种思想。再加上十年动乱时期，出现了践踏个人尊严、抹杀个人权利、否认个人价值，甚至于把一切关于个人利益的主张，即使是正当的个人利益的主张，都说成是个人主义的。这种情况，造成了一种对个人、个人价值、个人尊严、个人利益等，讳莫如深的社会思想状况。正是在这样一种情况下，我们实行改革开放，迎来了西方有关个人价值的许多伦理观念。下面就来谈一谈西方伦理思想对我国青年的影响。

首先介绍几种对我国青年影响比较大的伦理思潮。

第一，我们先讲一讲叔本华和尼采的意志论的哲学。叔本华(1788～1860)是18、19世纪德国著名的伦理思想家。青年中间曾经有过一段叔本华、尼采热。我们一般把叔本华和尼采联系起来，但实际上他们的思想还有很大的不同。我今天着重讲一讲叔本华的思想，因为尼采的很多思想是从叔本华那里引申出来的。叔本华主要是以强调意志而著称，他最基本的理论就是强调“意志”。叔本华认为，意志不仅是人的本质，而且是整个世界的本质。他所说的意志，就是一种生命的无休止的追求，是一种不可遏止的冲动。他认为这种冲动的现象不但存在于人类社会，而且存在于无机界、有机界，当然也包括我们人类自身。他认为，如果进一步考察世界，我们就会看到，地球可以把石子吸向地心，太阳可以把地球引向自身，植物中有一种不断的无休止生长的力，人类有一种追求自己目的的不屈不挠的东西，这都是意志所发生的作用。笛卡尔有一句名言：“我思故我在。”因为我有思想，所以我才存在。我可以怀疑一切，但我不能怀疑我自身。因为我有思想，我在思想着，证明我是存在的，因为人有思想，人才存在。人是有思想有理性的动物，这是把人的本质区别于其他动物的最主要之点。所以笛卡尔说“我思故我在”。叔本华不同意这个命题，改造了这个命题，即我欲故我在，因为我有欲望，我在追求我自己的欲望，我有追求我自己欲望的意志，所以我才存在。依据叔本华的意思，人首先是有欲望、有要求、有意志的一种生物，人在没有思想以前，首先是充满欲求的生物，所以他不同意“我思故我在”。人在有思想以前，首先是有欲望，有要求，有意志。人是一个有意志的主体。正是由于这样一个原因，叔本华的哲学往往被人们称之为唯意志论的哲学。叔本华说，过去的旧说认为“任何人之所以是他，是由于他的认识然后才成为他的”。“再进一步，照这种说法看来，人将首先把一个东西认为是好的，因为有了这认识才要这东西；而不是他先要这东西然后才说它是好的”。接着，他就说：“从我全部的基本观点来看，这一切说法都是把实际的关系弄颠倒了。意志是第一性的，最原始的；认识只是后来附加的，是作为意志现象的工具而隶属于意志现象的。因此，每一个人都是由于他的意志而是他，而他的性格也是最原始的，因为欲求是他的本质的基地。”①叔本华继承了德国莱布尼茨的单子论的思想，强调主体意志的能动作用，主体有意志，有欲望，有追求，而且有能动作用，有为自己意志、欲望去奋斗、去争取的能动力。在叔本华看来，整个世界都是意志的客体化。对每一个个体来说，就是在不同的时间，不同的地点，出现了一种特殊的意志和欲望的一种自我。一个人不论他是不是自觉到这一点，他总是受他个体的

① 叔本华著：《作为意志和表象的世界》，石冲白译，401页，北京，商务印书馆，1982。

那种特别意志的驱使，去保存自己的生命，去追求自己的欲望，去实现自己的意志。叔本华认为，整个世界把意志转化为每个人的意志的结果就是意志的个体化，其结果则导致了利己主义。为什么会这样呢？叔本华认为，每个人都要为自己的欲望、要求的实现去发挥他们的能动性，因而在人和人之间就产生了种种非正义和罪恶，从而使人类社会处于痛苦当中，在叔本华看来，人由意志而产生需求、以利己的动机去满足自己的欲求。所以叔本华给人下了个定义，他认为，人就是由无数多的具体的欲求和需要组成的千百种需求的凝聚体。叔本华认为欲求就意味着缺乏，意味着不足。缺乏一种东西，这就意味痛苦。人的痛苦是永远也不会消除的。首先，一个人的原有的欲望满足了，他必然会产生新的欲望和需求。新的欲望的产生，就会给人带来新的缺乏的感觉，即带来新的痛苦和新的烦恼。其次，如果说一切欲望都满足了，那么人又会产生无名的烦恼和空虚，因为没有更多的东西来满足他的需要了，这种空虚和无聊是一种更大的痛苦。前几年报纸上讲到过，美国有一个很有钱的人，各种欲望都满足后，整个社会再不能满足他的欲望了，最后就自杀了。叔本华认为，人永恒地处在痛苦之中，生命就是痛苦。这样，叔本华就从唯意志论，最后走上悲观的虚无主义道路。当然从叔本华来讲，他确实对当时资本主义制度的腐朽衰败感到悲观，而他的意志也挽救不了整个资本主义世界，以致使他陷入这样一种不能自拔的痛苦的境地。但叔本华的这种认为人有意志、有需要、有欲求的思想，认为人是一个千百种需要的凝聚体的思想，认为人都是自私自利的和人为追求自己的欲望有一种能动性等思想，对我国青年也会有一定的影响。当这些青年希望通过自我奋斗成为人才时，叔本华的“意志”常常会发生这样那样的作用，而当这些青年遭受到挫折、痛苦不满时，叔本华这种悲观主义思想也会从另一个方面对他们产生影响。

第二，我想讲讲存在主义思想，主要是讲一讲萨特(1905～1980)的思想。萨特是20世纪法国一个很著名的存在主义思想家。叔本华比萨特早一百多年，弗洛伊德、萨特等人的一些思想都跟叔本华、尼采思想有这样那样的联系。所以先讲叔本华的思想，然后再讲萨特的思想。我们知道，萨特的哲学著作和伦理学著作都是比较难懂的，如萨特存在先于本质这么一个思想，从哲学上讲是一个比较带有思辨的命题，但是，从人生哲学、人生价值取向和伦理道德观念来讲，这却是比较容易理解的。萨特的存在主义的思辨的东西，许多青年人并没有完全弄明白，但对他的伦理道德观念和在人生哲学这方面的一些思想，却很快一下子就接受了，尽管有些人对这些思想的接受，不但是没有完全消化的，而且是“各取所需”甚至是理解错误的。应当说，在前几年，萨特在中国的影响还是相当大的，是值得我们注意的。包括我们现在很多学习西方哲学的同志，对萨特存在主义的思辨的东西并没有弄得很透彻，更不用说许多青年人了。有的人虽然买了萨特的《存在与虚无》，但是，要透彻地弄懂这本书的思想，还不是很容易。不少青年人接受的不是他的思辨的哲理，而是他的人生价值取向。为什么萨特提出存在先于本质这个命题呢？如果通俗地说，在伦理道德方面，也可以说是一个关于人的本质的问题。在西方，在很长的中世纪，人们曾经认为，人的本质是由上帝创造的，在人生下来之后，本质也就是先于自己的存在。以后，上帝的观念被否定了，但在一段时期内，一种普遍的理论认为，人的本质是与生俱来的，人的权利是天赋的，因而认为人的本质就是他的自然本质。萨特针对这些思想，提出了自己的看法，他认为，存在先于本质，就是说，人首先是存在着即把人的存在作为基础和出发点。人生下来，首先是存在着，然后他到社会上来进行活动。人不是随意而成的，而是意识到自己把自己想象成将来的存在并把自己推向将来的存在物。人出生后，他出场、露面，他在这个社会大舞台上表演，通过人的一系列自我选择、自我奋斗，最后才创造出自己的本质。萨特说："人，不仅就是他自己所设想的人，而且还只是他投入存在以后，自己志愿变成的人。人，不外是由自己造成的东西，这就是存在主义的第一原理。"（萨特：《存在主义是一种人道主义》）所以，人的本质不是与生俱来的，不是事先就存在，而人首先是一个存在着的东西，然后经过他自己的表演，通过自己的自我选择，才创造自己的本质，才确定了自己的价值。人的本质、价值是创造出来的。人生来并没有什么固定不变的本性，也没有什么决定论，也不可能去遵守某种共同的道德规范，人应该是自由的。任何一个人出生在社会中间，他出生的门第、生活的状况、经济条件、智力和财力都是各不相同的，都是独一无二的，有他个人的特殊性。人应该自觉自由地创造和实现自己的本质。萨特一句著名的话就是，英雄是自己成为英雄，懦夫是自己成为懦夫。萨特也认为人在这个现实社会上，就其实质来说，都是处在充满着焦躁和烦恼之中的，人只能够靠自己，他既不应该相信有什么救世主，也不应当期望别人对自己有什么帮助。甚至说一个人在社会中是孤立无援的，他的本质，他的价值，必须靠自己来追求。人应当肯定他自己以自我为中心，要对社会上的一切不合理现象进行反抗、斗争，才能创造自己。萨特的这些思想在20世纪的资本主义社会中，确实在某些方面是针对资本主义社会中那些压抑人的自由、压抑人的个性的发展而言的，因而在西方的社会里有一定的进步意义。我们的许多青年，在看到萨特的思想之后，可能在某种程度和某些方面产生了情感的共鸣。他们感到由于长期不强调个人价值的社会影响，就需要有自我奋斗。

第三，我们再讲一讲对我国青年影响较大的弗洛姆(1900～1980)。弗洛姆是美籍德国的著名的法兰克福学派的代表人之一，是德国著名的精神分析学家。弗洛姆的思想在我国也有影响，现在市面上流行的《爱的艺术》、《逃避自由》这些著作，就是他的比较著名的两本书。弗洛姆的思想作为西方马克思主义中的一种思潮，最近在我国青年当中也是很有影响的。弗洛姆的伦理道德和人生价值取向有一个很重要的特点，就是他要在弗洛伊德和马克思中间进行一种新的结合。他一方面接受弗洛伊德的思想，另一方面接受了马克思的思想，他希望把弗洛伊德和马克思的思想融合起来。他的思想在西方最近几十年来可以说风行一时，以探索人生的意义而著称，在伦理道德和人生价值取向方面也可以说是一个很有影响的思想家。现在我们不去评论这个思想家的整个思想以及哲学倾向，我们仅就他的伦理道德观念和人生价值取向这样一个方面，从对青年影响的这么一个视角，来研究我们所需要的有关内容。20 世纪以来，在西方，一方面是面对着科学技术的不断发展，物质生活愈来愈丰富，另一方面，是面临着人们的思想出现了所谓的精神危机，给思想家们提出了人如何才能更好地为自己而存在这样一个问题。在这种情况下，弗洛姆像其他人一样，要建立一种人的科学。他的主要思想是要人能够认识自己、掌握自己，并使自己能够得到更好的发展。弗洛姆认为，人应当是一个具有高度的自主性、积极的能动性和开拓创造性的为自己的主体。人的目标就是为自己。他强调人本身就是一个目的，而决不能是凌驾于他之上的某些权威某些整体的手段，也就是说不应为凌驾于他之上的某些权威、某些整体而牺牲自己的利益。在西方，有些思想家在论述人的本质、自由和价值时，往往把目的和手段对立起来，认为目的是绝对的至高无上的，并把目的和手段绝对地树立起来。在西方的有些人看来，如果把人当做什么手段，就是说把人当成了单纯的工具。弗洛姆特别强调人的个性和人格，认为人应该通过发挥个性而实现自我。弗洛姆强调三个东西：一个是自我，人应该有自我的意识；一个是自爱，人应该充分地爱自己；一个是自立。他特别推崇自爱，认为自爱并不等于自立。在他看来，自立是一个客观的概念，也就是说，自立是人在特定社会环境中间根据人的本质来客观地加以制定的。一个人要正确地认识自我，充分地发扬人的自爱的本性，并且要使自立朝着善的方向发展。弗洛姆在接受了弗洛伊德和西方的“自我”概念的同时，也接受了马克思的思想。他看到了资本主义社会和私有制使人们一味地追求金钱，认识到资本主义这种只顾追求金钱的倾向，使人丧失了真正的自我，从而把自己变成了自私，变成了损人利己。弗洛姆认为，自立的概念是在特定情况下人为了自己的利益的追求，不应该由自立导致自私。

这里需要注意的一点是，弗洛姆虽然也强调个人的思想，但他和萨特、叔本华不同，他不同意把自己引向极端的自私。这是弗洛姆一个重要的特点。弗洛姆强调自我的同时，特别强调自我意识。他认为，人在社会中生活，只有提高人的自我意识，发扬人的自爱的特点，并使自立不要转化为自私，这样才能使一个人正确地认识自己，掌握自己和发展自己。

通过上边所举的三个著名思想家的例子分析，我们可以看到，尽管这些思想家们所处的时代，理论内容和他们的社会作用各不相同，甚至彼此间可能还有这样那样的矛盾，但是他们都有一些共同的地方。如果我们加以概括，可以看到，他们的理论，从伦理道德和人生价值取向上，从对我国青年的影响来看，大概有六个方面是值得我们注意的。第一，这些思想家都从各个不同的角度，从各个不同方面，甚至各种不同的层次，强调了自我和自我意识，强调了个人的存在、个人的价值、个人的自由和个人的尊严，这是一个很主要的思想。第二，这些思想家都强调个人的利益、个人的成长和发展，必须要通过个人的斗争或者自我奋斗来实现。萨特更是如此。第三，他们都强调人是一个目的，不是一个手段，个人也是一个目的。他们所谓目的，就是有绝对的价值，它不可能为什么而牺牲自己；所谓手段就是他可以为某种更高的东西去牺牲自己。所以人是目的，不是手段，就意味着，人不应该为什么权威、为什么整体、为什么更高的东西而牺牲他的利益。第四，他们都强调自我的主动性，就是在创造自己、发展自己的过程中间，强调自我选择。通过自我选择，充分发挥每个人的潜力和创造力，来达到自我超越这样一个目的。第五，他们中的多数都认为，自我奋斗，自我选择，特别是自我奋斗是整个社会发展的一种原动力。认为人类社会的发展，人类从野蛮状态到文明状态的过渡，它的决定作用都是由于人的自我和自我意识的不断觉醒，也就是自我奋斗的结果。他们既把自我奋斗当做一种社会发展的原动力，因而也就把自我奋斗看成是社会进步的一个唯一的标志。一个社会的进步程度。主要是看自我意识的觉醒程度，一个社会的原动力也就在于个人的奋斗的力量。第六，在个人同社会的关系方面，他们中的多数认为，社会是一个一个的自我的结合，离开了自我，离开了个体，就无所谓社会，因而反对为社会而牺牲个人(弗洛姆在这方面有所不同)。其中，有的思想家甚至认为，社会整体不过是个抽象，人们的一切努力，归根到底，都是为了每一个人的个人利益，都是为了自我，社会决不应该成为压抑个人、限制个人的力量。他们认为整体的价值只有在个人中、自我中才能够得到体现，他们反对把整体作为目的等等。对西方伦理思想、西方的伦理道德观念和他们的人生价值取向，我在举了上述例子后又归纳了六条，是为了给大家研究西方伦理道德观念提供一个线索。这个归纳究竟准确不准确，也还需要在以后的学习和研究中进一步探索。

西方伦理思想对我们的影响，可以从两方面来看，从积极方面来看，西方伦理思想，道德观念和人生价值取向对青年们的影响，主要是使青年们认识到个人的价值、个人利益和个人尊严的重要，从而使青年人向往并追求一种尊重个人才能、尊重个人价值、尊重个人正当利益的民主社会，并在这样的社会中来发展自己的才能、尊严和价值。当然，对我们来讲，这个社会应当是不断地自我完善的社会主义社会，而不可能是资本主义社会。这些思想激发了一些青年自我奋斗、刻苦钻研的精神，增强了他们自立、自强、自尊的观念，当他们确实受到不公正的待遇时，能够为自己的正当利益而斗争。同时，他们要求社会必须建立在一个公平正义的基础上，因为在一个没有公平和正义的社会内，个人的利益、个人的尊严、个人的价值是不能够得到应有的合理的照顾的，因此，在现在青年中间，在伦理道德观念和人生价值取向方面，公平与正义的思想也是很主要的，这也是从我国现实的许多不合理、不公正的现实和西方许多思想家的思想中所认识到的。重视个性的解放，充分发挥人的个性，这对建设四化，更好地培养人才也是有利的。从消极方面来说，由于我们是社会主义国家，由于我国的历史传统、经济发展水平和人们的文化道德素质不同，再加上我国的法制还不够健全，在强调这种以自我为中心的自我、自我意识和自我奋斗的同时，自私自利，以自我为中心，损人利己对我有利就干，不利就不干，目光短浅，只以眼前的个人利益为准则，甚至是极端地利己，唯我独尊，等等也随着出现，产生了许多片面强调个人和个人私利的现象。从我国的现实情况来看，我们必须看到以下两点：一个是由于我们在较长期内，比较多地强调整体主义而未能注重个人、个性、个人尊严和个人价值，在一定程度上限制了个人的自由，束缚了个人的积极性和创造性，同时，对个人的价值，也没有给予应有的尊重；另一方面，我国长期封建社会形成的小生产者的自私自利思想的存在，再加上西方的以个人为中心的思想的影响，使最近几年来自私自利、唯利是图、极端个人主义和利己主义的思想，在一些人中得到发展，这种发展所造成的危害也是不容我们忽视的。

对于西方伦理道德观念和人生价值取向的影响，我们究竟应该怎样来分析？归纳起来，我认为，最主要的就是关于个人、个人意识、个人利益、个人尊严和个人价值这些问题，我们必须看到它们的积极和消极两个方面，予以正确地对待。特别是对个人主义和利己主义的问题，应该引起我们的注意。最近几年，有些青年甚至认为，不但西方的有关是个人、个人价值、自我意识、自我奋斗，应当加以接受，就西方的个人主义和利己主义的思想体系也是可以接受的。一些青年之所以有这样的思想，是有着复杂的原因的。第一，长期以来我们对个人的尊严和自由重视不够，因此，他们对西方这些思想，情感上有一定程度的共鸣。第二，我们的社会中的某些消极和阴暗的东西，对他们有影响。当前的党风、政风和社会风气中的某些严重腐败现象，使有些青年感觉到，在今天的社会中，似乎自我仍然受到压抑，自我尊严仍然没有受到尊重，似乎只有靠自我奋斗才能找到出路。第三，同他们的年龄、心理和知识结构、思维方式有关。他们的求知欲极其旺盛，迫切希望获得新的思想，而又缺乏马克思主义基本理论的指导。第四，要从我们改革的艰巨性和复杂性考虑。由于在改革中间确实不可避免地出现些消极地东西阴暗面，使某些青年产生某种忧虑、痛苦或愤懑，因而不得不去自我选择和自我奋斗。

(二)

讲完了我们接受西方伦理道德思想以前的时代背景，西方几个主要思想家的伦理思想及对它们的概括，讲了这些伦理思想的影响及其积极面和消极面以后，我想着重讲一个题目，就是我今天要讲的第二个题目：怎么样看待个人、自我和个人主义的思想，而主要是讲一讲怎样看待个人主义这样一个思想，即是不是可以把个人主义作为伦理道德观念和人生价值取向来提倡。因为这个问题在当前理论界也有许多不同的看法，因而在这里，想从理想上加以说明。

个人主义与当代青年特别是当代大学生的伦理道德和人生价值是不是相容，这是近几年来不少青年经常思考的一个问题。有的青年提出来：英语中的 Individualism 即个人主义这么一个词，到底应该怎样来解释？一个人追求自己的利益，追求自己欲望的满足，他要求尊重他个人的尊严和人格，这是不是个人主义？如果这是个人主义，那么我们为什么不可以把个人主义拿过来作为我们的一种人生价值取向呢？还有的青年提出来，因为过去社会上长期以来总是把那些敢于毛遂自荐、强调个人成长、主张个性解放的青年看成是个人主义的，因此，为了在大学生中间提倡开拓，创业的思想，为了激发主动性和创造性，是不是可以把个人主义作为青年人的价值导向？正是由于很多青年产生了种种疑虑，提出了这么一些问题，在理论界也有不少同志提出为个人主义正名，要对个人主义重新加以解释，提出要看到个人主义的真正本意是什么等等。从现在来看，对个人主义确实应当作出科学辨析和理论上的说明。我们的四化建设，我们的改革开放，不是要最大限度地发挥个人积极性和主动性吗？这与个人主义到底又有什么区别？这是一个重要的理论问题，应加以研究。

在对个人主义这么一个范畴或这样一个思想体系进行科学的辨析的时候，我想首先应当区分广义的个人主义和狭义的个人主义的不同。所谓广义的个人主义，是指西方从文艺复兴时期以来，随着反封建、反神权斗争和资本主义的生产关系发展而出现的一种以个人为中心，要求个人从封建和神权的桎梏下获得解放的要求的一种思想体系。作为西方资产阶级反对封建压迫提出的意识形态，这种广义的个人主义的内容，大体上可以包括三个方面：第一，强调个性的发展。第二，强调个人权利和个人的利益，也就是个人的政治权利和经济利益。所以个人主义在西方又是一种政治学说和法权学说。我们今天撇开政治学说、法权学说，只是从伦理道德观念和人生价值取向这样一个视角来看个人主义，只讲个人的权利和个人的利益。第三，强调个人的尊严和价值，认为个人是目的，个人不应成为凌驾于它之上的任何他物的手段。这三个方面都贯穿了一个东西，就是以个人为中心。个人主义把个人作为观察思考问题的出发点和基础，以个人为中心。强调个性的发展，强调个人的权利和利益，强调个人的尊严和价值，认为个人具有至上性。在个人和社会的关系上，它强调从个人出发，反对他人或社会对个人的限制和约束。作为一种政治学说，一些个人主义者又往往从契约论出发，强调除了个人同意让渡的权利以外，个人的一切都应受到尊重。从西方的伦理思想发展史来看，这种广义的个人主义的发展，最早可以追溯到文艺复兴的初期的许多人文主义的思想家。如果把主张个人幸福的思想也算做个人主义的这个思想体系的话，那么这种广义的个人主义还可以追溯到古代的亚里士多德和更早一些强调幸福和快乐的思想家。尽管文艺复兴初期的一些思想家们并没有系统地提出有关个人主义的理论，但他们强调了个人的自由、个人的尊严，也都包含了个人主义的思想的萌芽。到了 17 世纪以后，这种广义的个人主义有了一种比较成形的思想体系。从17世纪到19世纪末，个人主义思想体系的发展，大体经历了四个阶段：

第一个阶段，从17世纪英国的著名思想家霍布斯(1588～1679)开始。霍布斯作为广义的个人主义最早的一个代表，他从利己的心理学出发，认为人从心理上、生理上都是利己的，认为所有的人生来都是只关心自己的利益，都是为了满足和发展个人的欲望，都是为了追求个人幸福而生活的。霍布斯认为人的这种自私的欲望和对幸福的追求，是一种神圣的、自然的、最高的权利，并且认为每一个人的这种权利都是生而平等的；但是，因为人的能力有大小；体力有强弱，在欲求相同而欲求的东西有限的情况下，人和人之间就必然会引起纷争，引起斗争，从而人和人之间就必然要像狼一样、无休止地残酷斗争和相互厮杀。霍布斯有一句名言就是，人对人，就像狼一样。霍布斯说："财富、荣誉、统治权或其他权势的竞争，使人倾向于争斗、敌对和战争。""这种战争是每一个人对每个人的战争。"①在霍布斯看来，人类为了保持彼此间的和平共处，在人和人的斗争中，每个人又不得不放弃自己的一部分个人的权利，互相订立了一种契约，让度一部分权利给别人，以保证每一个人都能实现自己的权益。霍布斯从人的本性都必然是自私自利的出发，从每一个人追求个人的利益的权利都是平等的这样一个前提出发，详细地论证了每一个人怎样通过契约来实现他们的利益，保证社会的和谐。17世纪以后的许多思想家，都从霍布斯的契约论里得到不同程度的启示，并由此而形成了以契约为基础的不同的国家学说和伦理理论。

① 霍布斯著：《利维坦》，黎思复译，73页、94页，北京，商务印书馆，1985。

第二个阶段，17 世纪末英国又一个著名思想家洛克（1632～1704）对有关个人主义的思想作了进一步的发展，特别是从伦理道德和个人价值取向方面，对个人主义作了进一步的阐发。洛克明确提出，每一个个人都是一个道德上的存在，他针对封建社会的等级制度，认为所有的人都是生而平等的。每一个人的生活目的，都是为了保全自己。每一个人都有自己的尊严，都有满足自己和保全自己人身的权利。他有一句名言："重压下呻吟的人，自然要努力挣脱套脖子上的锁链。"①洛克特别强调人格和人的自由。他认为，自由是人的能力，是作为主体人的一种特别的力量。他说，只有作为主体的人才有施展自由的能力。所谓人是自由的，就其主要意义，是说一个人有能力按照他自己的意志做或不做某种事情，或去停止某种事情或去继续某种事情。洛克特别强调人生必须有个人的自由，人的目的在于能免除别人的制约，力求摆脱不应加在他身上的锁链和束缚。自由的最终目的就在于达到自己所选择的快乐和幸福。洛克认为，保全社会和保全公共福利是应当的，但同时，必须要保全社会中的每一个人，洛克有关个人自由的这种精神对 18 世纪以后的法国、德国以及整个西欧都有重要的影响。美国的一个著名哲学家梯利，在他所写的《西方哲学史》里写道："没有一个哲学家比洛克的思想更加深刻地影响了人类的精神和制度。"②

第三个阶段，到了 18 世纪末、19 世纪初，有关个人主义的思想又发展到一个新的阶段，这主要是随着资本主义自由竞争的思想而产

① 洛克著：《论宗教宽容》，吴云贵译，44 页，北京，商务印书馆，1982。

② 梯利著：《西方哲学史》，下册，葛力译，95 页，北京，商务印书馆，1979。

生的。在这种环境下，特别强调个人的价值、个人的选择、个人的奋斗。因为在资本主义社会的自由竞争的条件下，每一个人只有在奋斗和拼搏中才能出人头地。这个时候个人主义进一步发展，已经不是针对封建社会了，它主要是要在资本主义的自由竞争情况下来发展个人。所以，个人奋斗的思想，个人选择的思想，就更加突出了。这一时期的思想上的最著名的代表，是经济学家亚当·斯密（1723～1790）。他从自由竞争的理论出发，认为社会的个人只有在竞争中才能发挥本性。所以，个人选择和个人奋斗就有特别重要的意义。当然，从伦理思想来讲，由斯密开始的个人主义思想，出现了另外一种倾向。他既认为人的本性是自私的，又认为人对别人有一种同情心。斯密的人性论是二元的人性论。人既是自私的，又是具有同情心的；既是利己的，又是利他的；既是一个经济人，同时又是一个道德人。在经济上一个人可以斤斤计较，从自己的利益出发，自私自利，但在道德上他又可以是一个具有同情心的人，他会照顾到他的同类，注意维持人类的和谐。斯密认为，人的本性中的这种双重特点，既受感情欲望和自私心的驱使，又有人的同情心加以控制，从而使人们在彼此的斗争中不会永无休止，两败俱伤。在斯密看来，人们追求自私的利益会刺激人们勤勉不懈地工作，从而能够增加社会的财富，会给社会带来好处。人们尽管都是为着个人的私利，但是，“一个看不见的手”总是牵着那些为自己利益而奋斗的人，使他不离开社会的利益。为什么一个人，一个自我，一个个人，既然自私又能利他，既有自利心又有同情心，既有个人的生存要求又有种族繁衍的希望，既是一个经济人又是一个伦理人？斯密没有办法解释他在人性问题上的矛盾，不能解释他在人性上的不一贯。斯密最后只有提出一个理由来，他说，这种两重性——利己心和同情心，是上帝的安排，是神的意志。上帝巧妙地把这两种东西放在人性之中。亚当·斯密这样一个很著名的经济学家，由于他在理论上的矛盾，最后竟不得不乞求于上帝的帮助。

第四个阶段，到了19世纪，开始出现了英国的功利主义。广义的个人主义有了进一步的发展。以边沁(1748～1832)和穆勒(1806～1873)为代表的功利主义学派，在强调个人自由的同时，特别强调对个人的快乐和幸福的追求。在他们看来，追求个人的快乐，满足个人的欲望，是个人最终目的和人类最高的道德准则，在强调个人的最高欲求的同时，还必须强调个人追求自己的快乐的自由。穆勒更突出地强调，一个人在追求个人幸福和自由的时候只要不直接涉及他人的利害，一个人就应当有完全的自由。社会只能在法律的范围之内对犯罪行为予以制裁，只要不违法，一切追求自己幸福的行为都应当被视为是正当的。政府和国家对个人的干预越少越好。这是个人主义在政治上的一种表现。他们认为，在世界上只有自己对自己的利益有最深刻，最透彻的了解，任何别人即使是对自己的最大关切，同个人对自己的关切相比，都是鄙薄而肤浅的。在个人主义这一概念出现以前，许多强调个人价值、个人自由、个人尊严等思想的思想家，也往往被人们称为利己主义者。从广义的个人主义来讲，大体上有这么四个发展阶段。

现在来讲狭义的个人主义。所谓狭义的个人主义，主要是指个人主义这个概念产生以后所出现的个人主义。广义的个人主义出现得很早了。正像我们前面所说的，甚至可以追溯到古代希腊、罗马。但是，个人主义这个词的出现，在西方却相当晚。在19世纪40年代以前，有个人的价值、个人的尊严、个人的自由、个人的奋斗和个人的发展等思想，但没有“个人主义”这个词。它不像利己主义一样，因为利己主义在西方很早就有了这么一个概念。利己主义和个人主义有区别也有联系。利己主义者基本上是个人主义者，但有些个人主义者并不承认他们是利己主义者。这中间大概有三种情况：有的个人主义者承认他们是利己主义者；有的个人主义者只承认他们是一种温和的利己主义者；有的个人主义者不承认自己是利己主义者，甚至要求把他们和利己主义者区别开来。个人主义的概念在西方，是什么时候出现的？根据《美国百科全书》、《简明不列颠百科全书》、《科利尔百科全书》以及英文《韦氏大字典》等辞书提供的材料，我们可以看到，直到19世纪40年代，才出现了个人主义这么一个概念。根据西方这些辞典和百科全书的解释，把它归纳起来我们尽量讲它们相同的地方，因为个别地方各种工具书的说法，还有这样那样的出入，他们对这一概念的考察，如最早是谁说的还有细微的分歧。这些有分歧的地方，我先不讲。主要讲，大体上它们一致的情况，可以看到，它们都认为，个人主义这个词，是法国大革命以后的产物。这个词最早是以法文开始的，现在英文中“个人主义”这个词 Individualism 是从法文“个人主义”一词转化来的。在英文中最早使用“个人主义”的是爱默生。大约在1835年，他在自己的一篇文章中，使用了个人主义这个词。但是，他对个人主义并没有作什么解释。对个人主义作出解释的，大家公认的是法国的政治思想家托克维尔（1805～1859）。托克维尔第一个给个人主义下了定义，把个人主义看做一种思想体系。他于1831～1832年在美国写了一本书，叫《美国民主》（第一卷）。回到法国后，1840年出版了这本书的第二卷。在第一卷中，他还没有提到个人主义，在第二卷中正式提出了个人主义，并对美国的个人主义作了分析和论述。因此，我们可以说在近代伦理思想史上，托克维尔是对个人主义作出解释的第一个人，他使个人主义正式成为了一个思想或思想体系。尽管有关个人的价值、个人的自由、个人的尊严、个人的权利等等思想早已经有了，但个人主义这一词从严格意义上说，是从托克维尔开始的。根据《简明不列颠百科全书》的解释，创造这个词的托克维尔，把个人主义定义为一种“温和的利己主义”。托克维尔认为，个人主义，即这种温和的利己主义，“它使人们仅仅关心自己家庭和朋友的小圈子”①。托克维尔认为，作为一种哲学，个人主义包含着价值的体系；作为一种人性理论，个人主义是一种对于政治、经济、社会、宗教行为的总的态度。怎样理解把个人主义看做一种价值体系？《简明不列颠百科全书》认为，个人主义主张，“个人本身就是目的，具有最高的价值，社会只是达到个人目的的手段”；“个人主义的人性理论认为，对于正常的成年人来说，最符合他的利益的，就是让他有最大限度的自由和责任去选择他的目标和达到这个目标的手段，并付诸行动”；“个人主义者往往把国家看成是一种不可避免的弊病，赞赏无为而治的口号”②，反对政府对个人过多地干涉。另外，“个人主义也指一种财产制度，即每一个人(或家庭)都享有最大限度的机会去取得财产，并按照自己的意愿去管理和转让财产。”③托克维尔在他写的《论美国的民主》一书里，对个人主义进行了很多分析，认为美国当时的个人主义，即19世纪40年代的个人主义的发展，最终可能使美国人彼此孤立，从而破坏美国的自由。现在有的同志讲，西方个人主义和利己主义是根本不同的，人们对个人主义的解释是错的，因为人们把个人主义同利己主义搞到一块了。这种看法有对的地方，也有不对的地方。确实在很长一个时期内，我们有些人往往把个人主义和利己

① 《简明不列颠百科全书》(中文版)，第3卷，406页，北京，中国大百科全书出版社，1985。

② 同上。

③ 同上。

主义看成是一种思想体系，没有注意到二者的区别和联系。但是，如果说西方的个人主义的概念就是说强调个人的价值和尊严，并没有以个人为中心和任何利己主义的因素，这个说法应该说是不全面的。因为我们看到，就是西方人解释个人主义，他们也看到了个人主义有着一种温和的利己主义的特性，尽管有的个人主义思想家，比较多地强调个人主义中包含的积极因素，不同意把个人主义和利己主义等同起来，但他们也承认，个人主义是一种个人至上、把个人作为中心的主义，是反对国家社会对个人过多干涉的主义，是主张个人有随意处理个人财产的权利和个人尽可能发财的权利。这种以个人为中心的主义，不仅仅只是一种有关个人尊严、个人价值和个人自由的问题而且包含着一个如何正确处理和正确对待个人同社会、个人同国家的关系问题。总之，不论是从广义的个人主义或狭义的个人主义来看，个人主义可以说是一种从个人出发，以个人为基础的个人中心主义。在历史上作为一种意识形态，在反对封建神权的斗争中，它确实产生过积极的作用。在当代的资本主义社会里边，作为个人反对资本主义制度的压抑来看，在一定的情况下也有积极的意义(我们看到，弗洛姆的思想——强调个人自由，反对压抑，就是针对资本主义制度的，尽管他是强调以个人为中心的，他还是在某种情况下有一定的积极意义)。列宁曾经说过，在资本主义形成的初期，个人解放和发展的思想，“是一大进步”。在今天看来，强调个人利益、个人尊严、个人价值、自我选择，自我奋斗，如果加以正确的引导，也还可能有一定的积极作用。但是，由于个人主义这么一种思想体系，它是以个人为中心的，往往带着利己主义的特点(尽管说是一种温和的利己主义)。在个人与集体的关系中，它总是从个人出发，强调个人的至上性而否认个人利益必须服从整体的利益。由于个人主义强调一个人的一切活动，都是为了个人、家庭和自己小圈子的利益，因而往往导致同国家、整体和社会利益的对立。个人主义既然把个人的价值、尊严视为至上，把个人的活动、个人的自我选择和自我奋斗当做推动历史的动力，溜入了历史唯心主义，因而在个人和集体的关系中，往往表现为个人自由主义和无政府主义。因而，个人主义不适当也不应当成为我国青年所信仰的价值导向的教育方面，我们更不应该提倡这种个人主义的精神。

(三)

第三个问题，在社会主义初级阶段，对我国青年来说，我们究竟应该提倡一个什么样的价值目标，树立什么样的人生理想，在个人和社会、个人和整体的关系上究竟应该遵循什么样的原则？这个问题不仅有重要的理论意义，也有很重要的实践意义。正像上面所讲的，个人主义在当前社会主义条件下，不适合作为青年的人生价值目标，我们仍然应当把集体主义作为价值目标和道德原则，使青年能够在改革开放和四化建设方面树立起集体主义的观念。我们今天所讲的集体主义，应当同我们过去对集体主义所作出的不完全科学的、不够全面的解释加以区别。我们应当为集体主义作出一种正确的、科学的、全面的说明，提倡一种新的集体主义精神。我们对青年进行思想政治教育必须从我国的实际情况出发，对原来关于集体主义的种种不确切、不全面的解释加以改正，在新的形势下对集体主义的内容加以补充和发展，只有如此，才能使集体主义思想在青年中间具有真正的生命力。正是出于这样一个思想，我考虑对于集体主义，作为一种道德原则和价值目标，必须强调以下三个方面：

首先，必须正确理解和处理个人同社会的关系。个人主义者强调以个人为中心，强调一切从个人出发去追求个人的价值、个人尊严和个人利益，把社会只看做一种满足个人利益的手段。这无论是在理论上或在实践上，都是同马克思主义的思想、社会主义制度不相容的。把个人的价值、个人的尊严、个人的自由和个人的利益，放在群众和社会之上，就连西方的许多资产阶级的思想家也是不赞同的。德国的著名思想家黑格尔曾经机智地把社会和个人的关系比做有机体中的生命和细胞的关系。他的这个比喻也可以说是针对个人主义思想中强调个人，以个人为中心，把社会当做手段的思想的。有机体的生命有赖于所有细胞的健全和发展。甚至于可以说有赖于每个细胞的健全和发展。他说："生命存在于每个细胞中，在一切细胞中只有一个生命，没有任何东西抵抗它。如果离开了生命，每一个细胞变成死的了。"[①] 黑格尔这句话是有很深刻的意义的。他所说的生命，同时也就是指的社会组织，他所说的细胞，就是每一个个人。他所说的生命存在于每一个细胞中，就是说，社会整体的活力，寓于社会成员的每一个人之中；他所说的一切细胞只有一个生命，就是说，对社会整体中的每一个个人来说，只有整体才是他们共有的生命。对于每一个个人来说，如果离开了社会，离开了整体，个人的价值、个人的尊严、个人的自由和个人的利益，也就不可能得到发展(当然，马克思又进一步指出，在资产阶级社会中，许多所谓代表每个个人共同利益的整体，只能是一种虚幻的整体，只有在社会主义和共产主义的社会中，才能形成或产生一种真实的集体)。在黑格尔看来，一个有机体的细胞越是有活力，越是健全兴旺，越有主动性，那么生命也就越能朝气蓬勃地发

① 黑格尔著：《法哲学原理》，范扬、张企泰译，293页，北京，商务印书馆，1961。

展。黑格尔不但不否认个体和细胞的作用，而且他在个体与社会的辩证关系中，充分地看到了两者的相互依赖、相互依存。整体、生命高于个人和细胞，同时他也强调个体的活跃和能动性对整体发展的重要性。否则，如果只是片面地强调整体，片面地强调生命，没有个体和细胞的活力，那么整个有机体就必然会死亡。黑格尔吸收了在个人和社会中间强调个人、自我的积极意义，但他抛弃了强调个人自我的那种以个人为中心、把个人抬高到至上的那种消极的不正确的东西，所以说他对这一问题的看法是非常深刻的。黑格尔还着重指出，对一个生活在同一个有机体中间的细胞来说，它们只有一个生命，任何一个细胞都不应该、也不可能离开这个生命。否则任何一个细胞的存在也将是不可能的。是个体至上，还是整体至上，是细胞至上，还是有机体的生命至上，这既是一个实践问题，又是一个理论问题。当然，人类社会是个更复杂的社会，它同自然界的有机体有质的不同。如果把整个社会组织，把社会中的个人与整体的关系完全看做和自然界的有机体相同，从而忽视、抹杀以至否认人类社会组织的特点，当然是错误的。法国社会学家孔德，最早提出了把社会当做一个有机整体的思想，认为像有机体的不同部分行使不同的职能一样，社会中的每一个阶级都各自行使一定的职能。之后，英国的斯宾塞提出了他的“社会有机体论”，企图用生物学规律来代替社会规律。从而为资本主义制度和资本主义的合理性辩护。这当然是错误的。我们在这里，主要是借用黑格尔的思想进一步说明，在社会主义社会中，我们所说的集体主义，是既要强调整体和集体的利益，又要强调个人的尊严、价值和活力。正如生命和细胞的关系一样，在集体主义中个人和整体的关系也必然是相互促进、相互联系、辩证发展的。

其次，我们在承认整体高于个体、生命高于细胞的同时，要特别注意到整体应当力求使个体具有充分的活力。在漫长的封建社会中，压抑个人，否认个人的价值，抹杀个人的利益，使中国整个的社会没有朝气蓬勃的向上的力量。所以，从一个社会的整体来看，个性的发展，个人价值的尊重，个人利益的重视，特别是个体的能动性的发挥是社会和整体得以健全发展的一个必要条件。正是从这点出发，我们应当着重强调并且说明我们的集体主义精神，不但不否认个人的利益，不抹杀个人的价值，相反，个人利益、个人价值、个人尊严的发扬，个人创造性的发挥，正是集体主义的不可分割的内容，是集体主义这个概念、这个思想体系本身所应当具有的一个内容。我们一方面强调集体主义的重要性像生命一样，有机体高于细胞、整体高于个人，但我们必须辩证地说明，我们的集体主义精神，同尊重个人的利益、尊重个人的价值和自由，同发扬个人作为主体的能动性是完全一致的。在过去一段时期内，对集体主义所作的非科学的、片面的了解，应该随着我们对集体主义认识的逐步深入而加以改正。集体主义强调集体利益的同时，必须充分尊重个人利益和个人价值。马克思早就预见到：个人才能的全面发展，个人的自由，对整体来说是非常重要的。他一方面说“只有在集体中，个人才能获得全面发展其才能的手段，也就是说，只有在集体中才可能有个人自由。”①另一方面，马克思又特别强调，为了使个人能够在真实的集体中获得自由，就必须用革命的办法，打破旧的、虚构的集体，因为在这种集体中，不可能有个人的自由的发挥。马克思说：“在过去的种种冒充的集体中，如在国家等等中，个人自由只是对那些在统治阶级范围内发展的个人来

① 中共中央编译局：《马克思恩格斯全集》，第3卷，84页，北京，人民出版社，1960。

说是存在的，他们之所以有个人自由，只是因为他们是这一阶级的个人。从前各个个人所结成的那种虚构的集体，总是作为某种独立的东西而使自己与各个个人对立起来；由于这种集体是一个阶级反对另一个阶级的联合，因此，对于被支配的阶级说来，它不仅是完全虚幻的集体，而且是新的桎梏。在真实的集体的条件下，各个个人在自己的联合中并通过这种联合获得自由。”①从马克思这段话里可以看到，为了使个人的自由和才能得到发展，必须不断地完善我们的集体。也可以说，马克思看到了资本主义社会中那种旧的集体是一种虚幻的集体，它无法使个人的自由、个人的发展能够真正充分地实现，所以他寄希望于一个未来社会的一个理想的完善的集体。他认为在这个集体中，能够使个人的自由得到充分的重视。可惜我们在建立了社会主义的社会之后，没有很好地理解马克思这句话，没有能够在我们这个新的集体里，在社会主义的整体里，注意充分发挥个人的自由和个性的发展，这一点是我们需要提高认识的。当然，我们也必须承认，我国当前社会中的不同层次的集体，很难说都已经是马克思当时所理想的集体。由于社会中的某些腐败现象，我们的有些集体，还不能使个人的能力得以充分发挥，使个人的尊严受到尊重。只有不断地改造、改善和完善我们的整体，才有可能使个人的尊严、个人的价值、个人的利益得到更好的实现。

这里还需要讲一讲关于集体主义的概念。在私有制的社会里，曾经提出过各种不同的集体主义。各种资产阶级的集体主义，正像马克思所说，是虚幻的不真实的，因为那种集体代表不了所有成员的共同

① 中共中央编译局：《马克思恩格斯全集》，第3卷，84页，北京，人民出版社，1960。

利益。无产阶级的集体主义，最早是在拉法格的一篇文章里提出来的。他写了一篇文章叫《集体主义——共产主义》，把集体主义当做一种政治信仰和一种社会理想来追求，他当时还没有把集体主义作为一种道德原则来理解。到了俄国十月革命，第一个社会主义国家建立后，在苏联进一步提出了集体主义，把集体主义看成是一个处理个人利益和整体利益的重要原则。由于当时的历史条件等各种原因，对集体主义的解释，往往较多地强调了个人利益应当服从集体利益的方面。从总的来说，苏联一些人对集体主义的理解，在相当长的时期内，虽也注意到了个人的利益，但对个人的尊严、自由和价值是注意得很少的。

最后，我们强调集体至上、个人利益应该服从集体利益，强调要充分发挥个人的能动性并尊重个人的价值和尊严，同时，我们主张在必要的时候，在个人利益和集体利益发生矛盾时，要牺牲个人利益来维护集体利益。最近几年来，在伦理学的研究和在青年思想工作中，关于牺牲个人利益的问题，日益引起人们的兴趣。集体主义原则中的个人牺牲绝不是任意地、任性地、随时随地地、没有严格限制地牺牲个人的利益，只是在个人利益和集体利益发生矛盾的情况下，在二者不能调和的情况下，或只有牺牲个人利益才能保持国家、民族的重大利益情况下，我们才提倡个人作必要的牺牲。利己主义和个人主义者是反对自我牺牲的。在西方，并不是所有的伦理思想家都反对自我牺牲。强调义务论的康德就认为。如果一个人要有道德，就应当对社会和对他人作出牺牲。康德有一句著名的话就是："德性之所以有那样大的价值，只是因为它招来那么大的牺牲，不是因为它带来任何利益。”①普列汉诺夫也一再强调利益是道德的基础，并认为道德总是或多或少以牺牲个人的利益为前提的。个人主义者和利己主义者都公开地、直言不讳地反对为别人而牺牲个人利益。费尔巴哈把自己的伦理学和道德原则，称为合理的利己主义。他之所以把自己的利己主义加上“合理的”形容词，就是要同那些他认为是残忍的、冷酷无情的、任意的、故意的、只在对他人的冷淡无情中要求满足的利己主义加以区别。他自称他的利己主义是宽厚的、自己克制的、是在对他人爱的中间寻求满足的一种健康的与本性相协调的、必要的、与人生相一致的、不可避免的利己主义。费尔巴哈在宣扬自己的利己主义的“合理性”的同时，也反对自我牺牲。他认为利己主义是人的一种本性，他的一句著名的话是：“这种利己主义和我的头一样是这样的紧密地附着于我，以致如果不杀害我，是不可能使它脱离我的。”②他认为，为别人牺牲是不可理解的。他的另一名言：“如果由我身上脱下斗篷就是德行，那么我就同时把这个斗篷穿在别人身上和我的无德行上，可是我还以德行自夸，并用德行装饰自己。”③他的意思是说，如果天下着大雨，你把自己的斗篷脱下来披到别人身上，你就认为是有道德的，是作了自我牺牲。其实你不知道，当你把自己的斗篷脱下披在人家身上时，你虽然有道德了，但这也就把不道德披到人家身上了，所以同时你自己也是不道德了。这种从利己主义思想出发的论辩看起来

① 康德著：《实践理性批判》，关文运译，158页，北京，商务印书馆，1960。

② 费尔巴哈：《费尔巴哈哲学著作选集》(上卷)，565页，北京，三联书店，1959。

③ 同上书，588页。

好像是非常机智，其实质，正好证明了利己主义的自私的本质。马克思主义所强调的集体主义的突出特点，就是它包含着自我牺牲精神。马克思主义的集体主义中的自我牺牲精神，并不是只顾整体利益而不顾个人利益，相反它正是从个人利益和整体利益的辩证统一的关系的基础上来考虑的。在现实生活中，我们可以看到无数的事例，个人利益的牺牲，正好是为了维护包括个人在内的整体利益。同时，在很多情况下，个人的暂时的利益的牺牲由于维护了包括个人在内的整体利益，有时还直接进一步促进了个人利益的实现。当然，有时确实存在着必须牺牲小我以保存大我的情况，其中最典型的就是在保卫民族、保卫国家的抵御外国的侵略的正义战争中的牺牲精神。至于说在什么情况下要牺牲个人利益，那必须根据国家利益和集体利益的需要，根据不同情况，作出道德抉择。例如，在维护国家民族利益、维护人民生命财产的紧急关头，不惜牺牲个人的利益，挺身而出，见义勇为，正是集体主义一个很重要的要求。我们现在的社会风气，确实不很好，前些时报纸上曾经报导过一些流氓在公共场合为非作恶，而有些人却袖手旁观，这种情况，应当引起我们的高度重视。如果说对歹徒在公共场合为非作恶都不能与之作斗争，那怎么能够为了整个国家民族的利益而去作自我牺牲呢？如果一个社会、一个民族很多人都只顾个人而不顾集体，那么这个国家和民族就是没有生命力的，更不可能会兴旺发达。所以在当前形势下，我们要看到西方伦理道德思想带来的消极影响，更根据我国的国情，培养青年把集体主义精神作为一种价值目标，使为社会主义、为振兴中华而奋斗的精神成为青年人的一种力量。只有这样，才能使我们国家四化建设取得更好的进展。

对整体与个人关系的思索*

十年改革在伦理道德领域中引起的最深刻，最重大和人们最关心的问题，莫过于整体与个人关系的问题。在这个问题上表现出来的实践对立和理论分歧，对中国的伦理道德产生的冲击是如此巨大，以至于由此产生的后果恐怕将影响中国伦理道德在未来的发展趋势，影响中国伦理道德的直接价值目标，并有可能影响到中国改革在未来的发展方向，影响到中国现代化的总体价值目标。十年改革反馈给我们的一个深刻的结论便是，并不存在的单纯经济形态的国家现代化，任何国家的经济现代化，既必须依赖一定的价值目标(包括道德价值目标)的导向，更必须包含着或伴随着一定的价值目标的追求。甚至可以说，一定的经济现代化，往往只是一定的价值目标在经济实力上的体现；或者，这种经济的现代化，不过是达到设定的价值目标的一种最重要的手段。整体与个人的关系问题，正是在这样的价值目标背景下，引起了人们的广泛的注目、沉思及论

* 原载《道德与文明》，1989 年第 1 期。

争。伴随着具体的经济实践的需要而对道德理论提出的需要，依然是激励人们对整体与个人的关系重新进行思索的实践源泉。

问题首先是由对集体主义道德原则的重新认识开始的。最主要的是对集体主义所倡导的整体主义、整体利益至上以及个人牺牲等等问题如何理解而展开的。目的似乎很清楚，这就是重新解释整体与个人关系的性质及其含义，摆正二者之间的关系，把个人从整体的约束中解脱出来，树立个人的个性、尊严、价值等等，以适应经济的迅速发展对个人活力的迫切需求。由此发端的对整体与个人的关系问题的讨论，在十年改革的全过程中，在某种情况下已经演化为一场极其复杂的道德原则之间的争论，即集体主义原则与个人主义或利己主义原则之间的争论。这两种不同的道德理论，都力图使自己成为国家现代化建设的价值导向目标，使自己成为最基本的国民道德，而且都认为唯有自己，才能成为国家道德发展的必由之路。

对我们来说，首先需要反思的是在我国以往历史中占据主导地位的整体主义原则和集体主义原则。无论我们对整体主义原则。集体主义原则持什么样的态度，都理应在改革的背景下对之作实事求是的反思。

整体主义原则是贯穿中国封建社会的最重要的道德原则。这条原则的基本精神，是封建统治集团整体的利益绝对高于个人的利益，个人在国家社稷面前是微不足道的，个人的个性、尊严、价值等等，都只是某种“偶然性”的东西，它们如同个人是整个国家的“偶然性”一样，只有当它们被纳入这个利益圈子之后才是可能的。这种整体主义原则的具体化就是中国封建社会政治、伦理的总纲领：三纲五常。君王作为国家利益的代表必须绝对凌驾于臣民之上；父亲、丈夫作为家族利益的代表必须绝对凌驾于儿子、妻子之上。这种整体主义原则作为约束、禁锢个人的道德戒律，实质上是扩大了的家长制道德戒条。建立在氏族社会基础之上的中国封建社会及所谓的“亚细亚生产方式”的经济、政治特征，是造成这种重整体轻个人、重压抑轻自由的封建整体主义道德原则的历史根据。与这种整体主义相适应的经济形式就是自给自足式的小农自然经济。

毋庸置疑，与中国社会从未有过成熟的商品经济形式相伴随，直到现代社会中，封建主义的整体主义原则在我们的伦理道德生活中仍然根深蒂固，个人依然没有获得充分的自我意识、自我尊严、自我价值、自我权利等等，而这些东西对于新的商品经济形态来说却是至关重要的。正是在这个意义上，反封建整体主义道德原则，强调个人的主体性，强调个人的活力，恰恰适应了现时代的需求，适应了改革的需求，适应了发展商品经济的需求，因而具有无可争辩的进步意义。如果我们对整体和个人关系，仍然局限于传统整体主义式的理解，仍然只是从个人怎样盲目地遵从整体的戒令的角度去加以注释，显然就会阻碍人们在改革进程中解放思想、更新观念、发挥主动性和创造性，并进而阻碍商品经济的发展，最终阻碍改革的发展。

应该指出，新中国成立以后我们党一直倡导的集体主义道德原则，本质上不同于封建主义的整体主义原则。把这两者混同起来，在理论上是不能成立的，在实践中更是极其有害的。我们不应当把由于“左”的思想影响等原因而强加给集体主义的某些解释看做是集体主义，也不应当把因“左”的思想影响等原因而否认的某些属于集体主义的内容看做是与集体主义不相容的。集体主义与封建整体主义的根本区别，除了产生的基础及各自所代表的“整体”的性质完全不同之外，还在于集体主义并不只重整体不重个人，并不只强调个人服从整体而不强调整体为个人的发展与完善提供必要的保障条件。恰恰相反，在集体主义中，整体与个人的关系，并不是一种绝对对立的关系，而是一种辩证统一的关系；整体利益固然至上，但这种至上的整体利益既包含着大多数个人的利益，又绝不与个人的正当利益为敌，而是强调个人利益的实现应不以损害他人利益为前提，并在必要的时候，把为他人或整体利益所做的牺牲看做个人自我实现的一种崇高方式。更为重要的是，集体主义认为在现代社会中，个人只有借助于集体方能最大限度地实现个人利益，集体不但不是个人利益实现的桎梏，而且是个人利益实现的必需条件。

但是同样应该指出的是，尽管前些年我们所倡导的集体主义原则不同于封建主义的整体主义原则，我们却不能断然肯定这种集体主义原则在我国的实施情况就是毫无偏颇的。十年改革的实践实际上已经使我们看到了由于“左”的思想的影响，以往所理解和实施的集体主义原则在理论上和实践中确实存在着很多弊端。

其一，封建整体主义在我们所倡导的集体主义中仍然留有某些痕迹；其二，苏联斯大林时代所强调的集体主义，在很长一段时间内成为我们所倡导的集体主义的直接摹本；其三，长期“左”的思想的影响，使在理论上正确的集体主义原则，在具体的道德实践中走了样。受这三重因素的影响，使我们在理解和实施集体主义原则时，往往并没有准确地把握住真正马克思主义意义上的集体主义，而是使集体主义原则多少变了形。这种变了形的集体主义原则，其弊端概括起来，一是使集体主义在一定程度上成为极权主义、专制主义和“四人帮”施行法西斯主义的理论借口，从而在许多情况下，成为少数人压制民主、压制个人自由的封建整体主义理论；二是不正确地把整体利益同个人利益对立地来，片面强调整体利益，片面地贬斥个人利益，使整体利益在实际上成为一种虚妄的实体，使个人正当利益成为无人敢问律的洪水猛兽；三是严重地压抑或挫伤了个人的主人翁精神、首创精神和积极开拓进取的精神，迫使人们养成不健全的驯服、恭顺、虔敬的谦谦人格。这种弊端在1957年反右和后来的“文革”当中表现得尤为突出。这里我们并不是丑化或全盘否定集体主义原则，而只是说，如果不对集体主义原则作准确的马克思主义意义上的理解，那么，我们实质上就是削弱了集体主义原则自身的威信，降低了集体主义原则自身的生命力，从而无法真正在实际的道德生活中，贯彻和坚持集体主义原则。鉴于此，实事求是地反思我们所倡导的集体主义原则，找出并纠正曾经有过或现在仍然有的弊端、尤其是不利于今天改革的弊端，实质上成为我们在新形势下坚持集体主义原则的重要步骤之一。

首先应该反思的是，集体主义原则所指的“集体”究竟是什么样的集体。集体主义原则中最关键的问题，就是集体必须是马克思、恩格斯所说的那种“真实的集体”，而不是马克思、恩格斯所痛斥的那种“虚妄的集体”。判断集体是否真实的最可靠的方法，莫过于看这个集体是否真正像它所宣称的那样为最大多数人谋利益，而不是仅为少数人谋利益。就此而论，强调集体主义原则中集体的真实性问题，已经超出了一般的理论问题，而是直接与我们所指的集体的实际言行紧密相联，成为直接与集体主义原则的可信赖程度密切相关的现实问题。因而，怎样使我们的集体具有更多的真实成分、抛弃更多的虚妄成分，是使集体主义原则取信于民的关键。

其次应该反思的是，集体主义原则究竟应该怎样确立个人的地位——包括个人的个性、个人的尊严、个人的价值、个人的权利，以及个人奋斗、自我实现、自我设计等等。以往我们在解释集体主义原则时，无论我们怎样试图从理论上讲清个人与整体的辩证关系，但实践的结果却总是以个人受到过多的、不必要的压抑而告终。因此，今天当我们在反思集体主义原则时，或者在坚持集体主义原则时，应该突出集体、整体的同时，也要强调个人活力的地位，从一个全新的高度，来认识个人活力与集体活力的辩证关系，认识个人活力与改革成败与否的辩证关系，从而彻底纠正以往对个人的作用和地位所作的不正确理解。改革十年的实践也证明，重视个人的正当利益，维护个人的尊严、价值、权利等等，对于激发人们为改革、为四化献身的开拓创新精神，对于国家和民族的振兴，都起到了积极的作用。个人意识的觉醒确乎成为当今道德发展的一个显著标志，成为改革和四化建设不可或缺的宝贵的精神财富。

我们正是顺着这么一条思路来反思集体主义原则并以之来调整个人与整体的关系的。然而，在人们作这种反思的过程中，也有一种思想，认为个人主义甚至利己主义的倾向，是应当看做与当前改革开放形势相一致的。这种以不同方式在不同情况下所主张的个人主义和利己主义倾向，使我们在反思和坚持集体主义原则时，面临着更多的困难。可以确定无疑的断言，集体主义与个人主义之间的争论，在中国改革这一特殊的环境中，将会有一个漫长的过程。

我们认为，一方面我们应该冷静地思索集体主义原则在以往的偏差；另一方面我们又不能以集体主义原则曾出现过偏差而抛弃集体主义并用个人主义或利己主义取而代之。如果说十年改革的实践暴露出我们以往在理解和实施集体主义方面出现过偏差，那么，十年改革的实践，也同样证明个人主义或利己主义对我们所进行的社会主义性质的改革和四化建设，具有相当大的消极作用和破坏作用。

利己主义、尤其是极端利己主义思想的破坏作用自不待说，这种思想在全世界都是受到鄙弃的。比较复杂也颇有魅力的是个人主义思想。从西方文献来看，个人主义大体可以概括为三个意思：(一)强调个性的发展；(二)强调个人权利和个人利益的至上性；(三)强调个人的尊严和价值，个人是一切的出发点，个人是目的而不是凌驾于他之上的他物的手段。无论从个人主义诞生的初年还是从个人主义盛行的阶段来看，个人主义以个人为最核心的价值标尺这一点都是始终如一的。因此，无论个人主义怎样试图把自己同利己主义区分开来。但在实质上，连许多西方思想家也认为它们具有不可忽略的亲缘关系，即它们在处理个人和他人的关系时，都主张以自我为中心，以个人利益为出发点，以个人幸福为最终目的，并以这一切作为衡量行为善恶的最高价值尺度。

个人主义思想对当代中国具有魅力的最根本原因，从积极方面说，第一，是人们看到了它对个人的地位和作用的尊崇，而且这种尊崇似乎并不是像利己主义那样卑下；第二，是人们看到了个人主义从出现到兴盛的过程，正是资本主义从出现到兴盛的过程，它直接适应了资本主义商品经济的需要，并确乎由此以伦理道德的方式辅佐了资本主义商品经济的大发展。一个是个人活力，一个是商品经济的需要，正是这两点，似乎正好与我们目前改革的需要相吻合，因而对人们产生了极大的吸引力。从消极方面说，个人主义思想迎合了一些人的自私自利之心，以往和现在都得不到人们支持的自私自利观点，现在似乎也由此找到了冠冕堂皇的外装，这种行为似乎也由此成为公开化的正当行为。

然而，无论是从积极的方面来说还是从消极的方面来说，个人主义给人们造成的这种假象，实际上已经严重地干扰了人们的正常视线，使人们从另一个极端去曲解个人与整体的关系，并由此诱发了人们不正当的私欲，给我们的改革事业造成了不可低估的损害。甚至可以把话说得重一点，如果我们低估了这几年个人主义思想对改革事业的危害，那么，改革的路子将会更加曲折艰难。

个人主义似乎是尊崇了个人的地位和作用，并似乎由此激发出个人的活力和首创精神。但是，一方面，我们忽略了个人主义与利己主义的亲缘关系，忽略了个人主义完全可能与利己主义直接相通，从而忽略了个人主义在强调个人的地位和作用的同时，必然要自觉或不自觉地把个人和个人利益放在整体和整体利益之上。如同封建整体主义片面强调整体的至上性和个人的偶然性一样，个人主义则必然会片面强调个人的至上性和整体的偶然性。这几年的道德实践已经有说服力地证明，个人主义在证明个人至上观点时，正是以集体或整体的所谓"虚妄性"为论据的。一旦个人主义否定了整体的地位和作用，否定了个人对待整体应持的基本态度，那么，自称与利己主义并不相同的个人主义，自己就会抛弃自己的观点而走向利己主义。事实上，这种不顾整体、不顾社会利益的个人主义思想，已经严重地淡化了人们的社会责任意识，严重地淡化了人们的历史使命意识，并正在使人们分化开来、割裂开来、对立起来，从而正在使人们日趋赞同"人都是自私的"格言，从而使整个社会失去凝聚力而成为一盘散沙。这种对社会、对国家、对民族、对他人、对事业、对前途的深层的信仰危机，是多少年来不曾在我们国家中出现过的。这种信仰危机确乎已经演化成为改革事业的腐蚀剂。

另一方面，这些主张个人主义的同志，似乎严重地忽略了个人主义所赖以滋生的文明土壤，忽略了不同文明的价值观念间激烈的交锋与碰撞可能产生的致命的副作用。英国著名史学家汤因比曾极其严肃的指出过，在一种文明系统中不会致害甚至会致福的因子，一旦逃离这一文明框架的制约而参与到另一个文明系统中去，就有可能对这一文明系统产生致命的危害，因为这一文明中没有制约它的相因的机制。因而“一个人的佳肴”完全可能成为“另一个人的毒药”①汤因比的这一文明观并不是绝对真理，然而却包含着合理的成分，并有助于我们理解个人主义在不同文明系统中的适应机制问题。这就是说，在西方文明中滋生出来的个人主义思想完全可能与各个西方文明的因子融为相互制约的统一物，因而的确可能是西方社会在某一发展阶段上的重要的推动力。西方社会历史起源的特殊性、西方突出个性的传统、西方较为完备的法制系统以及西方社会的人的文化文明素养，特别是由于西方的以私有制为基础的资本主义的社会制度等等，使个人主义的思想在西方确实有着它的特殊作用。

但是，我们今天所建设的是社会主义的现代化，我们要坚持的是社会主义。而且，中国这个长期置立于小农自然经济基础上的社会，小农经济的必然派生物——狭隘自私的小农意识，往往会从个人主义最致害的方面去认同个人主义，把原本在西方就属个人主义消极面的东西，轻而易举地同化为维护自己狭隘的一己私利的堂皇理论。中国传统社会中固然缺乏个性的意识，但中国传统社会中却从来不乏小农自私的意识。中国传统社会中重整体轻个人的倾向，本身也是两重的：既缺乏在法律允许的范围内、在不损害社会和他人利益的范围内充分展示个人个性的一面，也缺乏依靠守法、依靠不损害社会和他人利益来获取个人正当利益的一面。如果以为中国仅仅缺乏个人意识，而不缺乏真正意义上的整体意识——自觉地把自己同整个类群、整个社会认同起来的整体意识——那同样是不符合实际情况的。中国人既缺乏个性意识，更缺乏马克思主义所理解的社会主义的集体主义意

① 参见汤因比：《文明经受着考验》，下编，第5章，杭州，浙江人民出版社，1985。

识。企图通过强化中国人的个人主义意识而端正中国人对待整体与个人的关系的态度，即便是出于非常善良的愿望，仍然有可能在中国改革这个极复杂的环境中导致诱发人们的私欲，阻碍人们团结一致共渡难关的恶果。

有的同志似乎认为，个人主义是商品经济的必然的伦理道德基础，似乎离开了个人主义思想的指导，商品经济将不可能发展。然而，我们要看到，即便是发展资本主义的商品经济，由于当今世界经济日趋联为一体的总形势，使得资本主义早期那种个人自由竞争的环境日渐衰落，更多的倒是国际间经济的相互循环和相互制约，是国家干预和指导力量的加强。在这种情况下，对资本主义国家来说，发展就意味着必须依靠一种奋发图强精神，依靠一种强有力的民族向心力和自信心来发展国家的经济。战后日本、联邦德国，以及韩国等实际上走的就是这么一条道路。对于这些国家和地区来说，更重要的是国家和民族振兴的民族自强心和国家利益、民族利益至上的信念，而不是所谓的个人主义。由此可见，即便是资本主义的商品经济也并非一定要靠个人主义的指导才能成功。另一方面，由于我们改革开放搞的是社会主义的商品经济，以共同富裕为最终目标，因而，更必须反对那种只重个人不重整体的个人主义，更没有根据非把个人主义视为社会主义商品经济的伦理道德基础。社会主义的集体主义对个人与整体的关系的看法，与个人主义的看法正好相反，即认为只有借助于集体的力量，社会的发展和个人的完善才可能是同步进行的，更进一步说，在我们正着手进行的这场极为艰难的改革事业中，唯有这种把整个国家团结起来的共同富裕、共同完善的集体主义精神，才能够使我们将困难降低到最低程度，从而获得改革事业的最终成功。集体主义仍然应当是我们国家全体人民所应当奉行的价值目标。

论社会主义道德建设的体系结构及其之间的相互关系*

在中国，社会主义道德建设经过十几年来的实践和探索，在马克思主义的思想的指导下，在有中国特色的社会主义的长期实践中，已经形成了一个既有理论指导，又有丰富实践内容的科学的体系结构。党的十五大所作的《中共中央关于加强社会主义精神文明建设若干重要问题的决议》，对于这一问题，作了科学的概括。正如决议所指出的："社会主义道德建设要以为人民服务为核心，以集体主义为原则，以爱祖国、爱人民、爱劳动、爱科学、爱社会主义为基本要求，开展社会公德、职业道德、家庭美德教育，在全社会形成团结互助、平等友爱、共同前进的人际关系。"这一科学体系的确立，是经过全国各有关方面深入讨论和研究、集中全党全国人民的智慧、并在党的中央全会上得到通过，从而得到了全国人民的认同和拥护的一个全新的概括。可以肯定地说，社会主义道德建设的科学体

* 原载《道德与文明》，1998年第4期。曾收入《罗国杰文集》，下卷，1004～1021页，北京，中国人民大学出版社，2007。

系的确立，必将对我国今后的道德建设、对广大人民群众的思想道德素质的提高、对整个社会风气的改善，都将产生重要的影响。深入地认识和阐发这个科学体系结构的内容及其各个层次的相互联系，自觉地运用这个体系结构的不同层次的要求，尽可能地使这一科学的结构体系能够为广大人民所掌握，是我们当前道德建设的一个重大的任务。

社会主义道德建设的体系和结构，概括来说，就是一个核心、一个原则、五个基本要求、三大社会道德领域的十五个道德规范和一个总的目的。为了更加全面、系统和深入地理解和掌握这一社会主义道德建设的科学体系，我们就分别从各个方面，来对它加以比较详细的论述。

社会主义道德建设，有一个核心，就是为人民服务；一个原则，就是集体主义；五个基本要求，就是爱祖国、爱人民、爱劳动、爱科学、爱社会主义；三大社会道德领域就是社会公德、职业道德和家庭美德；每一个道德领域都确定了五个具体的道德规范，从而构成了十五个道德规范的一个整个的道德规范体系，这就是：(1)社会公德，它的具体规范是文明礼貌、助人为乐、爱护公物、保护环境、和遵纪守法；(2)职业道德，它的具体规范是爱岗敬业、诚实守信、办事公道、服务群众和奉献社会；(3)家庭美德，它的具体规范是尊老爱幼、男女平等、夫妻和睦、勤俭持家和邻里团结。最后，社会主义道德建设有一个总的目的，这就是要在全社会形成一种团结互助、平等友爱、共同前进的人际关系。

社会主义思想道德建设，集中体现了社会主义精神文明的性质和方向。一方面，它从当前的社会主义初级阶段的经济、政治的现实出发，反映着经济、政治的要求。另一方面，它对社会的经济的发展和政治的民主化进程又能够发挥巨大的能动作用。我国现在经济上实行的是以公有制经济为主体、多种所有制经济共同发展的基本经济制度，它的根本目的是要解放生产力、发展生产力、达到消灭剥削、消除两极分化的共同富裕的社会主义，因而，在实行社会主义市场经济体制的整个历史时期内，强化社会主义道德建设对政治、经济发展的这种能动作用，坚持社会主义道德的核心、原则、基本规范和三个领域中的各种规范要求，抵制拜金主义、享乐主义和个人主义的腐蚀，形成一种团结互助、平等友爱和共同前进的人际关系，建立起良好的社会主义道德风尚，是我们当前道德建设的一个十分重要而又十分光荣的任务。

一、关于社会主义道德建设的核心

什么是核心？从事物的规定性来看，核心就是一个事物赖以存在的依据，是一事物区别于其他事物的本质特征。相对于中心来说，核心可以说是中心的中心。正是在这一意义上，我们可以说，“为人民服务”是社会主义道德区别于其他道德的本质的体现。“为人民服务”是社会主义道德建设的出发点和最终目的，我们的社会主义道德建设，必需紧紧掌握住“为人民服务”这一核心。为人民服务是我们党的宗旨，是共产党人和一切先进分子的人生观，也是我们当所提倡的一种高尚道德。新中国成立以来，尽管我们在社会主义和共产主义道德建设中，一贯提倡“为人民服务”的人生观、提倡为人民服务思想，但是，把“为人民服务”确立为社会主义道德建设的核心，是六中全会所做出的一个重要贡献。这一提法，是对马克思主义道德理论在新时期的一个发展，对我国当前的社会主义道德建设，有着极其重要的理论意义与现实意义。

怎样理解社会主义道德建设的核心是“为人民服务”呢？我们可以从三个方面来加以把握。第一，要深刻理解“人民”的含义。对于马克思主义者来说，“人民”同所谓“人”或“人人”的意义是不同的。为人民的利益而工作，为人民的利益而献身，为人民的利益而英勇奋斗，是中国共产党在长期革命斗争中所形成的一个根本的思想。1944年，毛泽东同志在《为人民服务》一文中指出：“我们的共产党和共产党所领导的八路军、新四军，是革命的队伍。我们这个队伍完全是为着解放人民的，是彻底地为人民的利益工作的。”在《论联合政府》一文中，他又再一次强调“紧紧地和中国人民站在一起，全心全意为中国人民服务，就是这个军队的唯一宗旨。”毛泽东说，“人民是什么？在中国，在现阶段，是工人阶级、农民阶级、城市小资产阶级和民族资产阶级”。在改革开放的新形势下，人民应当包括一切拥护四项基本原则、拥护改革开放的广大群众。人民不包括一切反对马克思主义、反对共产党的领导、反对社会主义道路、反对人民民主专政的敌对分子。在社会主义的现阶段，强调人民的利益，是同强调社会主义的利益一致的，为人民服务的思想，又是同社会主义的政治制度和经济制度密切相联系的。在改革开放的新时期，邓小平同志再一次强调“为人民服务”的重要意义，他说，人民满意不满意、人民高兴不高兴、人民赞成不赞成，应当成为检验我们一切工作的标准，并以“我是中国人民的儿子”作为他对人民的信仰和尊重。由此可见，社会主义道德建设提出以“为人民服务”为核心，是有其深刻含义和丰富内容的。“毫不利己、专门利人”是为人民服务；“无私奉献、舍己为人”是“为人民服务”；顾全大局、先公后私，是为人民服务；关心他人，爱护他人，并给予力所能及的帮助，也是为人民服务；爱岗敬业、办事公道，努力做好本职的工作，也是为人民服务；遵纪守法、诚实劳动，获取正当的个人利益，同样也是为人民服务。在为人民服务的思想中，既有先进性的要求，又有群众性的要求。我们说，在为人民服务的思想中，也包含了“人人为我，我为人人”的思想，正是从广泛性这一要求出发的。

二、社会主义道德建设的原则

新中国成立以来，在道德建设上，我们一直坚持以集体主义为原则，其根本原因在于集体主义原则反映了我国基本的经济制度和政治制度的要求，并能动地作用于我国基本的经济制度和政治制度，强有力地推动了为社会主义建设事业的发展。值得注意的是，自从我国实行社会主义市场经济以来，一些人对于集体主义是否仍然应当成为我们的道德原则，提出了种种的怀疑。一些人，以我国实行市场经济为理由，认为市场经济就是要启动为个人利益而奋斗的能动作用，因而不能再用集体主义来作为我们的道德原则。正是在这些理由下，一些人提出要以个人主义、本位主义、利己主义和合理利己主义等来作为我国社会主义当前的道德原则。有的人认为，集体主义原则是计划经济的产物，现在实行市场经济，就要以互利互惠、主观为自己、客观为别人等思想作为我们的道德原则。还有的人认为，集体主义原则只能处理集体同个人的关系，不能处理个人同个人的关系，因而应当以其他的原则作为我们的道德原则等等。还有些人认为，集体主义原则只强调个人服从集体，而不强调个人的自由，因而在改革开放的今天，就不应当再以集体主义来作为我们的道德原则。应当说，这些看法的产生，都有其一定的客观原因，或者是对集体主义的误解，或者是对市场经济的错误认识，因而，这些看法都是值得商榷的。为什么说在社会主义市场经济条件下我们的道德原则仍然应当是集体主义呢?

一般来说,社会主义的集体主义,应当包括三个方面的基本内容。

第一,社会主义的集体主义强调,集体的利益同个人的利益,在基本上是一致的。在社会主义社会中,个人利益和集体利益是统一的。国家利益、社会利益体现着个人的根本的、长远的利益,是集体所有每个成员的利益的有机统一。同时,每一个个人的正当利益又都是集体利益的不可分割的组成部分。正是从这一点出发,集体利益的兴衰成败,与个人利益的大小得失,有着息息相关的联系。在现实生活中,集体利益和个人利益,又是相辅相成的,集体利益的发展,本身就包含着集体中每个成员利益的增加,而集体中每个个人的利益的增加,同样有利于集体利益的加强。因此,任何割裂集体利益和个人利益的思想都是不符合集体主义的原则,是错误的。

第二,社会主义集体主义承认,在社会生活中,在某些具体情况下,个人利益和集体利益又往往会发生矛盾。社会主义的集体主义强调,在这种情况下,必须坚持集体利益高于个人利益的原则,即个人应当以大局为重,使个人利益服从集体利益。马克思主义者对这一原则的运用不是任意的,而是要处处考虑到实际情况,使这种矛盾得到很好的解决。集体主义认为,只有在特殊的情况下,如国家遭受到敌人的侵略,人民生命财产遭到危险时,才要求个人无条件地为集体利益而献身,直到牺牲自己的生命。社会主义的集体主义之所以要强调个人利益要服从集体利益,归根到底,既是为了整个集体的共同利益,也是为了维护每个人的共同利益。

第三,社会主义的集体主义,不仅不会妨碍个人利益,而且它的重要功能就是要保证个人正当利益的实现,使个人的才能、价值能够得到最好的发挥，这不但不与集体主义思想相矛盾，而且，它完全是集体主义思想的应有之义。马克思说，“只有在集体中，个人才能获得其全面发展的手段，也就是说，只有在集体中，才可能有个人自由。”那种把集体主义看做是“服从”、是对“个性的束缚”的思想，是与集体主义的本意相违背的，这是我们在强调集体主义原则时应当加以纠正的。对于集体主义来说，只有个人的价值、尊严得到了实现，个人的正当利益，得到了保证，个人的主体性得到了发挥，集体才能有更强大的生命力。

在明确了社会主义的集体主义的原则所包含的全部意义之后，对于什么是社会主义的“义利观”，也就容易把握了。在社会主义社会中，我们应当“大力提倡把国家和人民利益放在首位而又充分尊重公民合法利益和社会主义的义利观”。这也就是说，社会主义的义利观，是一种先义后利、义利并重的义利观，是一种把国家和人民利益放在首位、即首先考虑国家和人民利益的义利观，而这种义利观，绝不是不重视个人的利益，而是要充分尊重公民个人合法利益的义利观。

社会主义道德的核心和原则，即“为人民服务”和“集体主义”相辅相成、相互为用的，它们之间有着内在的、密切不可分的联系。在“为人民服务”的核心中，就包含着人民的利益、集体的利益高于个人利益的思想；在“为人民服务”的思想中，也包含着“为社会献身”、即把社会利益、集体利益看做是高于个人利益的思想。同时，在集体主义原则中，也同样体现着人民的利益是最高的利益，贯彻着个人要为人民利益而献身的思想。作为社会主义道德核心的“为人民服务”，强调的是我们一切工作的根本目的和出发点，都是为了广大人民群众的利益；而作为社会主义道德原则的“集体主义”，强调的是我们在为人民服务的活动中，在处理个人和他人、个人和集体的关系中，要能够从人民的利益出发，贯彻人民的利益高于一切的思想，更好地处理各种矛盾，从而使我们的道德行为，能够更好地维护人民利益和国家利益，更有利于有中国特色的社会主义的现代化建设。

最后，我们应当特别指出，“为人民服务”的核心和“集体主义”的原则，都是贯穿在整个社会主义道德规范体系中的指导思想，对规范体系中的每一部分，都有着导向和制约作用。不论是在社会主义道德的五个基本要求（爱祖国、爱人民、爱劳动、爱科学、爱社会主义）中，还是在社会主义道德的三大领域（社会公德、职业道德、家庭美德）中，从始到终，都贯彻了“为人民服务”的核心和“集体主义”的原则。

三、社会主义道德的基本要求

怎样理解社会主义道德的基本要求，它在社会主义的道德体系中，占有什么样的地位？

社会主义道德的基本要求有五个，即爱人民、爱祖国、爱劳动、爱科学和爱社会主义。这五个基本要求是如何形成的，这五者之间，又是什么关系呢？

我们知道，早在全国解放初期，由中国人民政治协商会议第一届会议所通过的《中国人民政治协商会议共同纲领》中，就规定了“提倡爱祖国、爱人民、爱劳动、爱科学、爱护公共财物为中华人民共和国全体国民的公德”这一内容。1982 年第五届全国人大所通过的宪法中再一次规定“国家提倡爱祖国、爱人民、爱劳动、爱科学、爱社会主义的公德”，这是对建国初期的《共同纲领》中所提出的“五爱”要求的进一步发展，所不同的是，在当时的历史条件下，在《共同纲领》中，还没有向全国人民提出“爱社会主义”的要求，而到 1982 年，提出这样的要求，也就是理所当然的了。把原来的《共同纲领》中的“爱护公共财物”改为“爱社会主义”的原因之一，就是“爱社会主义”包括了更广泛的内容，“爱护公共财物”本身也就是爱社会主义的一个重要的内容。由此可见，把“爱祖国、爱人民、爱劳动、爱科学、爱社会主义”作为我国的社会主义道德的基本要求，是新中国成立以来我国道德建设的经验的总结，反映了我国道德建设的客观要求。这里应当提醒大家注意的就是，《共同纲领》和《中华人民共和国宪法》中的“五爱”，在过去，常常又称做“社会公德”，而在党的十四届六中全会所通过的《关于社会主义精神文明若干重要问题的决定》中，“五爱”成为社会主义道德的基本要求，不再称为“社会公德”了。“社会公德”则专指社会公共场合的道德，指社会生活中道德的一个重要的领域。

在这五个基本要求中，“爱祖国”是作为第一个基本要求提出来的。这是社会主义社会道德的重要规范，它要求社会主义社会中的所有公民都必须把热爱祖国、即热爱社会主义的中华人民共和国作为自己的一个神圣的道德义务。维护国家的尊严、保卫国家的利益、为祖国的繁荣富强而努力奋斗，是每一个公民的光荣的责任。“爱人民”要求每一个公民都要自觉地把人民的利益放在首位，关心人民的疾苦，谋取人民的幸福，在自己和他人相处时，都要按照“相互关心”、“相互帮助”的准则，设身处地为他人着想。在社会主义社会中，劳动不仅是一种谋生的手段，而且是一种对祖国、对人民的义务，也是每个社会主义公民的神圣的权利。社会主义社会的生产力的发展，经济的繁荣和国家的富强，都是要靠广大人民群众的诚实劳动来实现的。“爱劳动”作为一种道德要求是同社会主义的本质相联系的，它能够更好地培养人们的思想道德素质，有利于我们的国家沿着社会主义道路，顺利地向前发展。在社会主义的现代化过程中，“科教兴国”已成为国家腾飞的重要的保证，“爱科学”作为社会主义道德的基本要求，有着特别重要的意义。在社会主义社会中，爱科学不仅是一种对于知识的追求和能力的提高，而且是每个人的道德素质的体现。把“爱科学”规定为社会主义道德的基本要求，是社会主义道德要求在新时期的一个重大的发展，对于我国社会主义的四个现代化事业的发展有着重大的促进作用。最后，“爱社会主义”作为社会主义道德的一个基本要求，是前四种道德要求的概括和升华。我们所处的社会，是社会主义的初级阶段，我们的最终的目的，是要经过长期的努力，达到消灭剥削、消除贫困的共同富裕的社会主义的社会，并最终建成共产主义社会。因此，在现阶段，在道德要求上，最重要的就是要使每一个社会主义的公民，都能自觉地把“爱社会主义”作为道德上的义务，坚持社会主义道路，坚持社会主义的方向，反对资产阶级自由化，反对一切离开社会主义道路的错误思想和倾向，把爱社会主义看做道德高尚与否的一个重要的评价标准。

四、社会道德生活三大领域和十五个道德规范

在社会生活中，人们的道德活动是多种多样的，涉及很多方面。如果加以概括，我们就能够看到，最基本的方面，只有三个。一个是社会公共场所活动的领域，一个是职业活动的领域，一个是家庭活动的领域。相对于这三个活动领域的道德，就是社会公德、职业道德和家庭美德。社会主义道德的核心、原则和五个基本要求，要想能够在实际生活中规范人们的行为，就必然要在上述的三大领域中来发挥自己的作用，离开了上述三大领域，也就不可能发生任何作用。当然，这三大领域的划分，只能是相对的，它们之间既是相互联系的，又是相互交叉的。对于这三大领域来说，每一个领域，都有自己的道德规范。同样，这也绝不是说，某一个领域的道德规范，只能适应于这一

个领域，因为这些道德规范是一个统一的整体，它们在整个社会生活的各个领域中，是相互为用的，一些道德规范，它虽然主要在一个道德领域中起主要的作用，它往往同时又在其他领域中发挥着一定的作用。

在社会公德中，有五个道德规范，这就是：文明礼貌，助人为乐，爱护公物，保护环境，遵纪守法。

在职业道德中，也有五个道德规范，这就是：爱岗敬业，诚实守信，办事公道，服务群众，奉献社会。

在家庭美德中，也有五个道德规范，这就是：尊老爱幼，男女平等，夫妻和睦，勤俭持家，邻里团结。

这三大领域中的十五个道德规范，是在社会主义道德建设的核心、原则和五个基本要求的作用下所形成的一个社会主义的道德规范体系，涵盖了社会主义道德要求的所有的各个方面。正如党的十四届六中全会所强调的，为了加强社会主义的道德建设，在当前，我们必须"大力提倡文明礼貌、助人为乐、爱护公物、保护环境、遵纪守法的社会公德，大力提倡爱岗敬业、诚实守信、办事公道、服务群众、奉献社会的社会公德，大力提倡尊老爱幼、男女平等、夫妻和睦、勤俭持家、邻里团结的家庭美德"，只要能够在这社会道德生活的三大领域中，认真地加强这十五个道德规范的宣传、教育和实施，我们的社会主义的道德建设，就一定能够取得预期的效果。

五、形成一种良好的人际关系

社会主义道德建设的一个重要的目的，就是要在全社会形成一种良好的人际关系，这种人际关系，究竟应当是什么样的关系呢？十四届六中全会指出，这种关系应当包括三个方面的要求，即：团结互助，平等友爱，共同前进。

在社会主义市场经济的条件下，为了加快我国经济的增长和生产力的发展，特别要大力弘扬个人的开拓创新和竞争进取的精神，因为，只有这样，才能使我们的四个现代化更加顺利地向前推进。值得我们注意的是，在市场经济自身的缺陷和消极影响下，由于个人主义、拜金主义和享乐主义的腐蚀，由于自私自利、损人利己思想的作用，在人与人的相互关系中，往往会造成某些相互指责、相互抱怨的情况，一些人甚至会产生只顾自己得利而不管他人死活的思想。正是由于这种原因，我们进行社会主义的道德建设，就必须针对这种情况，强调“在全社会形成一种团结互助、平等友爱、共同前进的人际关系”的重要意义。

社会主义道德建设的这个体系，既是我国道德实践的总结，又是要在今后的社会主义道德实践中不断发展、不断完善的。我们既要以这一体系为依据来进行道德建设，又要以马克思主义、毛泽东思想、邓小平理论为指导，在今后的群众实践中，不断地补充和丰富，使我们的社会主义的道德建设健康地向前发展。

最后，在社会主义的道德建设中，我们应当特别注意先进性和广泛性的统一。在改革开放前的一段时期内，由于较多地强调了道德的先进性，在一定程度上，忽视了社会主义道德的广泛性的要求。最近几年来，随着市场经济的建立和发展，我们较多地注意到道德的广泛性的要求，注意到人们对个人利益的追求和重视，而又忽视了对道德的先进性的要求。正是在这种情况下，一些人甚至把共产主义道德的要求都说成是空想，都说成是超越现实的乌托邦。党的十四届六中全会的决议明确指出：“我们现在建设和发展有中国特色的社会主义，最终目的是实现共产主义，应当在全社会认真提倡社会主义、共产主义思想道德。”这就重申了在当前，我们仍然应当在全社会认真地提倡社会主义道德和共产主义道德。六中全会的这一提法，有很强的针对性，也有重要的现实意义。同时，决议还提出，我们在提倡先进性的共产主义道德的同时，还要把先进性的要求同广泛性的要求结合起来，要"鼓励支持一切有利于解放和发展社会主义的生产力的思想道德，一切有利于国家统一、民族团结、社会进步的思想道德。一切有利于追求真善美、抵制假恶丑、弘扬正气的思想道德，一切有利于履行公民权利与义务、用诚实劳动争取美好生活的思想道德，团结和引导人民积极向上，不断提高全民族的思想道德水平。"这一思想，对我们从广大人民群众的实际道德水平出发，积极地引导他们在道德修养上不断前进，有重要的现实意义。

道德建设的先进性，反映着一个社会的政治理想、政治目标和政治纲领，反映着一个社会的道德理想及其人格追求，同时，也反映着社会道德要求的最高境界，它不但能够启迪人们去为一种崇高的境界努力奋斗，而且还能够通过少数道德楷模、英雄志士的献身精神而提高每一个人的道德升华的信心。在道德建设中，只有从道德建设的广泛性出发，也就是从广大人民群众的实际道德水平出发，用教育和激励的手段，启发他们从诚实劳动、遵纪守法等思想出发，使他们的活动同为人民服务、为社会献身的要求结合起来。在社会主义市场经济条件下，既要反对一切见利忘义、唯利是图的种种自私自利的思想，反对拜金主义、享乐主义、个人主义思想对人们思想的腐蚀，又要充分尊重公民个人的合法利益，保障通过诚实劳动所应取得的正当报酬。道德的先进性和广泛性之间，体现着一个社会的道德要求之间必然存在的一种层次性。马克思主义、毛泽东思想、邓小平理论的精髓，就是"实事求是"，我们进行社会主义道德建设，也必须把握"实事求是"精神，才能收到预期的效果。

建设社会主义道德体系的几个问题*

构建社会主义和谐社会，是我们党从中国特色社会主义事业总体布局和全面建设小康社会全局出发提出的重大战略任务，反映了建设富强民主文明和谐的社会主义现代化国家的内在要求，体现了全党全国各族人民的共同愿望。和谐社会的基本特征是民主法制、公平正义、诚信友爱、充满活力、安定有序、人与自然和谐相处。实现社会和谐，不仅需要雄厚的物质基础、可靠的政治保障、完善的制度体制，而且需要高度的精神文明、先进的思想道德。正如胡锦涛同志指出："一个社会是否和谐，一个国家能否实现长治久安，很大程度上取决于全体社会成员的思想道德素质。没有共同的理想信念，没有良好的道德规范，是无法实现社会和谐的。"①诚然，和谐社会是有着优良道德风尚

---

* 本文系国家社科基金办重大课题委托项目：《建立和发展与社会主义市场经济相适应的社会主义道德体系》的阶段性成果，发表于《思想理论教育导刊》2010年第6期。

① 胡锦涛：《在省部级主要领导干部提高构建社会主义和谐社会能力专题研讨班上的讲话》，北京，人民出版社，2005。

的社会，道德是社会和谐的保障。因此，在加快社会主义市场经济发展的同时，我们要努力建立和发展与之相适应的社会主义道德体系，为构建社会主义和谐社会提供良好的道德环境和坚强的道德支撑。

一、建立和发展与社会主义市场经济相适应的社会主义道德体系的重要性和必要性

经济基础决定上层建筑，上层建筑对经济基础具有反作用。在社会主义初级阶段，以公有制为主体、多种所有制经济共同发展是我国社会的基本经济制度。我国的社会主义道德体系建设，应当建立在这一基本经济制度基础上，反映这一基本经济制度的要求，为坚持和完善这一基本经济制度服务。在这一基本经济制度基础上实行的社会主义市场经济体制，是以市场为配置资源的基础性手段的经济运行机制，对社会主义道德体系建设提出了新的要求。

(一)社会主义道德体系承担着为社会主义市场经济体制的建立和完善提供价值导向的重要任务。

一是保证社会主义市场经济的发展方向。社会主义市场经济是社会主义条件下的市场经济，是市场经济与社会主义的有机结合。一方面，作为市场经济，它同资本主义条件下的市场经济在运行规则上有相通或相似之处。现代市场经济的共同属性和一般规律是我国社会主义市场经济必须遵循的。另一方面，社会主义市场经济是同社会主义基本制度结合在一起的，是同社会主义精神文明结合在一起的，它要体现社会主义基本制度的要求，充分发挥社会主义制度的优越性。就此而言，作为社会主义精神文明的核心内容，社会主义道德体系无疑是市场经济沿着社会主义方向发展的保证。

二是保障社会主义市场经济的健康发展。实践证明，发展社会主

义市场经济有利于解放和发展社会主义社会的生产力，增强社会主义国家的综合国力，提高人民的生活水平；有利于增强人们的自立意识、竞争意识、效率意识、民主法制意识和开拓创新意识等，调动人们的积极性和创造性，推动社会的道德进步。但也要看到，市场自身的弱点和消极方面，如趋利性、自发性等反映到道德生活中来，反映到人与人的关系上，易于诱发拜金主义、享乐主义、极端个人主义等各种有悖于社会主义道德的行为和现象。建立和发展与社会主义市场经济相适应的社会主义道德体系，可以提高广大人民群众的道德素质，使人们自觉地扶正祛邪、扬善抑恶，从而有利于形成追求高尚、激励先进的良好社会风气，保证社会主义市场经济的健康发展。

(二)社会主义道德体系需要不断发展才能适应社会主义市场经济的现实要求。

建立和发展与社会主义市场经济相适应的道德体系，应当正确处理社会尊重个人合法权利和公民承担社会责任的关系、注重效率与维护社会公平的关系、个人价值与社会价值的关系、道德的先进性与广泛性的关系、价值导向一元化与价值取向多样性的关系、继承优良传统与弘扬时代精神的关系、吸收人类优良道德成果与承接中华民族传统美德的关系、竞争与协作的关系、个人自由与遵纪守法的关系、道德权利与道德义务的关系、道德教育与社会管理的关系、经济效益和社会效益的关系、义与利的关系等社会主义市场经济条件下各种复杂的矛盾关系。这就是说，要根据社会主义市场经济条件下的新情况、新问题、新矛盾，创造性地解决这些问题，使社会主义道德体系的建立和发展有利于化解这些矛盾、协调各方面的利益关系。

建设与社会主义市场经济相适应的社会主义道德体系是一项提高全民族素质的长期而艰巨的基础性工程。它的实施，必将对弘扬中华民族精神和时代精神、形成良好的社会道德风尚、促进社会和谐、全面推进建设有中国特色社会主义伟大事业，产生极其重要的作用。

二、建立和发展与社会主义市场经济相适应的社会主义道德体系的指导思想和方针原则

在建立和发展社会主义道德体系中，指导思想和方针原则是贯穿始终的一根主线。社会主义道德体系建设的各个方面、层次和环节，都应当体现其指导思想和方针原则。

建立和发展社会主义道德体系的指导思想是：以马克思列宁主义、毛泽东思想、邓小平理论和“三个代表”重要思想为指导，以科学发展观为统领，坚持党的基本理论、基本路线、基本纲领、基本经验，以人为本、重在建设，要在全民族牢固树立建设中国特色社会主义的共同理想和正确的世界观、人生观、价值观，在全社会努力提高公民道德素质，促进人的全面发展，培养一代又一代有理想、有道德、有文化、有纪律的社会主义公民。

1996年党的十四届六中全会审议通过的《中共中央关于加强社会主义精神文明建设若干重要问题的决议》明确提出了社会主义道德体系的基本内容，即“社会主义道德建设要以为人民服务为核心，以集体主义为原则，以爱祖国、爱人民、爱劳动、爱科学、爱社会主义为基本要求，开展社会公德、职业道德、家庭美德教育，在全社会形成团结互助、平等友爱、共同前进的人际关系”。2001年中共中央印发的《公民道德建设实施纲要》对此作了补充、丰富和发展；对社会主义市场经济条件下出现的新问题作了有针对性的回答；对社会利益关系变化引发的新矛盾进行了辩证思考；对公民道德规范作了高度的概括。这两部纲领性文献是我们当前建立和发展与社会主义市场经济相

适应的社会主义道德体系的重要依据。

党的十六届六中全会审议通过的《中共中央关于构建社会主义和谐社会若干重大问题的决定》提出了建设社会主义核心价值体系的战略任务。社会主义核心价值体系包括四个方面：一是马克思主义指导思想，这是我们党立党立国的根本方针，是社会主义意识形态的灵魂；二是中国特色社会主义共同理想，这是实现中华民族伟大复兴的必由之路，是全国人民团结奋斗的强大动力；三是以爱国主义为核心的民族精神和以改革创新为核心的时代精神，这是中华民族生生不息、薪火相传的精神支撑，是当代中国人民不断创造崭新业绩的力量源泉；四是以“八荣八耻”为主要内容的社会主义荣辱观，这是中华民族传统美德、优秀革命道德与时代精神的完美结合，是市场经济条件下判断行为得失、确定价值取向、做出道德选择的基本原则。社会主义核心价值体系是社会主义制度的内在精神和生命之魂，是建设和谐文化的根本。社会主义核心价值体系中的社会主义荣辱观为我们划清了社会主义道德建设的是非界限，为社会主义道德建设确立了标杆。建设社会主义道德体系，我们要自觉地将社会主义核心价值体系的内容融入其中。

建立和发展社会主义道德体系的方针原则是：正确处理个人利益和集体利益的关系，坚持继承优良传统道德与弘扬时代精神相结合，坚持注重效率与维护公平相协调，坚持先进性与广泛性相统一，坚持公民承担社会责任与社会尊重个人合法权益相一致，使社会主义道德体系建设能够适应于我国的不同群体、不同阶层、不同职业和不同觉悟程度的要求。

三、社会主义道德体系建设的核心和原则

以“为人民服务”为核心，以“集体主义”为原则，是社会主义道德区别和优越于其他社会形态道德的显著标志。在社会主义市场经济条件下，我们要发挥核心和原则的强大辐射作用，并对其内容进行深化和拓展。

（一）以为人民服务为核心

一个道德体系的核心是其灵魂，决定该道德体系的根本性质和发展方向，是该道德体系区别于其他道德体系的主要标志。在改革开放和社会主义现代化建设的新时期，在发展和完善社会主义市场经济的条件下，在构建社会主义和谐社会的过程中，社会主义道德建设以为人民服务为核心，具有深刻的理论依据和坚实的实践基础。

首先，“为人民服务”反映了社会主义社会的经济基础和人际关系的客观要求。我国实行的是以公有制为主体、多种所有制经济共同发展的基本经济制度。在这种基本经济制度下，每个劳动者和建设者都在为社会、为他人的同时也为自己而劳动和工作；在生产和生活过程中，全社会逐步形成了团结互助、平等友爱、共同进步的人际关系；权利和义务统一于人民自己身上，每个人都是服务对象，又都为他人服务，全体人民通过社会分工和相互服务来实现共同利益。

其次，“为人民服务”凸显了社会主义市场经济健康发展的要求。在市场经济条件下，市场主体必须通过为社会和他人服务来实现自己的利益。换句话说，市场经济不仅不排斥为社会和他人服务，而且需要通过服务甚至是优质服务，才能实现市场主体自己的利益。我们实行的市场经济是社会主义性质的市场经济，这不仅要求人们在一切经济活动中正确处理竞争与协作、效率与公平等关系，形成健康的经济

秩序，而且更重要的是要在社会主义精神文明的引导下，每个市场主体树立为人民服务的思想，积极、主动地为人民、为社会服务。

当前，在全社会大力弘扬为人民服务的精神、倡导和积极实践为人民服务的道德的同时，我们还应给为人民服务的要求注入新的时代内涵。

要强调“为人民服务”是社会主义道德建设的先进性要求和广泛性要求的统一。“为人民服务”不仅是对共产党员和领导干部的要求、对一切先进分子的要求，也是对广大群众的要求。每个公民不论社会分工如何、能力大小、职位高低，都能够在本质岗位上通过不同形式做到为人民服务。这也就是说，一心为公、无私奉献是为人民服务，顾全大局、先公后私也是为人民服务，同样，即便是个体劳动者为谋取正当利益的劳动，只要遵纪守法、有利于社会，也体现着为人民服务的要求。

（二）以集体主义为原则

坚持集体主义原则是社会主义社会的本质要求，也是发展和完善社会主义市场经济的客观要求。集体主义原则的根本思想，是正确处理集体利益和个人利益的关系。集体主义原则的基本内容，概括有三：

其一，强调集体利益和个人利益的辩证统一。在社会主义社会中，国家利益、社会利益体现着个人根本的、长远的利益，是集体所有成员共同利益的统一。同时，每个人的正当利益，又都是集体利益不可分割的组成部分。集体兴衰与个人得失息息相关。集体利益的发展，本身就包含着集体中每个人利益的增加。而集体中每个人利益的增加，同样有利于集体利益的扩大。

其二，强调集体利益高于个人利益。在实际生活中，个人利益和集体利益难免会发生矛盾。集体主义强调，在个人利益和集体利益发生矛盾，尤其是发生激烈冲突的时候，必须坚持集体利益高于个人利益的原则，即个人应当以大局为重，使个人利益服从集体利益，在必要时，为集体利益作出牺牲。要强调的是，只有在不牺牲个人利益就不能保全集体利益的情况下，集体主义才要求个人为集体利益作出牺牲。集体主义之所以要求个人利益服从集体利益，归根到底，既是为了维护集体的共同利益，也是为了维护个人的根本利益。

其三，强调重视和保障个人的正当利益。集体主义促进和保障个人正当利益的实现，使个人的才能、价值得到充分的发挥。这不但与集体主义不矛盾，而且正是集体主义思想的应有之义。只有在集体中，个人才能获得全面发展，只有在集体中，才可能有个人自由。那种把集体主义看做是对“个人的压制”和“个性的束缚”的思想，是与集体主义的本意相违背的。事实上，正是集体主义为培养人的健全人格、鲜明个性和创新精神提供了道义保障。

当前，实施集体主义的价值导向，必须根据市场经济的特点和社会发展的要求对其注入新的、现实的内容，使其保持无限的生机和活力。

首先，集体主义的关系对象应该有所扩展。个人利益应该扩展到个体利益、局部利益、眼前利益；相应地，集体利益也应该扩展到整体利益、全局利益、长远利益。当前社会，集体主义应该提倡个体利益服从整体利益、局部利益服从全局利益、眼前利益服从长远利益，坚决反对小团体主义、本位主义和极端个人主义。在利益多元化的今天，如果各利益主体只是从本身的利益偏好和价值取向或只是从某些小团体的角度或只是从局部、眼前利益出发来考虑问题，来对待和处理各种经济的、社会的关系和矛盾，就不可能实现人际和谐、天人和谐。以天人和谐为例，构建和谐社会需要着眼全局和长远，走科学发展之路。对此，胡锦涛同志特别强调，中国在新型工业化实践中，“要彻底改变以牺牲环境、破坏资源为代价的粗放型增长方式，不能以牺牲环境为代价去换取一时的经济增长，不能以眼前发展损害长远利益，不能用局部发展损害全局利益。”①

其次，集体主义也要成为调节集体与集体之间关系的准则。集体主义强调个体利益服从整体利益、局部利益服从全局利益、眼前利益服从长远利益。这种“服从”并不是片面地、盲目地服从。按照马克思主义的真实集体的原则，不真实的集体要服从真实的集体的利益，不正当的集体利益要服从正当的集体的利益。处理集体与集体之间的关系，必须考虑广大人民群众的根本利益。

再次，要强调先进性与广泛性的统一。道德是崇高的，也是现实的。人们只有首先践履广泛性道德要求，才有可能进一步践履先进性道德要求；人们只有以先进性道德要求为理想和追求的目标，也才能更好地践履广泛性道德要求。集体主义原则一方面要求共产党员和先进分子率先垂范，发扬无私奉献、一心为公的精神，另一方面也要求人民群众做到先公后私、先人后己或至少做到公私兼顾、不损公肥私，并且不断地追求更高的道德境界。

四、公平与效率的关系

作为人类社会孜孜以求的两大目标——公平和效率，既对立又统一。在社会发展的不同阶段，在经济、社会、道德等不同领域，采取

① 胡锦涛：《在中央人口资源环境工作座谈会上的讲话》，北京，人民出版社，2004。

相应的制度措施，正确处理二者之间的矛盾，有利于广大人民群众最大利益的实现，有利于经济的发展和社会的和谐，有利于国家政权的巩固。

我国改革开放前，是一个强调“平均”的国家，“大锅饭”的分配体制使效率大受影响；改革开放以来，尤其是实行市场取向的改革后，逐步讲求效率，经济迅速发展。作为经验总结，“兼顾效率与公平”被写进了党的十四大报告。之后，为进一步解放和发展生产力，党的十四届三中全会有了“效率优先、兼顾公平”的提法，随着形势的发展，这一提法近几年来也在不断地补充、发展和完善。

十多年来，在收入分配方面，我们强调“效率优先、兼顾公平”的原则，充分发挥了广大人民群众的主动性和创造性，有力消除了“平均主义”思想残余的影响，极大提高了生产效率。与此同时，一些不公平的问题也随之而来，并日益凸显。如偏离甚至破坏公平竞争环境、公平竞争秩序、公平法律法规政策而带来巨大的收入分配差距；少数垄断行业的超额利润和收入；虚假广告对消费者的欺骗；霸王条款；制假贩假；官商勾结；商业回扣；市场分割和封锁；严重的低保、弱势群体问题等等。这些问题若得不到及时、有效的解决，将会阻碍经济发展、破坏社会和谐。

事实上，社会主义市场经济条件下，公平与效率的关系呈历史的、具体的、相对的变化。经济发展到一定的程度，效率问题逐步得到解决，就应该更加注重公平问题。正因如此，党的十六大报告开始有了“初次分配注重效率”和“再分配注重公平”的区分；十六届五中全会有了“合理调节收入分配……注重社会公平，特别要关注就业机会和分配过程的公平”的新提法；十六届六中全会则有了“完善收入分配制度，规范收入分配秩序。坚持按劳分配为主体、多种分配方式并存的分配制度，加强收入分配宏观调节，在经济发展的基础上，更加注重社会公平，着力提高低收入者收入水平，逐步扩大中等收入者比重，有效调节过高收入，坚决取缔非法收入，促进共同富裕”的明确措施。

从经济、社会领域的分配制度上来探讨公平与效率的问题，与从道德领域的道德建设方面来探讨公平与效率的关系，是既有联系又有区别的。

“注重效率与维护社会公平相协调”是我们在道德领域处理公平和效率关系的基本原则。这一原则是为“解放生产力，发展生产力，消灭剥削，消除两极分化，最终实现共同富裕”的根本目的服务的。我们是社会主义国家，在建设社会主义现代化的过程中，既要大力发展生产力，注重经济效率，又要从最大多数人的根本利益出发，为了实现共同富裕的目的，坚决而有效地维护社会公平。从整个社会的发展来看，我们既不能因强调“社会公平”而妨害效率，也不能因重视“经济效率”而损害社会公平。贫穷不是社会主义，两极分化更不是社会主义。从“经济效率”上说，允许一部分人通过诚实劳动、合法经营先富起来；从“社会公平”来看，又需要先富带动后富，先富帮助后富，使全体人民共享改革发展的成果，使全体人民朝着共同富裕的方向稳步前进。

自建立社会主义市场经济体制以来，效率和效益意识逐步深入人心，“平均主义”思想将一去不复返。为了在全社会形成全面的“注重效率、维护公平”的价值观念，建设社会主义道德体系，应该更多地强调公平理念、更加注重公平、从道德制度建设的层面保障社会公平。

公平作为一种观念化的表现，主要指社会成员的权益或利益符合公认的、既定的标准。一般来说，它包括权利公平、机会公平、规则公平和分配公平四个方面，其中，机会公平也称起点公平；规则公平也称过程、程序公平；分配公平也称结果公平。权利公平是公平的内在要求。它体现的是社会应赋予全体成员在享有参与各项社会活动方面平等的资格。机会公平是公平的前提和基础，要求社会提供的生存、发展、享受机会对于每一个社会成员都始终均等。规则公平是实现公平的必要保障，要求公民参与经济、政治和社会等各项活动的过程应该公开透明，不允许某些人通过对过程的控制而谋取不当利益。分配公平是整个社会公平的根本内涵、实质所在和最高层次。分配公平，一方面指每个劳动者都能获得与其劳动和贡献相当的利益；另一方面指在分配的结果上要兼顾全体公民的利益，防止过于悬殊的贫富分化，以利于共同富裕的逐步实现。

公平是社会主义的本质要求。建设社会主义和谐社会，必须把公平作为价值准则置于首位，无论是社会制度的安排，还是法律条文的制定，以及改革措施的选择，都必须以公平为价值准则，道德建设也不能例外。社会主义市场经济条件下道德体系的建设，必须从社会主义发展的大局和全局着眼，必须树立社会主义公平观的基础地位。要将公平作为社会主义市场经济的基本道德原则，经济活动中要做到公平交易、等价交换、自愿交换。要让公平理念深入人心，通过广泛的宣传、教育，积极营造更加注重公平的社会氛围等。

五、社会主义道德的层次性

层次性是道德生活复杂性的重要表现，特定社会的道德发展、道德研究和道德教育应该区分不同层次的道德要求。社会主义市场经济条件下的道德体系建设，需要准确地把握其层次性。正如《公民道德建设实施纲要》所强调的："坚持把先进性要求与广泛性要求结合起来。要从实际出发，区分层次，着眼多数，鼓励先进，循序渐进……引导人们在遵守基本道德规范的基础上，不断追求更高层次的道德目标。"

(一)社会主义道德层次的划分

根据当前我国的道德现状和人们的觉悟水平，社会主义道德可分为三个层次。

第一层次，无私奉献、一心为公，即全心全意为人民服务。一个道德高尚的人，在自己和他人、社会的一切关系中，能够始终以人民利益和国家利益为最高利益，能够自觉地为他人、为社会多做贡献，不图回报。这是社会主义道德要求的最高层次，是一切共产党员、先进分子所力求达到的，雷锋、孔繁森、任长霞、牛玉儒等就是其中的代表。

第二层次，先公后私、先人后己。它要求每个人都能自觉地把集体利益、国家利益放在个人利益之上。在社会公德、职业道德和家庭美德各个领域中履行自己应尽的义务，积极影响广大社会成员，从而有利于形成良好的社会风尚。

第三层次，顾全大局、热爱国家、遵纪守法、诚实劳动。这是对社会主义公民最基本的道德要求。每一个社会主义公民，只要能够诚实劳动、顾全大局，不损人利己、不损公肥私，力求使自己的一切活动有利于人民和国家，同样是社会主义道德所应当肯定和鼓励的。

要正确对待以上三个层次：对第一个层次，应当积极宣传、认真提倡；对第二个层次应当普遍教育、力求做到；对第三个层次，应当正确评价、引导提高。

从当前我国社会的道德状况和人们实际的道德境界来看，除了社会主义道德的这三个层次之外，还有一种违反社会主义道德，自私自利、损人利己的不道德的层次。这一层次是我们要坚决反对和抵制的。

需要指出的是，之所以将人们的道德觉悟水平分成不同的层次，主要目的是从实际出发，防止超越人们的道德觉悟水平，使我们的道德教育能够收到更好的效果；绝不是让道德觉悟水平处于不同层次的人长期停留于这一层次，而是要大力加强社会主义道德教育，在实践中努力提高他们的道德素质，使每一个处于较低层次的人能够积极地、自觉地向更高的道德目标迈进。

(二)顺应道德分层的规律，把握道德建设的重点

1. 要加强领导干部道德建设

官德建设是民德建设之本。“官德隆，民德昌；官德毁，民德降”，即“官”为民之表率，“官风”决定着民风，有什么样的“官德”影响，就会有什么样的民风结果。可见，领导干部在社会主义道德建设中负有特殊的责任，应当以自己的模范行动和楷模作用来影响和带动群众。提高领导干部的道德觉悟，并使其身体力行，是改善社会道德风貌的一个至关重要的环节。

加强领导干部道德建设，提高领导干部道德觉悟水平，一靠教育，二靠制度。“身先足以率人，律己足以服人”，“上梁不正下梁歪，中梁不正倒下来”，要教育广大干部，特别是党的高级领导干部树立强烈的自律意识，把廉洁自律看成是一种修养、一种境界、一种责任，时刻自重、自省、自警、自励，以德服人，以廉树威；要坚持按德才兼备的标准选拔、使用、奖惩、考核人才，严防道德腐败分子混进领导干部队伍；要不断树立一批又一批具有一定代表性的优秀领导干部的道德形象，在全社会形成追求高尚的良好社会风气。

2. 要加强未成年人和大学生道德建设

从幼儿、少年到青年，人的道德心理随着知识的丰富、交往范围的扩大、接触其他群体的增多，而日渐丰富成熟。这一时期的道德教育直接影响到一个人一生的道德觉悟，也直接决定着一个国家未来的道德状况。因此，加强未成年人和大学生的思想道德建设就显得格外重要。

针对未成年人和大学生的道德建设，无论是教育内容，还是教育形式，都要注意循序渐进。要贴近他们的思想和生活实际，适应其身心成长的特点和接受能力。从道德教育的内容来说，培养道德礼仪、增强爱国情感、树立远大志向、树立正确理想、培育良好道德习惯等对未成年人较为合适；加强理想信念教育、树立正确"三观"、加强爱国主义教育、培育民族精神、加强公民道德规范教育和社会主义荣辱观教育等对大学生较为合适。从道德教育的形式来说，对于未成年人要以讲故事等方式教之以事；对于大学生要以辩、析等方式教之以理。

六、社会主义道德体系要与社会主义法律规范相协调

社会主义市场经济既是道德经济，又是法治经济。因此，我们所建设的与社会主义市场经济相适应的社会主义道德体系，也要与社会主义法律规范相协调。

道德和法律都是社会主义上层建筑的重要组成部分，都是规范人们行为的重要手段，但二者又有各自不同的特点和作用。道德以其说服力和劝导力提高社会成员的思想认识和道德觉悟，强调自律；法律则以其权威性和强制力规范社会成员的行为，强调他律。道德和法律的功能具有互补性，在现实生活中只有各展所长、共同作用，才能保

证社会的良性健康发展。此外，道德与法律在内容上相互吸收，一些法律规范常常是道德中最基本的要求，而一些道德要求，又常常被吸收进法律。道德与法律之间的这种辩证关系是建设与社会主义法律规范相协调的道德体系的基本点和出发点。

建立与社会主义法律规范相协调的社会主义道德体系，需要在宏观、中观、微观三个不同层面作出具体安排。

宏观上，要保持道德与法律在精神、原则上的一致性和实施策略上的因应性。二者都应当以“为人民服务”为其基本精神，都要促进个人利益和集体利益的协调发展。在建构和运行上，二者要相互呼应、相互配合、相互协调。

中观上，要把握道德与法律相协调的结构对应性和层次衔接性。道德与法律都有“公”、“私”之分。应当以公共伦理、国家伦理、职业伦理等对应公法行为；同时，以家庭美德、个体道德等对应私法领域内的法制建设。社会主义法律规范的设计应以多数人都能达到的一般道德觉悟层次作为标准和界限。如果立法标准过高，就会造成法律苛严，违法者众多；如果立法标准过低，就会降低社会道德水准。

微观上，在建设实践中要贯彻落实道德与法律相协调的理念。社会主义道德规范，要包括遵纪守法的最低道德要求，即各行业从业人员奉公守法、依法办事，广大公民积极参与公共生活、维护公法良俗，家庭成员遵纪守法、互敬互爱等。

建设社会主义道德体系，我们必须把握社会主义法律的精神、体系和运行机制，把握道德和法律的相互影响和作用，从而使二者能够更好地相辅相成、相互促进。一般说来，法律的实施要经立法、执法、司法及法律评价和完善四个阶段。我们要根据这四个阶段的不同特点，具体而动态地把握。

首先，在立法阶段，社会主义道德体系建设要为法律的正当性提供支持。道德建设应当主动引领法制建设，为立法行为指明正确方向、提供道义支持，将公正等道德价值观融入法律规范。可以考虑在各级人民代表大会常设机构设立专门的道德委员会，负责协调道德与法律的关系，保证法律的道德性，提高立法的正当性和权威性。

其次，在执法和司法阶段，社会主义道德体系建设应当为法律实施创造条件、营造氛围。一般说来，社会和个体道德水平越高，违法行为和现象就越少，执法就越顺利。就此而言，与法律规范相协调的道德体系建设的直接目标是提高执法者和司法者的守法自觉性。为此，需要提高执法者的道德水平和职业修养、增强司法者的荣辱观念。具体来说，要明确执法人员道德要求，不断提高执法人员的道德水准，将道德素质作为考核的重要内容，纳入到《公务员法》及执法人员日常工作考核中；要不断加强法官、检察官职业道德教育，可以考虑在法院和检察院系统设立道德监督办公室，确保司法公正。

再次，在法律评价和完善阶段，社会主义道德体系建设应当为评价法律成败提供重要标准。社会主义法律规范对各种利益关系的调整是否公正、有效，是否能够切实保障人民权利、监督公共权力，哪些内容规定需要改进等，这些问题的解决，都需要社会主义道德的引导和评价。为此，建设与社会主义法律规范相协调的社会主义道德体系时，应当建立立法后评价制度，使立法的法律评价与道德评价共同进行；还应当建立立法建议征集制度，使那些能够发扬传统美德、提高公民道德素养的制度，如孝养父母制度、公民良好行为奖励补偿制度、慈善制度等尽快进入立法研究和实施程序。

七、社会主义道德体系要与中华民族传统美德相承接

社会主义道德体系建设必须根植于本土，承接中华民族传统美德。只有这样，我们所建立的道德体系才具有民族性和渗透力，我们的传统道德文化才免于在全球化中遭遇沉沦劫难。

我们所要承接的中华民族传统美德，不仅包括中国优良传统道德，而且包括中国新民主主义革命和社会主义革命和建设中所形成的中国革命道德。

中国优良传统道德，概括起来主要有五个方面的内容。一是强调为民族、为国家、为社会的“公忠”道德，提倡“国而忘家、公而忘私”的整体主义精神。二是推崇宽容仁爱，倡导明礼诚信，强调和谐理念。如，“厚德载物”、“仁者爱人”、“己所不欲，勿施于人”、“忠信，礼之本也”、“礼之用，和为贵”等。三是重视伦常关系，强调人伦责任。如，“父义、母慈、兄友、弟悌、子孝”等。四是追求“止于至善”的理想人格和无私无畏的高尚境界。如“杀身成仁”、“舍生取义”、“先天下之忧而忧，后天下之乐而乐”、“富贵不能淫，贫贱不能移，威武不能屈”等。五是强调修身养性，提倡克己慎独，注重道德理论与道德实践、道德认识与道德行为的统一。如，“人皆可以为尧舜”、“涂之人可以为禹”、“见贤思齐，见不贤而内自省”、“慎独”、“知耻”等。这些传统美德对于我们今天倡导爱国主义、集体主义、社会主义思想，构建社会主义和谐社会，建立市场经济的道德秩序，加强理想教育，树立社会主义荣辱观等都有巨大的鼓舞和借鉴作用，在社会主义道德体系建设中理应予以承接。

中国革命道德具有丰富的内涵，其基本方面主要有：坚持社会主义共产主义理想信念；为人民服务；集体主义；爱国主义；热爱科

学；热爱劳动；革命英雄主义；革命人道主义；建立新型职业道德、社会公德和家庭美德。在中国革命道德中，为人民服务是核心，集体主义是基本原则，无私奉献、顽强拼搏、艰苦奋斗、勤俭节约等是重要精神。中国革命道德是马克思主义世界观、人生观、价值观、幸福观在革命者身上的具体体现，在今天仍然发挥着重要的作用，同样需要我们在当代道德体系建设中加以承接。

中国优良传统道德同中国革命道德既有区别、又有联系。如中国优良传统道德中为民族、为社会、为国家而献身的整体主义思想和爱国主义精神，同中国革命道德中关心人民、爱护人民、献身人民、献身祖国的思想和爱国主义精神，就有着深厚的思想渊源关系；而中国革命道德中对社会主义和共产主义的坚定信念和对理想人格的执著追求，则是中国优良传统道德中“杀身成仁”、“舍生取义”思想等在新民主主义革命和社会主义革命、建设时期的升华，是这些思想的现实体现。只有将中国优良传统道德和中国革命道德相结合，才能更好地形成中国特色社会主义道德体系。

从传统道德资源中挖掘传统美德、建设社会主义道德体系，必须坚持正确的态度。对待中国古代传统道德，既不能全盘否定，也不能一律肯定，历史虚无主义和历史复古主义都是不正确的态度。正确的态度是以历史唯物主义为指导，坚持批判继承、弃糟取精、综合创新和古为今用的方针。我们要在马克思主义指导下，采取历史的、辩证的方法对传统道德进行扬弃；要注意继承过程中的咀嚼和消化吸收；要对儒、墨、道、法、兵等各家各派道德思想进行比较、加工、综合，注入新的时代内涵。当然，在此过程中，还应该将我们民族优良传统道德与其他民族优秀道德相比照，从中吸取有益的东西。

八、建设社会主义道德体系要积极吸收人类的优秀道德文化成果

我国当代社会主义道德建设，是在经济全球化过程中进行的，需要积极吸收人类优秀的道德文化成果。

1. 要站在人类社会发展的历史趋势和民族存亡的高度，充分认识处理好民族道德文化与世界道德文化关系的重要性。首先，我们要认识到本民族道德文化与世界上其他民族道德文化对话的必然性。随着世界交流的扩大，我们民族的道德文化必然要与其他民族的道德文化相互激荡，呈现选择性吸收和借鉴的态势。对此，我们不要刻意躲闪或封闭，而要主动把握、自觉吸纳、积极回应，并对经济全球化产生的强势道德文化的冲击以及对本民族道德文化认同的消解，给予高度的警惕。其次，我们要站在民族道德文化和民族生存、发展的高度，认识到维护民族道德个性的重要性。文化是一个民族生活方式和价值观念的载体，统摄着人们的心灵和行动，是民族生存的根基。在经济全球化时代，首先需要的是我们对自己优秀道德文化的尊重，而不是抛弃。

2. 立足于人类道德文化发展的规律，树立正确的维护与吸纳的态度。面对本民族道德文化与世界其他民族道德文化的交流与碰撞，我们既要反对“民族道德文化虚无论”，又要反对“民族道德文化中心论”。我们应持文化自觉与文化调适、文化宽容与文化共享的原则，在注意维护民族道德文化独立性的同时，理解、尊重世界其他民族道德文化，自觉汲取世界各民族优秀道德文化遗产和成果，使我们民族道德文化能够通过汲取异质优秀道德文化而更具生命力。具体说来，应该强化本民族道德文化的主体意识。因为文化是一个民族的精神灵魂，而一个民族的道德文化又是该民族精神灵魂的核心，是一个民族

的标示和符号，是一个民族的价值信仰和凝聚的精神力量。可以说，民族的文化尤其是道德文化，是维系一个国家和民族的价值链。

3. 重视民族道德文化的传播和弘扬，积极应对伴随经济全球化而来的文化交流与冲突日益频繁的趋势。要重视挖掘民族优秀道德文化，弘扬民族传统美德。一是注重民族道德文化的理论研究，整理、保存好道德文化古籍，对民族道德文化中的特有概念、范畴、规范、原理等做好原义与现义的诠释与阐发，把握好我国民族道德文化的特性，开展不同道德文化体系的系统比较研究，进一步明确我国民族道德文化的世界地位；二是形成民族道德文化的自觉。发扬民族优良道德文化，需要全体社会成员的参与，要重视那些涵育着民族优秀道德文化的各类礼俗、节日等载体的培育。三是注重长者的民族道德文化示范。道德文化的传递，需要家长和领导者等对民族道德文化的尊重与践行，使社会成员通过“模仿”等形式自觉践履和弘扬民族道德文化。四是要创造反映中华民族优良道德文化的文学、影视作品。要通过优秀的文化作品，一方面教育广大群众，使传统美德得以传承，另一方面通过文化的交流影响世界其他民族的人民，使我们民族的优良道德文化得以在世界范围内传播，并不断扩大影响。

4. 确立吸纳外来优秀道德文化成果的原则，注意内容的创造性转化。对外来优秀道德文化成果的吸纳，不能采取简单地移植或机械地照搬方式，而应遵循以下原则：第一，要吸收反映人类文明发展趋势的道德价值，如提倡环境保护、资源节约、生态平衡的环境正义伦理观；强调企业对员工、投资者、自然环境的责任意识的经济伦理观等。第二，要坚持社会主义道德文化的方向和原则，使所吸收的异质道德文化与我国核心道德价值观相协调。对异质道德文化中一些基本的道德价值原则或范畴，要进行历史的考辨和价值属性的分析，切忌不加改造地一味照搬。第三，坚持尊重国情的原则。对外来优秀道德文化成果的吸收，要注意结合我国国情和民族的社会心理进行转化。

5. 从文化战略和文化政策、制度等方面建立健全文化防御、筛选系统，有效控制外来不良道德文化的消极影响。道德文化的批判吸收，不止是观念层面的事情，更是一个国家文化战略和文化政策层面的工作。我国必须制定针对外来影视作品等文化产品的筛选制度，而不能任由其肆意传播，更不能单纯以经济效益为轴心而决定取舍。政府要履行好制定政策、建立制度和实施监督的职责，要在国家文化政策和制度层面构建一个对外来文化的筛选系统，坚决抵御西方腐朽道德文化的侵入；要建立健全文化监督机制，对于非法传播的西方文化作品给予有效监控，避免西方腐朽道德文化对青少年的毒害。

建设与社会主义市场经济相适应的社会主义道德体系是一项重要、艰巨、复杂、长期而又紧迫的系统工程，需要我们坚持不懈，群策群力，勇于探索，综合创新。我们要把社会主义道德体系的建设提高到以德治国的“治国方略”和建设先进文化要求的高度，从上到下，从中央到基层，高度重视，认真落实。在社会主义道德体系建设过程中，要大力加强对全国人民的道德教育，深入开展群众性道德实践活动，积极营造道德建设的社会氛围，进一步加强道德建设的法律支持、政策导向，使社会主义道德体系建设在更加坚实的基础上进行。制度是道德建设的保障，我们建议在各级党的纪检部门、在各级人民代表大会的常务委员会中，设立专门的道德委员会，像抓法律和纪检建设那样抓道德建设，使道德建设在主要依靠道德教育、道德修养和社会舆论的引导的同时，尽可能地纳入制度化轨道。构建和谐社会、建设和谐文化为社会主义道德体系的建设提供了新的契机，同时也提出了新的、更高的要求。我们必须抓住机遇，直面挑战，不辱使命，使社会主义道德体系建设不断取得新成就。

中国传统文化与公民思想道德建设

中国传统伦理道德和西方传统伦理道德的比较*

今天，我主要讲讲关于中国传统伦理道德方面的情况。也可以说，是想从中国传统的伦理道德和西方传统的伦理道德比较中，来看看我们今天应该宣传和提倡一种什么样的价值导向，对社会、对青年在伦理道德方面，应该提倡些什么，反对什么。中国的国情有很多方面，伦理道德也是一个重要方面。伦理道德问题与中国传统文化和精神文明建设，都有很密切的关系。

讲六个问题：

一、政治风波在意识形态方面对我们的启示

我国去年春夏之交发生的这场政治风波，可以说是一场极其严重的政治风波。这场政治风波对我们每个人思想上到底有哪些启示，应该很好地考虑一下，特别是做理论宣传工作的同志，更应该认真地进行思考。现在，全党全

---

* 原载《了解历史、认清现实、展望未来》，1990年8月出版。曾收入《罗国杰文集》，上卷，1080～1101页，北京，中国人民大学出版社，2007。

国人民都在自觉或不自觉地对这场政治风波进行着反思，更进而从70天的学潮到动乱，到反革命暴乱，反思到最近十几年的改革开放，一直反思到新中国成立以来的40年。这场风波几乎有可能葬送掉我们革命先烈为之奋斗几十年而建立起来的共和国，使他几乎在几十天之内毁于一旦，几乎有可能使中国重新回到人剥削人的社会中去，重新倒退到两极分化的旧社会去。从我们在理论战线工作的同志来说，最值得反思的是，为什么一些青年学生，在学潮发生之初，本来只是要反对腐败、反对官倒，是抱着完善社会主义制度和促进改革开放的目的的。但是，到了后来，一部分人竟然受到一小撮别有用心的人的煽动，走上了与他们的善良目的相反的道路，不同程度地参与了动乱甚至暴乱？为什么一些青年学生在一小撮别有用心的人的煽动下，会对社会主义发生动摇，对党的领导产生怀疑？现在看来，这次政治风波对我们的最主要的教训之一就是这么多年来，我们在思想教育中放弃了马克思主义理论教育，听任资产阶级自由化思潮的泛滥，以致使一些青年学生受到了资产阶级自由化思潮的影响，接受了资产阶级的价值观念，从而在这次政治风波中迷失了方向。我们回想一下，在最近几年来，自由化思潮不断发展，资产阶级的个人主义、自我价值，甚嚣尘上；资产阶级的民主和自由的观念到处宣扬；剥削阶级的享乐主义曾经一度成为时尚。在人和人的关系上，拜金主义起着严重的腐蚀作用。一切向钱看，金钱至上，有钱能使鬼推磨，似乎办什么事情都得要钱。有些人甚至公开提出，发展商品经济就是要搞金钱至上等等。这些情况，对党和国家中腐败现象的蔓延起了推波助澜的作用。反思从学潮到反革命暴乱的发展过程，应充分认识到，意识形态领域内资产阶级自由化思潮泛滥确实是导致反革命暴乱的最主要的原因。当然，也应看到党和政府内确实存在比较严重的腐败现象，也是不可忽视的重要原因。国内外反动势力，正是靠资产阶级价值观念对我们进行渗透来搞和平演变的。我们要彻底克服资产阶级自由化思潮，必须保持党和政府政治上的清廉，克服腐败现象。只有我们的党和政府能真正地清除腐败现象，能密切地联系群众，我们才能有效地克服资产阶级自由化思潮。否则，就不可能把反自由化的斗争进行得非常彻底。

二、自由化思潮对传统伦理道德的冲击

最近几年，自由化思潮对传统伦理道德的冲击是多方面的。不久前，我在《光明日报》上写了一篇文章，把最近十年我国在伦理道德方面反自由化的斗争概括为四个浪潮，或者说四个回合：

第一个回合，是1980年前后，主要围绕对毛泽东同志和毛泽东思想的评价。一些搞自由化的人，首先对社会主义道德、共产主义道德中的集体主义原则提出批评。他们把社会主义道德、共产主义道德要求的大公无私，全心全意为人民服务，都说成是假话、大话、空话，是搞“假、大、空”。他们认为，毫不利己，专门利人是根本做不到的，雷锋精神是一种奴隶主义，是叫你干什么就干什么。在第一个回合的斗争，自由化思潮首先要把共产主义道德、社会主义道德否定掉。

第二个回合，是1984年、1985年这段时期，提倡商品经济，同时，宣传“一切向钱看”，宣传金钱至上。如果说1980～1983年，是搞自由化的人在做“破”的工作，破共产主义道德，1984年、1985年他们就开始做“立”的工作了，立他们的资产阶级自由化的伦理观点，立一切向钱看，立拜金主义思潮。开始很多人还听不进去，觉得社会主义国家怎么能宣传一切向钱看呢？但随着自由化思潮的发展，一些

著名理论家也出面为“一切向钱看”作论证了。当时有种论调，“低头向钱看，抬头向前看，只有向钱看，才能向前看。”后来被一位理论家加以发挥，说第一句话是向个人利益看，第二句是向社会主义、共产主义远大目标看，第三、四句是只有向个人利益看了，才能看到远大目标。我在《光明日报》写文章说，这种理论不解释，我们还明白，一解释反而糊涂了。一个低头向钱眼儿钻的人，抬起头来怎么能看到共产主义的远大目标？中国古代讲“见利思义”、“见得思义”，意思是说见到了钱和自己应得到的东西，要先想想该不该要，是否符合原则，考虑考虑自己的行为是不是合适。

第三个回合，是集中批判中国的传统伦理道德。这个回合与我们今天的关系比较大。搞自由化的人破除掉共产主义道德后，就把矛盾指向中国传统道德，说中国传统道德完全是封建道德，全是坏的，一点儿也不能继承。传统文化的核心是传统的伦理道德。否认中国传统文化的目的之一，就是要否认传统道德。搞自由化的人就是要在对传统文化的批判中，否认传统道德中的优秀部分，否认其中对社会主义有利的部分。一个时期里，似乎中国的什么都不行了，不但中国的文化不行，道德不行，刘晓波之流甚至说连中国的人种都不行了。

第四个回合，搞自由化的人开始公开宣传个人主义、利己主义，鼓吹合理的利己主义和为个人主义“正名”，宣扬“个人主义在今天有它的积极性”等。

总之，改革开放以来，自由化思潮在伦理道德方面对社会主义道德的冲击，出现了四次浪潮，首先是否定共产主义道德，其次是宣传“一切向钱看”，再次是否认传统道德，最后是公开宣传个人主义。自由化思潮在伦理道德方面对我们展开的斗争，影响很严重。过去一段时间里，人们还不明白，一些人为什么要否认中国的伦理道德，只是到后来才慢慢地看清了，否认中国传统文化道德，正是为他们搞全盘西化扫清阵地。因为他们要宣扬资产阶级那套东西，所以要把中国的优良传统道德也完全否定掉。否定中国传统伦理道德是为了在中国推行资产阶级伦理道德创造条件，是他们要把中国从社会主义演变到资本主义的重要手段。

三、中国的传统伦理道德

讲到中国的传统伦理道德，首先必须要区分两种不同性质的传统道德。一种是中国长期封建社会所形成的封建传统道德，对这种传统道德，我们的态度是要批判地继承，就是要抛弃或批判其适应反动的封建专制制度的糟粕性的东西，发扬和继承其有益于社会发展的精华部分。另一种是社会主义的传统道德，如果把传统理解为今天以前的东西，社会主义传统道德是新中国成立以后或从井冈山到延安直到现在所逐步形成的。对于这种传统道德，只能是一个如何继承、发扬、补充和发展的问题。两种性质不同的传统伦理道德是不能混淆的。但是最近几年来，一些搞自由化的人故意混淆这两种传统道德，说这两种传统道德都不能适应今天改革开放的新形势，都要加以批判，甚至有的报上说，中国旧的传统道德已反掉了，新中国成立以来的传统也不行了。他们说的旧传统就是1949年以前的封建社会传统，他们说的新传统就是1949年以后或从井冈山、延安直到新中国成立后发展起来的革命传统。这些人打着反封建传统的旗号，实际上既反对封建传统，又反对新中国成立以来形成的新传统，而且主要是反对新中国成立以来的新传统。他们说传统道德不能反映改革开放的新形势，不能反映发展商品经济的新形势，在很多情况下，这种说法指的不是旧传统，而是针对社会主义的伦理道德。他们鼓吹中国旧传统反掉了，新传统不行了，出现了道德无序状态，因此需要重建道德。

我今天讲的传统道德，主要指的是“五四”以前或新中国成立以前中国封建社会的传统道德，不是他们所说的新、旧传统道德。我们讲的传统伦理道德或说新中国成立前的伦理道德，概括讲，是指在中国长期封建社会中，以儒家思想为主体的传统伦理道德。对这种伦理道德，应用辩证的、一分为二的科学态度来进行分析。应根据时代的需要，批判其阻碍我国社会发展的封建性糟粕，继承其有利于社会主义四个现代化建设的精华。全盘否定或全盘肯定的态度都是错误的。这几年确实存在这两种倾向。在国内，搞资产阶级自由化的人，像刘晓波、苏晓康等对中国传统文化全盘否定，鼓吹要用蓝色文化改造我们的黄色文明。在港台和国外一些地区，也确实有一部分人要求全盘肯定儒家思想，认为儒家文化伦理道德完全适用于今天。我们的态度完全不同，我们讲中国古代的传统道德，既包括儒家的也包括墨、法、道诸家的，不过是以儒家为主。中国传统文化道德可以批判继承，但必须是经过我们的消化吸收，纳入社会主义伦理道德规范内，而不是把儒家的东西，原封不动地拿来使用。我们不像现在的中国台湾、韩国、新加坡、马来西亚等国家和地区，每天宣传孔孟之道。我们跟他们全盘肯定儒家思想也是不同的。对中国传统伦理道德中的优秀部分，我们主张批判地继承，既不同于全盘否定的那部分人，也不同于全盘肯定的那些人。

四、中国传统伦理道德哪些应批判，哪些应继承

中国传统伦理道德，从根本上讲，是中国长期封建社会的经济和政治关系的一种产物，是中国封建的经济、政治关系所决定的，中国传统伦理道德与中国封建社会的经济政治的关系可从两方面分析。一

是从经济上看，中国两千年封建社会，长期处于分散落后的小农经济关系中；二是从政治上讲，尽管有过动乱分裂，中国两千年中相当长的时期都是封建的统一专制国家。统一的国家，落后的小农经济，是中国最基本的伦理道德形成的前提。这两个前提决定了中国的传统道德既有消极的一面，又有积极的一面。

从消极方面讲，旧中国从维护封建大一统的专制主义、整体主义出发，形成了比较森严的等级观念和等级规范。君臣、父子、夫妻都有严格的等级制度，对人们的个性发展起过比较严重的束缚和压抑作用。正是从维护封建统一的思想出发，三纲五常思想成为封建社会“天不变，道亦不变”的伦理教条。君为臣纲、父为子纲、夫为妻纲，一直发展到愚忠、愚孝，这种思想在中国社会长期都有很大影响。中国要实现现代化，要在改革开放中不断前进，确实要同这些封建伦理道德作坚决的斗争。发展个性，实现人的价值，尊重人的尊严，是我们今天应该提倡的，这并不是资产阶级所专有的东西，为了使国家走上现代化道路，必须反对中国封建社会的传统伦理道德中的等级观念、束缚个性等。这是消极方面中的第一点。当然，我们也应当看到，中国古代所说的五伦关系确实反映了当时社会中人和人之间关系的五个重要方面，今天如果能赋予新的内容，对我们这个社会还是有积极意义的。

其次，儒家伦理道德中重义贱利思想，即重视道德，鄙视金钱和利益，重农轻商思想，以农为本，以商为末，认为生意人总是自私自利的传统观念是与中国长期分散的、自给自足的小农经济相联系的消极东西。这种思想对中国社会的发展确实也发生过阻挠作用。重视道义是对的，但不要一般的提出贱利，把利否定掉。孔老夫子有句话，“君子喻于义，小人喻于利”，这句话，今天就必须分析批判地看待。

尽管孔子本人指的“利”，究其主要意义而言，是说他反对只顾个人而不顾国家的自私自利，但他未说清“利”是否也包括个人的正当利益在内，所以，儒家后来就片面的否定了利益概念，不讲利益，没有更好地区别“利”与“义”的关系。只讲“义”不讲“利”，只强调重农，忽视经商，这对我们国家长期的发展，对我国今天的四化建设和改革开放是不利的。当然，有的同志讲，儒家对于“利”也讲了许多正确的话，像先义后利、见利思义等，对利、义关系处理是正确的，但儒家特别是后期儒家是片面否定了利益的。

最后，在儒家传统伦理思想中间，由于小农经济的制约，以农为本，提倡道义原则，提倡道德的重要性，因而否认或鄙薄技术的重要，这种思想不利于我国科学技术和生产力的发展。在科学技术的发展上，中国古代确实出现过很多著名的、有成就的科学家。但是这些科学家在封建社会未受到应有的重视，他们的科学技术比较少的能够用来推动农业和手工业的发展，正是由于这种原因，中国长期的封建社会未能形成许多独立的科学。如天文、水利、数学，中国都有很多科学家，但均未发展成为独立的科学。在四化建设中，要大力发展生产力，必须进一步肃清传统道德中鄙薄技术的思想，更好地发展科学技术，尽快实现科技现代化。

中国传统伦理道德，尽管从主体看是封建糟粕，但它也确实包含中华民族的各族人民，在千百年来的生产、劳动和社会交往中间，积累起来的能够维护民族发展的优良道德传统。中华民族所以能经历几千年历史，而屹立于世界民族之林，成为世界大国；中华民族所以能绵延发展而历久不衰，其重要原因之一，就是同中华民族传统的优良道德有重要关系。我们应该看到，一个民族特别是像中国这样一个较大的民族，有悠久的文化历史，绝不能割断我们的历史，不能否定我们的优良传统，更不能采取民族虚无主义的态度。在我国社会主义现代化建设中，如果我们能够经过扬弃、过滤，用马克思主义对传统道德加以新的解释，必然会对我们的国家和人民发生积极的作用。我国优良传统的积极方面有：

第一，对国家和民族的强烈责任感。宋代的范仲淹提出："先天下之忧而忧，后天下之乐而乐"，清代的顾炎武又提出"天下兴亡，匹夫有责"，这两句话充分体现了个人对民族、国家的强烈责任感和爱国心，体现着先国家后个人，先民族后家庭的可贵思想。正是这种伟大的精神，使中华民族得以长期延续和发展起来。在这种传统伦理道德的影响下，中国的许多知识分子，许多人民表现出了高尚的爱国主义精神，每当我们国家发生危难的时候，一些忧国忧民的爱国志士，总是勇于自我牺牲，抛头颅，洒热血，为国捐躯。历史上像岳飞、文天祥、史可法这样的为国为民的历史人物数不胜数。最近，我们正准备编一些中国历史上爱国主义的典型例子，用来教育我们的青年，发扬我们国家的优良传统道德。优良的传统道德，非常有利于培养广大人民和青年们对国家、对民族的责任感，培养广大青年的爱国主义的精神。搞自由化的人否定我们的优良传统，很主要的就是要否定我们的爱国主义，为其搞全盘西化，在中国搞资本主义制造舆论。我们进行四化建设，要特别注意发扬爱国主义传统，那些背叛国家和民族利益的人，那些投靠敌人的人注定要受到历史的唾弃，被钉到历史的耻辱柱上。

第二，自强不息，奋发有为的斗争精神。中国从先秦以来就提倡自强不息，奋发有为，它体现着中华民族自觉、顽强地改造社会和自然的崇高思想。中国许多思想家都很重视自强不息对中华民族发展的重要意义。一个民族要生存发展，一个国家要富强，即便是一个人，要能使自己更好地生活，都必须具有自强不息的精神。把自强不息作为一个国家、一个民族或者一个人的价值目标来追求，作为人生的一种意义来追求，到今天看来仍有非常积极的作用。无论我们遇到了什么样的严重困难，我们都不能悲观失望，无论遭到多大挫折，都要强调自强不息，无论外界的压力有多大，我们都能顶住并始终坚持自强不息，中华民族正是在这种自强不息、奋发有为的精神指导下，才得到了发展。我们国家的革命和建设离不开自强不息、奋发有为的民族优良传统。我国平息反革命暴乱后，帝国主义企图通过经济制裁、外界压力，来使我们屈服，他们不知道，中国人民的民族传统是自强不息、奋发有为、坚持不屈不挠的斗争，是绝不会向外国的压力低头的，你压的越厉害的，我反而越要顶住。最近到国外去接触了一些华侨，他们对国内发生的政治事件是这样评价的，第一，学生是爱国的；第二，少数人利用学生爱国热情要推翻中国政府；第三，外国人想利用中国事件改变中国制度，给中国以压力。但他们认为，中国是不会屈服于这种压力的。去年的政治风波之后，我们国家又遇到了很多困难，在这种情况下，更应该坚持自强不息、奋发有为的民族传统。外国势力压我们，无非是要压我们改变社会主义制度，我们要发扬优良的民族传统，顶住这种压力，反对自由化，坚持走社会主义道路。

第三，“富贵不能淫，贫贱不能移，威武不能屈”，“独立而不倚”，“志士仁人，无求生以害仁，有杀身以成仁”。这种追求高尚人格和崇高的道德理想，杀身成仁、舍生取义的大无畏精神，是中华民族传统的重要内容，对中华民族的发展起着非常重要的作用。直到现在，崇高的道德理想对我国的许多知识分子、干部、工人和广大群众都有很重要的影响。中国人的这种骨气和精神，就是中华民族可以巍然屹立的脊梁骨。毛主席曾写文章专门讲到过我们中华民族的这种精神。新中国成立前有李公朴、闻一多、朱自清这样的一批知识分子。朱自清宁愿饿死，也不吃美国的救济面粉。中国历史上富贵不淫、贫贱不移、威武不屈的例子有很多。一个人要有自己的人格，一个国家要有自己的国格，为了民族和国家的利益，为了一种原则、道义，应当舍弃个人的东西，发扬无私奉献的精神，决不能在名利、金钱、富贵的诱惑下做出有损人格、国格的事情。我们现在有极少数的人，受西方资产阶级思想影响，羡慕、留恋国外的优越生活条件，做出许多损害人格、国格的事，这与我们的民族传统是完全不相容的。当前，尤其需要提倡我们民族的这种精神，克服最近几年自由化泛滥带来的金钱崇拜等不良现象。

第四，艰苦奋斗、勤俭节约、勤劳勇敢、诚实守信、谦虚谨慎等思想，也是中华民族的优良传统道德，这些传统道德在中国劳动人民和各阶层民众间却有着较深刻的影响。近年来，自由化思潮否定民族传统，反对谦虚谨慎、艰苦奋斗等民族道德，一些报纸上的文章有意无意地在反对艰苦奋斗思想，如说什么新三年、旧三年，缝缝补补又三年的思想不能适应时代发展，鼓吹高消费，不讲艰苦朴素等。在这种思想影响下，不愿艰苦奋斗，追求享受，高消费情况严重。据北京市统计，青年结婚费用已上涨到一万多元。提倡高消费、讲享受，反对艰苦奋斗的结果，是发生了许多令人吃惊的事情。如很多人把老实诚实看做是窝囊废，视为无能，提倡在商品经济中学会投机取巧，社会风气中形成一种老实人吃亏，谁争的厉害谁就得到的多等不良倾向。又如这些年出现了把谦虚看做是伪君子，最好是能够吹嘘自己、表现自己、推销自己，似乎一个人不吹嘘自己，就不能和社会各方面拉好关系，就不能把事业搞成功。中国谦虚谨慎这样很重要的优良传统在一些人那里几乎没有了。这种风气使社会上许多人自以为是、骄傲自满、狂妄自大，甚至自吹为是高于社会一切人的“精英”，发展到参加动乱，走上反社会主义的道路。当然不能说骄傲、狂妄一定就要反党反社会主义，但看看参加这次动乱的“精英”们，相当一部分人都是狂妄自大的，这不能不给我们以重要教训。

以上我讲了中国传统伦理道德的三个消极方面和四个积极方面。对于中国的传统伦理道德，应注意分析，既不能笼统否定，也不能笼统肯定。要认识到其消极东西，直到今天对我们国家仍有严重影响，还要继续批判和消除它的影响。但对它的积极方面，更应注意发扬光大。

最后，我想再强调一下，对于新中国成立以来，或是从井冈山、延安时期即开始形成的革命传统不能“批判”继承，更不能以更新变革它的观念为幌子，从而达到否定这种传统的目的。对于新中国成立以来的革命传统只能是根据当前的新条件加以补充和发展，使其能更适应改革开放的要求。新中国成立以来，我们在伦理道德方面提倡的主要是社会主义道德和共产主义道德，实行的是社会主义的集体主义原则，这种原则强调集体利益高于个人利益，在个人利益与集体利益发生矛盾，而又必须牺牲个人利益时，主张要牺牲个人利益，维护集体利益。新中国成立以来我们对集体主义的理解，曾经出现过过分强调集体利益，没有更好地注意到个人正当利益的满足，这应该引起注意。但是对集体主义原则来说，并不存在变革更新问题，主要还是发扬的问题。

五、西方的传统伦理道德

一般来说，我们讲的西方个人主义道德传统，主要是指近四五百年发展起来的西方资产阶级传统伦理道德。西方以个人为中心或个人主义的传统道德，一般可以从广义和狭义两个角度来理解。广义讲，它是从古代希腊就开始出现的，一种强调个人的伦理思想和伦理传统。古希腊虽然处于奴隶社会，但与中国不同，它有其自身所特有的一种民主制度。古希腊由雅典和斯巴达两个城邦组成，古斯巴达国王的权力要受长老会议的限制，长老会议有两个国王，28 个议员，是由 30 人组成的国家最高权力机关，国家最大的问题都由这个会议决定，不由国王个人决定。雅典比斯巴达更民主，公元前 6 世纪梭伦改革后建立了四百人议会，是国家的最高权力机关，国家的重大问题都要在这个议会里讨论通过。这种奴隶制民主，强调在奴隶主之间的民主，产生了有关个人的思想。"人是万物的尺度"这种思想与当时的民主政治相适应。在奴隶主民主制下，奴隶主个人具有相当独立的人格，能够独立表达自己的意见，因此，奴隶主之间，个人是享有一定的民主和自由的，不像东方封建社会那样等级森严。西方封建专制时期约有一千年。在这段时期内，西方的封建等级制也是非常森严的。随着西方资本主义社会的形成、发展，由于西方有奴隶制民主的历史渊源，近代资本主义民主制度很快又返回到古希腊的民主思想，文艺复兴以后又有所发展。所以西方比较多的强调个人，以个人为中心的传统伦理道德是在古希腊时萌芽，在文艺复兴时期发展起来的。

从狭义上讲，个人主义主要是指与资本主义发展相适应并同资本主义同时产生，为资本主义发展服务的思想体系。这种个人主义是文艺复兴以来的思想产物，如果更严格地进行划分，系统的个人主义的思想体系的产生的年代还要晚。直到 19 世纪 40 年代，西方才出现了"个人主义"这个词。文艺复兴之后只有"个人民主"、"个人自由"、"个人尊严"、"个人价值"，没有"个人主义"，从"个人"的观念提出，到以个人为中心的思想出现经历了好几百年的发展。早在文艺复兴初期，适应资本主义的发展，资产阶级个人主义思想也迅速发展。一方面，私人资本主义经济为从封建束缚下摆脱出来，迫切希望有一种反对封建压迫，强调个人发展的思想，来指导私有制的发展。另一方面，一些以个人为中心的人，为追求个人的解放，也必然要依靠私有制的进一步发展的胜利。私有制的发展要求有一种思想体系来适应它，而一些要求宣传个人主义的人也需要私有制的发展，使其个人主义思想能够得以体现，这样，个人主义就伴随着私有制的发展成为一种思想体系。现在讲以个人为中心的思想，是以资本主义经济为基础而形成的理论思想体系，这种思想体系在 19 世纪发展到极端以后，逐渐开始走下坡路。

在西方国家，个人主义是强调以个人为中心，一切从个人出发，个人利益高于整体利益，并以达到个人需要与欲望为目的的一种思想体系。资产阶级个人主义，因为要强调以个人为中心，强调从个人出发，强调获得个人利益，强调要达到个人的需要与欲望，所以它从产生开始，就比较注意个人的自由、个人的尊严、个人的利益和个人价值。应该承认，这种思想在反封建神权的斗争中确实发生过积极作用，这是历史事实。在当前资本主义社会中，在某些情况下，这种个人主义思想还可能产生某些进步的影响，这也是可以理解的。个人主义有时也反对法西斯主义，反对侵略战争，反对资本主义国家对个人过多的干预等。但个人主义一个很重要的东西是以个人为中心，这种以个人为中心的思想总是要诱发个人的私欲膨胀，造成个人同国家、同整体的疏远和分离。所以，即使在资本主义社会中，在其产生积极作用的同时，也产生着一定的消极作用，随着资本主义从自由竞争向垄断的发展，个人主义的积极作用就越来越小了。现代不少资产阶级思想家也认识到，个人主义对当代资本主义社会具有很多消极作用。

自由化思潮泛滥时，有一种论调说个人主义与利己主义不同，要反对利己主义，不要反对个人主义。应该怎样认识这个问题呢？个人主义与利己主义从概念和历史渊源上讲确实有所不同。利己主义早在古希腊时就出现了，完全是一种自私自利、追求个人欲望的满足的思想。个人主义我们在前面已讲到，是从文艺复兴时期开始的，而且，从严格的意义上讲，它只是到了19世纪40年代才出现了个人主义这个概念。从内容上看，个人主义也不完全等同于利己主义。但从本质上讲，个人主义归根到底，可以说是利己主义。因为二者都是以个人为中心，这在本质上没有区别。不过把个人主义说成就是利己主义也是不确切的。因其思想渊源与内容毕竟有所不同。

六、个人主义在今天的中国有无积极作用，是否可作为我们今天社会伦理道德的一个价值导向

一些搞自由化的人或者一些头脑不清醒的人，总觉得由于中国经济发展落后，需要搞商品经济，就是要补资本主义的课，因此，也应该发展个人主义。现在看得很清楚，中国要想补资本主义的课，搞资本主义，绝不可能搞成当今美、英、法、德那样的资本主义社会，只能是一种原始的、人吃人的、大多数人被少数人残酷剥削的、买办式的资本主义。我国人口众多，社会生产力水平很低，人们的文化、文明素质需要很大的提高，民主法制观念不健全，加上垄断资本的国际环境，在这种情况下搞资本主义，是不可能建成现代西方美、法等资本主义社会的。现代资本主义是从残酷的资本原始积累、羊吃人、买卖奴隶发展起来的。19世纪恩格斯写的《英国工人阶级状况》对资本主义剥削的描写与我们今天某些个体户的剥削相当相像。如果我们今

天搞资本主义，不搞社会主义，允许私人资本主义经济无限制地去发展，在我国现有状况下，弄虚作假，坑蒙拐骗，残酷剥削就会发展的不可收拾。这不是耸人听闻，而是这几年确实出现了的现象。很多非法经营的个体户就是这样剥削的，有的人雇工几十人甚至几百人，剥削是很厉害的。资本主义国家经过长期的发展，已形成比较健全的法制，他们的资本主义发展还要坑害老百姓。我们的法制不健全，这几年违法、偷漏税、造假的不断出现，如果再搞资本主义的话，情况就会发展得更为严重。很多人想在中国以发展资本主义为由，来宣传个人主义，兴个人主义，这样做更不行。资本主义经济的发展也只是在经过了400年的发展之后，在大量对本国和世界各地人民进行掠夺的基础上，在长期实行资本主义文化教育，特别是在健全法制的基础上，才使它的社会各种矛盾能够互相制约，才使个人主义从原始的、野蛮的、赤裸裸的、人剥削人的那种情况下，转变到今天西方的这种所谓注重人的自我的个人主义。今天中国不可能有这样的个人主义。现在的西方个人主义是适应资本主义私营经济的发展而形成的。个人主义作为一种伦理道德原则来讲，它强调的是以个人为中心。要是作为一种财产制度来讲，个人主义是要维护私有财产，这一点我们可不能不注意到。个人主义需要维护私有财产制度，与我们以公有制为基础的社会主义制度是根本对立的。个人主义在资本主义社会中，曾经促进了资本主义生产力的发展，如果今天把它移植到中国来，就不但不能起进步的作用，反而要起到破坏社会主义的作用了，或者说在今天的中国，个人主义只能起到破坏社会主义建设的消极作用。我们要不要强调个人尊严、自由、价值？我们应该强调。社会主义的集体主义道德原则，决不否认和排斥有关个人的价值和尊严，这些东西并非资产阶级个人主义所专有。前一阶段，我们对集体主义的宣传在某些方面是不够全面的，没有注意到集体主义这样一种道德原则，本身就应该包含要发挥个人的创造性，要使个人的价值能够得到实现，要使个人尊严得到满足，个人的正当利益得到保障等内容。资产阶级个人主义把个人尊严、价值、利益归结为从个人为中心出发是错误的。社会主义集体主义在强调集体利益高于个人利益的同时完全应注意到个人的价值、尊严和个人的正当利益。

与社会主义公有制和社会主义政治制度相适应，社会主义只能把集体主义作为社会的价值导向和伦理道德准则，而不能把个人主义作为我们宣传的一个内容。我们今天不但不能实行个人主义，还要花大气力去清除以个人为中心的个人主义思想。我们必须清楚地认识到，个人主义最本质的规定是以个人为中心，它就必然在个人与社会、个人与国家的关系上，最终强调的是个人至上、个人本位，在个人与社会比较上，主张个人是更根本的东西。而我们要强调的是社会本位，不是个人本位，一个社会主义国家如果强调的是个人本位的话，就不可能建成社会主义。

我们坚持社会主义的集体主义，就要对集体主义有科学正确的理解。集体主义主要应有三层意思，第一层意思强调集体利益高于个人主义，在个人利益与社会利益发生矛盾，又必须牺牲一方面时，必须牺牲个人利益，维护国家、民族与社会的整体利益。这并不是说任何情况下都得牺牲个人利益。为了更好地维护集体利益，在特定情况下，也可以牺牲某些集体利益来照顾个人利益。但这种照顾从长远来讲，还是为了集体利益。在大原则上，我们强调集体利益高于个人利益，国家利益高于个人利益。民族利益高于个人利益。第二层意思是在集体利益高于个人利益的前提下，集体应尽最大可能来发挥个人积极性，使个人的价值、尊严都能得到适当的满足，尽量保证个人的正当利益。这层意思我们过去宣传不够，理解不够。有的思想家把个人与整体看做一个有机体，认为个人是有机体的细胞，整体是有机体的生命，生命要有活力，必须使每个细胞有活力。这个观点是正确的。集体要有活力，必须让每个人有活力，这个道理过去我们许多人不懂，好像集体主义就是强调一切东西都得服从集体，个人好坏就不管你。恰好相反，集体的活力来自于个人的活力，一个工厂的兴旺发达，有赖于每个工人的积极性都得到了发挥，每个工人的正当利益都得到满足，个人尊严得到尊重，个人价值得到实现。第三层意思是集体的每个成员都要为保持集体的完善与纯洁而斗争。集体主义要求其成员要不断地为集体的完善而斗争，保持集体的纯洁，使集体能真正体现全体成员的利益，体现国家、民族的利益。集体主义这三层意思是有机的统一，共同构成集体主义的完整内涵。这样的集体主义是科学的、全面的，能够在广大群众中间得到真正的推行，它是指导我们社会主义建设的重要的伦理道德原则。

弘扬中国古代优良道德传统的几个值得注意的问题*

弘扬中华民族的古代的优良传统道德，对于建设有中国特色的社会主义精神文明、培养“四有”新人和改善社会风气、协调人际关系和维护社会稳定以及形成新的价值观念和道德规范，都有着重要的意义。从新中国成立直到我国改革开放建设有中国特色的社会主义新时期，在长达四十年的时间内，在继承中华民族优良文化遗产，特别是在继承中华民族的优良传统道德中，曾经走过了一段曲折的道路。早在新中国成立以前，毛泽东同志曾经正确地提出了对于中华民族传统文化的正确态度。但是，来自“左”的和右的干扰，民族虚无主义和无批判地复兴儒学的思潮，尤其是全盘西化的民族虚无主义，对我们正确地弘扬民族的优良文化遗产，带来了许多消极的影响，通过四十年的曲折发展，现在，对于弘扬中国优良传统文化的重要，人们已经取得了共识。这一共识就是：我们必须用马克思主

* 原载《炎黄文化研究》1996 年第 3 期。曾收入《罗国杰文集》，下卷，546～558 页，北京，中国人民大学出版社，2007。

义的立场、观点和方法，对中华民族的传统文化、伦理道德遗产，采取分析的态度，抛弃其糟粕，吸收其精华。民族虚无主义和无批判地复古主义思想，都是我们应当反对的。尽管在实际工作中，今后还可能产生这样那样的偏差，甚至必然会出现这样那样的问题，但是，我们不能动摇必须弘扬中华民族优良道德传统这一指导思想。

我认为，在弘扬中国古代优良道德传统的认识上，有五个问题值得我们注意。

一、弘扬中国古代优良道德传统的根本目的

弘扬中国古代优良道德传统的根本目的，在于使社会主义道德具有民族的特色和丰富多彩的内涵，从而形成适应社会主义四个现代化需要的伦理思想、价值观念和道德规范，增强中华民族的自尊、自信、自立、自强的精神，有利于弘扬爱国主义、集体主义和社会主义的主旋律，有利于中国的改革开放能够沿着社会主义道路，顺利、健康地向前发展。社会主义的思想道德建设，从一定意义上可以说，是社会主义精神文明建设的核心，弘扬中国古代优良道德传统，是加强社会主义精神文明建设的一个重要方面，在社会主义精神文明中，有着重要的地位。弘扬中国古代的优良道德传统，就是为了坚持社会主义的道德原则和道德规范，坚持马克思主义的指导思想，坚定社会主义的信念，更好地沿着社会主义道路健康地向前发展。

前一段时期，在一些人中，曾经产生过这样一种错误认识，在他们看来，现在之所以要继承中华民族传统美德，是因为我们社会主义的以集体主义为基本原则的道德要求太高了，人们不容易做到，所以才降低要求，提倡中国的传统道德。这就是说，要用传统道德来代替当前社会主义道德，这当然是十分错误的。

社会主义的集体主义道德要求，并不是一个高不可攀、脱离人们实际道德生活的空想，而是一个人们能够不断地攀登到道德顶峰的若干个阶梯。集体主义原则认为，个人利益与整体利益是统一的，主张在个人利益与社会利益、国家利益发生矛盾时，个人利益应当服从集体的利益。但是，集体主义并不是不重视个人利益，它强调保障正当的个人利益的实现，强调个人的能动作用，并把实现个人的价值作为实现集体价值的一个重要方面。至于说到中国传统道德，它的要求并不像某些人认为的那样，是什么人都可以达到的。中国古代传统道德所要求的智、仁、勇、礼、义、廉、信等也是很高的道德要求，至于孔子所说的“君子”、“圣人”、“贤人”的要求，对一般人来说更是很难达到的“境界”。古人认为，一个社会的道德要求，既要有许多从实际出发的道德规范，又应当有一个最高的理想境界。对于这种最高的要求，古人认为，即使一般人在一定时期内不容易达到，但也要抱着“虽不能至，心向往之”的执著精神，孜孜不倦地进行追求。如此看来，又怎么能说我们社会主义的要求太高呢？社会主义道德是为实现共同富裕的理想社会服务的道德，我们应当全面的理解它的不同层次道德要求和它所强调的理想人格之间的关系，不断地提高我们自己的道德品质。

二、弘扬中国古代优良道德的指导思想

中国古代道德，内容丰富，源远流长，是中国思想文化传统的重要组成部分。正像毛泽东同志所说的：“我们这个民族有数千年的历史，有它的特点，有它的许多珍贵品。对于这些，我们还是小学生。今天的中国是历史的中国的一个发展，我们是马克思主义的历史主义者，我们不应当割断历史。从孔夫子到孙中山。我们应当给以总结，

继承这一份珍贵的遗产。”但同时也应当看到，中国传统道德是在长期的奴隶社会和封建社会中形成的，有着时代的、阶级的烙印，既有精华，又有糟粕。江泽民同志在庆祝中国共产党成立七十周年大会上指出：“中华民族是有悠久历史和优秀文化的伟大民族，我们文化建设不能割断历史，对民族传统文化要取其精华，去其糟粕，并结合时代的特点加以发展，推陈出新，使它不断发扬光大。”在批判地继承中华民族的传统道德中，要特别强调，必须以马克思主义的历史唯物主义为指导，对其加以分析，剔除其维护等级制度、宣扬男尊女卑、束缚个性发展的消极内容。并根据时代发展和社会主义建设进程所出现的新情况，赋予其新的意义。对于中国传统道德，既不能全盘否定，更不能全盘继承。正确的态度是以马克思主义为指导，坚持“批判继承、弃糟取精、综合创新、古为今用”的态度，从而为我国的四个现代化建设创造良好的道德环境。

中国古代传统道德，既有民主性、人民性、科学性和利他性的精华，又有封建性的糟粕；既有积极、进步、革新的一面，又有消极、保守、落后的一面。在相当多的情况下，又往往是精华与糟粕结合在一起，呈现出良莠混杂、瑕瑜互见的复杂情况。

“批判继承”是一个总的原则，是一个统一的指导思想，对于批判和继承，应当在二者的相互联系中来理解，不能孤立地、分割开来去理解。我们所强调的批判继承，是在马克思主义的指导下，采取历史的、辩证的、有扬弃的批判继承。我们所说的批判，并不是一种简单的否定，而是在否定中又包含着肯定、在批判中就包含着继承；我们所说的继承，并不是把某些“好东西”原封不动地拿来的继承，而是在继承中又有改造，赋予新意的继承。“弃糟取精”是继承文化遗产、特别是继承中国传统伦理道德的一个重要的指导方针，它强调这一继承是经过咀嚼、消化和吸收的继承。对于中国传统道德，笼统的来说，可以大体上划分为三种不同的情况。一部分是糟粕，一部分是既有精华又有糟粕，一部分可以说基本是精华(当然，严格说来，这种形式的分法是不科学的)。这里需要强调的是，即使是某些基本上属于精华的传统道德，也仍然需要对其进行批判地继承。我们都承认，“先天下之忧而忧，后天下之乐而乐”这两句范仲淹的名言是中国的优良道德传统，但是，对我们今天来说，仍然需要采取批判继承的态度，抛弃其时代的局限，赋予其新的意义。应当看到，范仲淹所说的“忧”、“乐”，既有对广大人民群众的命运的关怀，也有对宋王朝统治的兴衰的“忧”、“乐”(其中当然有对国家的关怀，也蕴含着对君主的“忠诚”)。正像范仲淹所说的，“居庙堂之高则忧其民，处江湖之远则忧其君”，这就是说，他认为，凡是品德高尚的人当他在朝廷中身居高位时，就为人民的命运而忧虑，当他远离国君身居山野为民时，他就为君主的安危而担忧。从这里可以认识到，在弘扬中国古代的道德传统时，我们之所以要强调批判继承这一指导方针，强调全面地、辩证地理解这一指导方针的重要意义了。

“综合创新”对于继承中国古代的道德传统同样有重要的意义。中国古代优良道德传统，包括儒、墨、道、法、兵等各家的丰富的思想道德内容，决不能只注意到儒家一个学派，因而应当通过分析加以比较，进行综合和创新，使其成为社会主义道德的一个组成部分。除此之外，“综合创新”还要求对全人类的道德遗产进行整理、加工、对比和鉴别，从其中吸取有益的东西，同中国的传统伦理道德相结合，以创造出人类先进的精神文明。“古为今用”是强调，我们之所以要弘扬中华民族的优良道德传统，就是为了适应有中国特色的社会主义道德建设的现实需要，就是为了有助于解决我们在市场经济条件下所出现的许多伦理道德问题，从而为我们的经济建设创造良好的道德环境，为我国的政治生活创造更加安定团结的局面，为我国的人际关系创造更加和睦友好的氛围。总之，“批判继承”，绝不是一句简单的口号，而是一个坚持马克思主义的立场、观点、方法，对中国古代道德传统的认真的、严肃的、细致的工作，我们应当努力把这一工作做好。

三、弘扬中国古代优良道德传统的同时，应注意弘扬中国革命道德传统

中国古代的优良道德传统，是我们的宝贵遗产，应当大力弘扬。同时，弘扬中国革命道德传统，以革命先驱、仁人志士和道德楷模的事迹来教育广大人民群众，对于从事社会主义建设的广大工人、农民和革命知识分子，则有更为重要的意义。自辛亥革命以来，尤其是中国共产党成立以来，中华民族的优秀儿女，为民族、为社会主义新中国的革命和建设而前仆后继，英勇献身的“杀身成仁，舍生取义”的崇高行为，是我们力量的无尽源泉。中国革命道德传统所体现的时代精神和道德情操，既受到中国古代优良传统道德的熏陶，又高于中国古代传统道德，是中国古代优良道德传统的升华，是我们民族道德精神在新时期的最高体现。在意识形态上，根据革命和建设的发展，许多革命家、思想家、理论家，对于新的道德理论、道德原则和道德规范，又进行了马克思主义的新概括。江泽民同志指出：“弘扬中国古代优良道德传统和革命道德传统，吸取人类一切优良道德成就，努力创建人类先进的精神文明”，强调了弘扬革命传统道德对当前道德建设的重要意义。因此，我们应当使古代优良道德传统同革命的道德传统更好地结合起来。

在改革开放和社会主义四个现代化的新时期，在实现社会主义市

场经济的过程中，弘扬中国古代的优良道德传统，只有与弘扬中国共产党成立以来的革命道德传统相结合，才能真正达到提高广大人民群众的社会主义道德觉悟的目的。我们知道，商品经济的发展，不可避免地会诱发个人主义、拜金主义和享乐主义的滋长，从而使一部分人斤斤计较个人的私利，追求各种物欲的享受，而对社会主义的前途发生动摇，甚至丧失了信心的。因此，在弘扬中国古代的传统道德时，还要力求使传统美德能进一步向更高的境界升华，使其能够在建设有中国特色的社会主义事业中发挥更大的作用。

中华民族的优良道德传统，同中国共产党成立以来的革命传统道德，是既有区别，又有联系的。尽管它们是在不同的时代、不同的社会关系中所形成的，并有着不同的意识形态的特点，但二者又有着作为整体的民族感情、民族心理、民族素质所凝结成的民族特色。中国古代传统道德中的为民族、为社会、为国家而献身的整体主义思想和爱国主义精神，同中国革命传统道德中的关心人民、爱护人民、献身人民、献身祖国的思想和爱国主义，有着民族的思想渊源关系。中华民族古代道德传统中的“见利思义”、“见得思义”、“先义后利”和“以义求利”的思想，在经过批判的改造之后，就能够使我们的广大人民更容易、更亲切地接受和认同社会主义道德的以人民利益、国家利益为基础的义利并重的价值观念，因而，也就更有利于我们反对自私、自利、唯利是图，损人利己、损公肥私和腐朽思想，有利于我国的社会主义市场经济的健康发展。同样，我国革命传统道德中的对社会主义和共产主义的坚定信念和对理想人格的执著追求，也就是中国古代优良道德传统的“杀身取义、舍生取义”在社会主义革命和建设时期的飞跃和升华，是这一思想在社会主义时期的新的时代体现。因此，弘扬中国古代优良道德传统和新时代的革命道德传统，并使二者有机地结合起来，才能更好地形成有中国特色的社会主义的新道德，更有利于增强我们民族的凝聚力和向心力，更有效的提高广大人民群众的道德水平。

四、弘扬中国古代优良道德传统同强调儒学的“新儒家”的区别问题

一般说来，“新儒家”是指 20 世纪 20 年代以后在中国形成的以弘扬和恢复“儒家”学说为目的的学派。当前，这一学派在中国香港、中国台湾以至美国、新加坡等地，都有程度不同的影响，改革开放以来，这一学派的思想在同国内学者的相互交流中，在我国社会上也有一定的影响。长期以来，这一学派一直致力于中国传统儒学的研究，对儒学的许多问题也作了比较深入的探讨，取得了一定成绩。他们反对“台独”，主张中国统一的思想也是积极的。但他们不是用历史唯物主义的思想对儒学进行批判继承，只强调要“复兴儒学”，强调要“返本开新”，力图在“儒学”的根本中开出现代的科学和民主等，这与我们存在着原则的分歧。他们反对社会主义，最终是要建立一个儒家资本主义社会，这更是同我们坚持的社会主义道路对立的。对于这一点，我们应当有明确的认识，有我们自己明确的立场。前一段时期，有些人对新儒家所主张的儒家资本主义认识不清，提出要把儒家精神作为我们的时代精神，当然是十分错误的。中国古代的传统文化，包括儒家文化和儒家伦理道德，如果不经过马克思主义的批判和扬弃，就不可能为有中国特色的社会主义建设服务，相反，它还可能成为建设社会主义四个现代化的阻力。

以“复兴儒学”为目的的现代新儒家，力图在现代条件下重新肯定儒学的价值，他们对儒家的伦理道德思想作了比较深入的研究，其中

对中国传统道德中有关道德主体性、人生理想、道德理性、人格价值等，都作了较深入的研究和新的阐述，并力求使儒家思想能够有利于当前社会中人们的道德品质的提高，应当说，有一定的积极意义。但是，他们研究道德的出发点，不是从历史唯物主义，而是从所谓先验的人的善良本性。他们所提倡的“道德自我”的修养基本上是脱离实践的。这不但无助于人们道德水平的提高，而且也无法达到他们说的道德超升的目的。尤其值得指出的是，在我们看来，尽管对儒家思想应当加以批判继承，弘扬其中的精华，但儒家思想已不可能成为体现当前中华民族的时代精神，更不能用儒家思想来否认马克思主义的指导，来代替社会主义的方向。在海峡两岸的学术交流中，弘扬中华民族的优秀文化传统，特别是道德传统，有利于两岸人民的情感交流，有利于祖国的统一，这一点是应当肯定的；但是，我们应当明确，体现我们民族精神和时代精神的只能是马克思列宁主义、毛泽东思想和邓小平建设有中国特色的社会主义理论，我们前进的道路只能是社会主义而不可能是什么儒家资本主义。弘扬中华民族的古代的优良道德传统，能够使我们的社会主义道德更富有民族的特色，更具有广大人民群众所喜闻乐见的形式，更容易从思想情感上为各民族人民所认同。但是，这一切，都只能是在加强和充实社会主义道德的这一前提下进行，决不应成为某种使我们的道德离开社会主义的借口。

总之，我们在弘扬中华民族优良道德传统时，既要看到同当前海内外的新儒家学者之间的共同之处，又要看到我们之间所存在的重要区别。我们应当坚持马克思主义的指导，坚持社会主义的道路。

五、要注意封建迷信等不健康的复古思潮

在国内，在弘扬中华民族优良道德传统时，还要注意一种新的复

古思潮，尽管这种思潮在当前主要出现在大众文化的层次，仍然是值得注意的。这种思潮原封不动地将封建社会所宣扬的忠、孝、节、义和神鬼报应，男尊女卑的思想，拿到今天的社会中加以推广，甚至妄图以这样的腐朽观念来提高人们的道德水平，改善我们的社会风气。如有的地方，毫无取舍地将所谓“二十四孝”塑成蜡像，有的地方将所谓《太上感应篇》印刷发行。在过去广为传播的许多蒙学读物，也都在没有分析，没有引导的情况下，广为发行。在这些书中，确有一些经过扬弃后可以继承的精华，但也有许多糟粕。

坚定不移地弘扬中华民族的优良道德传统，已经在我国广大人民群众中取得了共识，这是我们今后仍将永远坚持的一个指导思想。因此，在进行普及工作时，我们更应当坚持马克思主义的批判继承的态度，防止和反对从历史唯心主义出发，把传统道德中的反动的，腐朽的，宣扬封建专制、愚忠愚孝，鼓吹男尊女卑，诋毁农民革命的种种低级、庸俗、有害的道德观念作为精华来腐蚀我们的广大人民群众。对于中国的传统道德的一些事例，一定要进行认真的、细致的、具体的分析，切不可笼统对待。就以明清以来在社会上广为流行的《二十四孝》来说，其中确有不少“孝敬父母”这一传统美德的范例，值得我们继承，也存在着一些封建迷信、鬼神报应、不近人情的荒诞无稽之谈，应当坚决抛弃。

目前，许多以弘扬传统美德为目的的通俗读物、普及书刊和参考教材，如雨后春笋般地不断涌现，许多历史上曾经有过的启蒙读物、劝善读本、处世格言、家训家教、传家宝典等大量出版，这种现象已经成为当前一个值得认真注意的问题，从普及中华民族的传统美德和教育广大人民群众的要求来说，这一工作，无疑是十分必要的。但是，对于这类书籍的出版和发行，应当是社会效益第一，而不能只是从经济上去考虑。对于广大人民群众特别是儿童和青少年的传统美德教育，一定要严肃认真地加以鉴别，并赋予其新的意义，决不应该再把其中的神鬼迷信等荒诞无稽的内容不加分析和批判地印出来毒害群众。广大理论工作者和出版工作者应该更自觉地意识到新时代所面临的崇高责任和艰巨任务，使弘扬中华民族传统美德的工作，能够有利于提高广大人民群众的社会主义道德觉悟，能够鼓励人民努力奋斗、积极向上，从而为培养四有新人做出应有的贡献。

关于对传统道德批判继承的理论认识和方法原则*

弘扬中华民族的优良道德传统，对于加强社会主义的精神文明建设，有重要的现实意义。新中国成立以来，在如何正确对待中国文化传统、特别是如何正确对待中国伦理道德传统的问题上，相当长时期内，在思想认识上曾经历了一段曲折的过程。“左”和右的思想影响和干扰，或者是过分地强调“批判”而否认继承，或者是不区分精华和糟粕而全盘肯定，或者是崇拜西方文明而走向民族虚无主义等等。这些情况之所以出现有其多方面的原因，从理论认识和方法原则来看，对如何批判继承中国传统伦理道德的问题，始终没有一个全面的、辩证的、科学的意见，也没有建立起对中国传统道德继承的马克思主义的方法论原则。

新中国成立以来的四十多年，在对待传统道德的继承问题上，根据我个人的认识，大体上可分为四个时期来考察。

---

* 原载《长白论丛》1997年第3期。曾收入《罗国杰文集》，下卷，800～809页，北京，中国人民大学出版社，2007。

第一个时期，从全面解放初期到1957年反右派斗争。这时期我国正处于一个彻底清除封建地主阶级、官僚资产阶级和帝国主义影响的重要时期。急风暴雨的阶级斗争，要求我们必须反对以“忠君孝亲”为核心的封建道德传统，反对“和为贵”的调和阶级矛盾的“中庸”之道，反对所谓“己所不欲，勿施于人”的抹杀阶级关系的处世哲学。正是由于这种历史的背景和阶级斗争的需要，我们对传统伦理道德，采取了基本否定的态度，对中国传统道德采取了多方面的批判。尽管这种批判存在着“矫枉过正”的现象，但这种情况是完全可以理解的。

第二个时期，从1957年反右派斗争到“文化大革命”前。这一段时期，由于“左”的思想不断发展，把学术批评和争论同政治批判混淆起来，造成了严重的混乱。在理论战线上，曾先后批判了主张道德可以继承的“抽象继承法”和吴晗所提出的“剥削阶级道德可以继承”的主张，认为剥削阶级道德的原则、理论、思想都是为剥削阶级服务的，因而对于无产阶级来说是不能继承的。什么是抽象继承法？所谓“抽象继承法”，主张一个哲学命题和一个道德命题，都是其抽象意义和具体意义，或者说特殊意义和一般意义；尽管其具体意义是有阶级和时代的局限，不能也不应该继承，但是其抽象意义有超时代、超阶级的成分，对其他时代和其他阶级也“是有用的，可以继承下来”。“抽象继承法”提出了一种传统道德进行继承的方法论原则，但其中的提法，既过于简单，又没有作出符合历史唯物主义的论证，没有强调这种继承必须是“批判”和“扬弃”，并不是对一切抽象意义或普遍意义的简单的继承。

第三个时期，即所谓“文革”时期，由于极“左”思潮的泛滥，对中国传统伦理道德，不论是从理论上还是从行为规范上都作了彻底的否定，“扫除四旧”、“批林批孔”、“评法批儒”等，使这种在道德继承上的民族虚无主义发展到了登峰造极的程度。

第四个时期，即从“文化大革命”以后到1989年。由于西方价值观念的影响，在一段时期内，我国出现了一股全盘西化的思潮。这种观点认为，中国传统文化，特别是传统道德束缚个性扼杀人性，只能使生命“枯萎”，应当彻底抛弃。尽管这种观点在理论界并未成为主流，但这种自由化的思潮，在一段时期内的危害是十分严重的。当然，在回顾新中国成立以来的这段历史时，也应当看到无批判的复兴儒学的所谓传统保守主义思想，这种主要在港台和海外的所谓新儒学思潮，在国内虽然并没有很大市场，但这种企图用儒家思想来代替社会主义的思想，在国内一部人中间得到共鸣，这一点仍然值得我们注意。

因此，在继续和弘扬中华民族的优良文化传统，特别是在继承和弘扬中华民族优良道德传统时，我们有必要对道德继承问题的正确理论和方法进行认真的探讨。马克思主义的历史唯物主义认为，无产阶级对于本民族历史上的传统文化特别是传统道德，应当采取一种既批判又继承的态度，批判是为了更好地继承，继承中就包含着批判，批判不是完全否定，而是一种扬弃，继承不是照搬，而是赋予新的意义。毛泽东同志曾经说过：“今天的中国是历史的中国的一个发展，我们是马克思主义的历史主义者，我们不应当割断历史。从孔夫子到孙中山，我们应当给以总结，承继这一份珍贵的遗产，”①又说：“清理古代文化的发展过程，剔除其封建性的糟粕吸收其民主性的精华，是发展民族新文化，提高民族自信心的必要条件；但是决不能无批判

① 毛泽东：《毛泽东选集》，第2卷，534页，北京，人民出版社，1991。

地兼收并蓄。”①这就是说，对于历史遗产的批判继承，就“如同我们对于食物一样，必须经过自己的口腔咀嚼和肠胃运动，送进唾液胃液肠液，把它分解为精华和糟粕两部分，然后排泄其糟粕，吸收其精华，才能对我们的身体有益。”②根据历史唯物主义的要求，我们可以对道德的继承问题，提出一个总的原则，即“批判继承，弃糟取精，综合创新，古为今用”。

“批判继承”是一个总的原则，即强调“继承”是在历史唯物主义的理论指导下的有选择、有扬弃、有目的的继承，是以是否符合广大人民群众的利益为原则的继承。

“弃糟取精”，是继承文化遗产，特别是继承传统伦理道德的一个重要要求，是一种弘扬精华，除弃糟粕的继承，是经过咀嚼消化的继承。

“综合创新”是强调在吸取中国传统伦理道德时，一方面要对中国历史上诸子百家伦理道德思想加以分析比较、归纳综合，形成一种新的符合时代需要的思想，使之成为社会主义道德的一个组成部分；另一方面，还要对全人类的伦理道德遗产进行整理、对比和鉴别，并善于吸取有益的东西，同中国伦理道德加以综合，以创造出人类先进的精神文明。

“古为今用”是强调批判继承中华民族道德传统的主要目的，是为了解决现实生活中有关伦理道德的实际问题，以适应有中国特色的社会主义建设的需要的继承。在当前建设有中国特色的社会主义的道德

① 毛泽东：《毛泽东选集》，第2卷，707～708页，北京，人民出版社，1991。

② 同上书，707页。

体系中，批判地继承中华民族道德传统，还能够使我们的社会主义道德更富有民族特色。

历史上的传统道德，从阶级属性来看，大部分都属于剥削阶级的意识形态，是为剥削阶级的政治、经济服务的，为什么又说这些基本上为剥削阶级政治、经济服务的道德，能够为劳动人民、为无产阶级继承呢？

根据历史唯物主义的观点，人是一种社会的动物，有着社会性，而进入阶级社会之后，不同的阶级又必然有其不同的阶级性。在很长的历史时期内，人们在原始社会中生活，他们只有社会性而没有阶级性（当然，从一定意义上说，阶级性也是一种社会性），而在将来人们进入共产主义社会之后，阶级性又将消失，人们又将复归到没有阶级性而只有社会性的时代。人类社会只是在进入阶级社会之后，才由于利益的不同而分成不同的阶级，从而使人们的思想观念打上阶级的烙印。在阶级社会中，人们总是要分为不同的阶级，但同时又具有共同的社会性。人们既然在同一个社会中生活、交往，彼此之间就必须形成一些最起码的、简单的、人们必须遵守的公共生活规则，即使是在剥削阶级与被剥削阶级之间也是不能避免的。尽管在一定时期内这些千百年来在人类社会中所形成的公共社会规则被纳入剥削阶级的意识形态之中，甚至不断地遭到一些人的破坏，但是，它仍然是人们赖以生存、发展的一些必要的人和人之间相处的准则，应该得到继承，并应根据新的时代要求加以弘扬。人类的社会生活和人的共同的社会性，是人类社会中共同道德规范产生的社会原因。那种认为在阶级社会中不可能有人类共同的起码的行为规范的看法是不正确的。

为什么无产阶级能够而且必须对过去历史上的道德遗产（包括剥削阶级的道德思想、理论、原则和规范）加以继承呢？从理论认识和方法论原则来看，确实存在着怎样正确认识一般和个别的关系问题。在过去一段时期内，正如前面所说，一方面存在着“左”的否定剥削阶级道德可以继承的理论，另一方面，也确实存在着不区分精华和糟粕，主张全盘继承的思想。对于前者来说，他们之所以否定传统道德可以继承，原因之一就是只看到传统道德形成于特定历史时期和属于特定阶级的意识形成，没有看到其中也包含着一切时代所具有的共同因素；而主张全盘继承的错误，则在于夸大了传统道德中所包含的普遍性因素，看不到因时代发展而对传统道德进行变革的必要，看不到无产阶级所肩负的人类前所未有的历史使命。

怎样理解批判继承的这种普遍和特殊的关系呢？

根据马克思、恩格斯在《德意志意识形态》中所指出的，即使在阶级对立的社会中，各阶级之间，既有对立的利益，也有共同的利益，“这种共同的利益不是仅仅作为一种‘普遍的东西’存在于观念之中，而且首先是作为彼此分工的个人之间的相互依存关系存在于现实之中。”①统治阶级的思想家们，为了维护统治阶级的长远利益，不但利用这种共同利益来制定维护社会稳定的道德规范，举起这种共同的、普遍利益的旗帜来抵抗外来的侵略，并根据这种共同利益来开发自然和兴修水利。历代统治阶级的清官，从根本上来说，他要维护的是统治阶级的利益，但他们都注意到各个阶级所共生共存的、普遍的、共同的利益。先秦的思想家孔子曾经提出过“因民之所利而利之”的思想，照今天的理解，就是说要根据老百姓自身的利益，使他们得到好处。从其当时的、特殊的目的来说，这自然是为了维护和巩固统治阶

① 中共中央编译局：《马克思恩格斯选集》，第1卷，37～38页，北京，人民出版社，1995。

级的政治稳定，但应当说，这也是对人民有利的。同样孟子提出“省刑法，薄税敛”是要缓和阶级矛盾，但也有着在客观上对发展生产有利的方面。

普遍和特殊，抽象和具体，一般和个别，在哲学上本来是相互联结，不可分割的。从伦理道德思想来看，在任何一个道德思想中，人内在地包含着一般和个别、抽象和具体、普遍和特殊的辩证关系。任何特殊的、具体的、个别的道德思想、道德命题、道德要求和道德规范，都是个别的，但这种个别的、特殊的、具体的，又都必然包含着一般的、共同的、普遍的内容。从辩证法的观点来看，个别的东西就包含有普遍的东西，而普遍的东西，决不能是在个别之外，而只能是在个别之中。从伦理道德思想的继承来看，我们首先应当承认，任何一般的、普遍的、共同的东西，都是同特殊的、具体的、个别的东西相联结而存在的，它们只能存在于这些个别的道德思想、道德要求、道德命题和道德原则之中。但是，我们还应当看到，普遍的、一般的、共同的东西，又往往具有超越特定的时间地点、特定的阶级利益、特定的具体意义而包含有某些共同的普遍的能为其他时代所接受的内容。

怎样理解道德命题和道德要求的特殊意义和普遍意义呢？当一个道德要求被提出来的时候，它首先考虑到的是当时社会人际关系的要求，是当时社会秩序的安定与和谐。在奴隶社会和封建社会，还要考虑到维护当时的等级制度，这就是它的当时的特殊的意义。由于人们受着社会的、历史的、阶级的局限，当古人根据当时的特殊环境、特殊目的而提出某些道德命题、道德要求和道德准则时，又往往自认为是发现了人类道德生活的永久不变的永恒真理，并把这些道德命题和道德要求看成是可以万古长存，像“天不变”那样的也永远不会改变。

当然，这种“天不变，道亦不变”的形而上学的认识是完全错误的，但是在这些根据特殊情况、特殊目的所概括出的道德要求中，仍然反映了作为社会生活中的人所必须共同遵守的某些道德要求，即反映了一些普遍的、共同的、一般的人和人之间的行为准则。这些准则，也就包含了列宁所说的人类在千百年来所形成的公共生活规则，也就是人们在长期的共同的社会生活中所形成的共同的道德规范。正像恩格斯在《反杜林论》中所指出的，某些共同的历史背景，就必然会使道德有某些共同之处。这种“共同之处”，就是我们今天所以能够继承的理论根据，而扬弃其特殊的、具体的、个别的、阶级的特性，把握其一般的、普遍的、共同的属性中的能够适用于今天的内容，就是我们今天之所以能够批判地予以继承的方法论的依据。

最后，我们还应当指出，弘扬精华、除弃糟粕，是我们继承中国传统道德的基本原则，那么我们以什么标准来区分精华和糟粕呢？我们认为，继承的标准就是人民性、进步性和科学性，在当前，区分精华与糟粕的最根本的标准，就是以是否有利于广大中国人民的利益，是否有利于推动有中国特色的社会主义建设事业，是否有利于建设和形成有中国特色的社会主义道德体系，以及是否有利于形成中华民族的自信心和凝聚力。符合上述要求的就是精华，否则就是糟粕。符合上述要求的就是对于当前客观现实的正确认识，就具有科学性。具有科学性的思想，就能够正确地、有力地推动事物不断地向前发展，也就具有进步性，有进步性也就必然能够反映广大人民群众的利益和要求，因而也就必然具有人民性。批判继承就是要继承科学性、人民性和进步性的精华。

论以德治国[*]

——兼论“法治”和“德治”应当相辅相成

在实现社会主义四个现代化的过程中，我们不仅需要强调“法治”的重要性，同时也需要强调“德治”的重要性，忽视其中的任何一个方面，都不可能达到使我们的国家经济发展、政治稳定和社会有序的目的。值得注意的是，在很长一段时期内，我们对法治的重要性，看得比较清楚，而对德治的重要性，则认识得非常不够，其结果是，尽管我们寄希望于法治的应有效果，但由于忽视了德治的作用，法治也没能收到预期的目的。的确，我国实施法治以来，立法已经日趋完善，执法也不断加强，依法治国已经成为我国的一个众所周知的治国方略，我国的社会秩序和政治稳定也已经大大加强，这是值得我们庆贺的。但是，在我国的社会生活中，依然有许多不能令人满意的情况。正像我们大家所看到的，在我们的社会中，一些领域中的道德失范现象比较严重，拜金主义、享乐主义和个人主义有所滋长，以权谋私、行贿受贿、腐化堕落仍然在一些地方蔓

* 原载《伦理学研究》2002年试刊号。

延，黄毒赌等社会丑恶现象沉渣泛起，特别值得注意的是，社会主义的是非、善恶、美丑、荣辱等观念，在一些人中界限混淆、认识模糊，究竟如何更全面地来解决这些问题，以求在依法治国的同时，能收到更好的效果，这一问题，是值得我们认真而仔细地反思的。

江泽民同志在去年召开的思想政治工作会议和最近召开的全国宣传工作会议上，先后提出“德治”和“以德治国”的问题，进一步提出并且明确阐述了在治理国家中必须坚持“法治”和“德治”并重的重要性。应当说，这一思想，是有重要的针对性，也就是说，是有重要的现实意义的。他指出：

“我们在建设有中国特色社会主义，发展社会主义市场经济的过程中，要坚持不懈地加强社会主义法制建设，依法治国，同时也要坚持不懈地加强社会主义道德建设，以德治国。对一个国家的治理来说，法治与德治，从来都是相辅相成、相互促进的。二者缺一不可，也不可偏废。法治属于政治建设、属于政治文明，德治属于思想建设、属于精神文明。二者范畴不同，但其地位和功能都是非常重要的。我们应始终注意把法制建设与道德建设紧密结合起来，把依法治国与以德治国紧密结合起来。”我们应当认真地领会这一思想的重要意义。

确实，对于一个国家的治理和稳定来说，法律的作用无疑是重要的，我们可以清楚地看到，没有法律、没有刑罚，没有政治管理和强制性的约束，一个国家或一个社会想要保持经济发展和社会稳定，是绝对不可能的，对于那些危害国家、危害人民、违法犯罪的人，必须要给以法律的惩罚，否则就不足以维护国家的安定，不能够保护人民的生命财产的安全；同样，我们也决不能因此而忽视甚或否认道德的重要作用，因为，没有广大人民群众道德水平的提高，没有社会道德风尚的改善，没有社会主义的明确的是非、善恶、美丑、荣辱观念的清楚的界限，不但不能维护社会的稳定，也不可能从根本上杜绝一些人之所以犯罪的思想根源。

因此，我们今天需要进一步提高对道德建设的重要性的认识，提高对道德教育在维护社会稳定中的重要意义的认识。以德治国，就是要加强社会主义的道德建设，重视社会主义的道德教育，也就是说，我们要把道德建设提高到治国方略的高度来认识，要把以德治国同依法治国、把法治和德治看做是治国方略的两个同等重要的不可分割的组成部分。

一、如何认识我国古代的“德治”

我们所说的以德治国的“德治”，同中国历史上儒家的“德治”是什么关系，它们有什么区别和联系？这是我们应当注意的一个重要问题。在某些人看来，由于我国历史上儒家所倡导的“德治”实质上是一种“人治”，是同我们现在所提倡的“法治”相矛盾的，因此，在我国实行社会主义市场经济和实现四个现代化的进程中，只能提倡“法治”，不宜提倡“德治”。这种认识有一定的代表性。为此，认真地探讨一下中国古代儒家的“德治”是什么内容，它和我们今天的社会主义的“德治”究竟有什么不同，是有重要意义的。

在中国古代的儒家思想中，“德治”，也就是“以德治国”的思想，有着长期的历史。从一定意义上，我们可以说，德治是儒家政治思想和伦理思想的一项重要内容。从汉代开始，由于儒家思想在意识形态中占有“独尊”的地位，因而，“德治”思想在中国的政治统治中，有着特别重要的意义。在中国儒家的政治思想和伦理思想中，“德治”主要包含四个方面的要求：

首先，“德治”要求国家的最高领导人和所有官吏，都必须是一个道德高尚或一个有道德的人。中国儒家伦理思想认为，一个人只有自己是一个有道德的人，才能参与管理国家的事务，就是“天子”也不能例外。儒家强调，“自天子以至庶人，一是皆以修身为本”，从“修身、齐家、治国、平天下”的推理出发，只有先把自己修养成一个有道德的人才能把“家”治理好，只有把“家”治理好才能把国家治理好，同样，只有把国家治理好才能治理好天下。

其次，“德治”要求统治者在道德上应当身体力行，应当以自己的榜样和模范行动，来影响广大的老百姓。这就是所谓的“政者，正也，子率以正，孰敢不正?”“其身正，不令而行，其身不正，虽令不从”，以及“苟正其身，于从政乎何有?”等先哲警言的应有之义。中国古代儒家认为，一个从政者的威信和力量，既不在于他的权力的大小，更不在于他的地位的高低，而在于他的道德人格，只有高尚的道德品质和自身的道德模范行为才能影响人民，才能在人民中享有威信，才是一个从政者的真正力量所在。

再次，中国古代儒家的“德治”，十分重视对老百姓的道德教育，重视老百姓的“羞耻心”的培养。一个人，只有有了对一切不道德的事情的羞耻之心，才可能不去犯罪，否则，就是用严刑重罚，也不能从根本上消灭犯罪的根源。孔子曾经说过“道之以政，齐之以刑，民免而无耻；道之以德，齐之以礼，有耻且格”，这句话的意思是说，一个国君，在统治老百姓的时候，如果只用“政令”来指导他们，用“刑罚”来约束他们，老百姓虽然不敢犯罪，但是他们却没有对做坏事的“羞耻之心”；如果能够用“德”来指导他们，用“礼”来约束他们，老百姓就能养成对犯罪的羞耻之心，这样，人们就能从内心中建筑起抵御一切犯罪的坚固的防线，就可以从根本上消除犯罪。儒家在治理国家中，强调提高人们的道德品质，加强社会舆论和社会感化的力量，是有合理因素的。

最后，儒家的“德治”强调要对老百姓实行“德政”。孔子以后的孟子，更加重视“仁政”的重要，把能否实施“仁政”作为判断一个国君和一个国家能否兴旺发达的重要根据之一。

当然，我们也必须认识到，一些儒家的代表人物，看到了道德和道德教育的重要，这是正确的，但是，他们过分地夸大了道德在社会生活中的作用，由此而否认法治的重要，则是不正确的，尽管儒家在治理国家时，也总是不肯也不能放弃刑罚的作用的。我国古代儒家的“德治”思想，是有其阶级的和历史的局限性的，它是为维护封建地主阶级的统治服务的。

我国古代儒家的“德治”，的确是同“人治”联系在一起的。这不是“德治”本身的原因，而是由当时的专制制度所决定的。不论是奴隶主阶级还是封建阶级，皇帝具有最高的权威，就是中国古代的“法治”又何尝不是同“人治”联系在一起的。因此，在社会主义的中国，在坚持四项基本原则的基础上，在不断发展社会主义民主政治的条件下，我国实行以德治国的方略是决不会走向人治的。

对待中国古代儒家的“德治”思想，既要继承它的合理的、正确的方面，又要批判地抛弃其不适应现代社会要求的错误的内容，也就是说，既要继承其优秀的精华，又要抛弃其腐朽的糟粕。

二、建立新的社会主义“德治”观

在讨论“法治”和“德治”关系的问题时，还必须指出，我们所说的新的“德治”思想，一方面批判地继承了我国历史上“德治”思想，同时，我们所说的“德治”，是在马克思列宁主义、毛泽东思想和邓小平理论的指导下，根据我国社会主义社会的现实所形成的新的社会主义的“德治”。

首先，我们所说的“德治”中的道德，是代表广大人民利益的社会主义的新道德。这一新道德，是以为人民服务为核心、以集体主义为原则，以爱祖国、爱人民、爱劳动、爱科学、爱社会主义为基本要求的。

其次，我们所提倡的社会主义的“德治”，重视道德教育和道德感化的作用，重视对人民群众的切身利益的关心和爱护，并善于从人民群众的实际利益出发，引导和提高到对社会、集体和国家的关心，从而在人民群众的内心中形成一种崇高的道德意识和道德观念，形成一种明确的善恶、是非、美丑、荣辱的正确标准。正是在这样的氛围中，我们的社会风气才能不断地得以提高和改善，我们社会的人际关系才能愈来愈加和谐。

再次，我们所提倡的社会主义的“德治”，在实际的政治生活中，应当充分运用道德激励的方法，通过道德手段，在提升、降级、任免、遴选政府的官吏时，特别注意他们的道德品质。考察、了解、审核一个政府官员的政绩时，一方面要考察这一官员的行政上的业绩和本人的道德素质、道德品质，另一方面，还要考察社会风气是否有明显的改善、人际关系是否协调、社会治安是否良好等方面。强调在选拔干部时，必须坚持德才兼备的标准，坚持领导者和公务员应当以身作则、注意发挥率先垂范的作用。

最后，我们所说的“德治”，是在肯定“法治”的重要意义基础上的“德治”，是把“德治”和“法治”看做具有同等重要意义的“德治”，这是我们的“德治”和中国古代儒家“德治”的重要区别之一。

更重要的是，我们所说的“德治”，是为维护社会主义社会的稳定和发展服务的，这同中国古代儒家所谓的“德治”更有着本质的区别。

在社会主义国家的治国纲领中，“德治”究竟应当占据什么样的地位？我们在强调和加强“法治”的同时，还要不要同时强调和加强“德治”呢？为什么我们要把“德治”提高到治国方略的高度呢？

应当说，在我国的治国方略中，为了现代化建设的顺利进行，为了正确解决市场经济条件下的各种矛盾，为了保持我国的社会稳定和政治稳定，强调“法治”的思想是极其必要的，因为没有健全的法律制度和严格的执法措施，我们就不能给那些违法犯罪分子以应有的惩罚，就不能维护正常的社会秩序。但是，我们决不能也不应当因此而忽视甚至否定“德治”的重要作用。

人们常常说，一些人之所以违法犯罪，是由于他们不懂法，所以要对他们进行普及法律知识的教育，实际上，我们可以看到，更多人的违法犯罪，并不是由于他们不懂得法律，而是由于他们没有道德。他们当中的许多人，对法律十分熟悉和精通，并善于钻法律的空子；有些人还是我们的政法干部，是执法队伍中的成员；有些人，一犯再犯，不知羞耻，直到坠入犯罪的深渊。如果没有道德教育和道德的感化，没有自觉的羞耻之心，要想从根本上解决社会犯罪的问题，那是永远也不可能的。何况，一切法治行为，都是由人来进行的，一个没有道德的人，又怎么能公正无私地执行“法治”的要求呢？

我们强调要“以德治国”和“德治”，绝不是、也绝不能过分地夸大道德的社会作用，把道德说成是“万能”的，而只是要给予道德在国家的政治生活和人民群众的日常生活中以应有的地位，使它与“法治”并行不悖，并驾齐驱，共同维护和促进社会主义市场经济和现代化建设事业的发展。

三、法律和道德的不同作用

马克思主义强调，法律和道德都是社会上层建筑的重要组成部分，都是维护、规范人们思想和行为的重要手段。强调用法律制度来治理国家，用强制的手段来约束人们的行为，是“法治”的主要内涵。从维护社会的秩序、保障社会的稳定来说，法律具有不可或缺的重要作用。特别是在社会大变动的时期，旧有的各种制度已不能适应社会发展的需要，建立新的法律法规和各种规章制度，有着更为重要的意义。从世界历史的发展来看，无论奴隶社会还是封建社会的统治者，都十分重视运用法治的手段，来治理国家，维护自己的统治；在资产阶级建立了自己的统治以后，资产阶级的思想家们，更是强调完备的法律制度和法律体系的重要性，依法治国的思想，遂成为维护资本主义社会的稳定、促进资本主义社会的发展的一个重要的手段。

我国建立社会主义市场经济以来，为了规范人们的行为，我们特别强调，我国的社会主义市场经济，必须是一种法治经济，必须运用法律的强制手段来规范人们的行为。其主要原因就在于，没有完备的法律体系和严厉的制裁措施，我们就不可能保证我国的社会主义市场经济的顺利发展。

按照马克思主义的理论，法律体现着统治阶级的意志，体现着国家对其成员在政治、经济等各个领域的行为的要求，体现着维护社会安定、保护人民生命财产安全、保障国家安全的要求。法律既然是统治阶级意志的体现，它所依靠的手段就必然是带有强制性的国家机器。一个人违反了法律，就必须受到法律所给予的相应的惩罚，国家靠法院、警察等强力工具来保证法律的实施。

道德尽管也是上层建筑的一个重要方面，也同样是维护和规范人们思想和行为的重要手段，但它和法律不同，它的实施，不是依靠某种强制性手段，而是通过道德教育的手段，以其说服力和劝导力来影响和提高社会成员的道德觉悟，使人们自觉地遵守这些行为规范。道德诉诸人们的“良心”，也就是诉诸人们内心的“道德信念”。所谓“说服力”，主要是指通过启迪人们的道德觉悟、激励人们的道德情感、强化人们的道德意志、增强人们的荣辱观念，从而使人们在内心中形成道德行为的内在动因。归根到底，也就是要培养和形成古人所说的“羞耻之心”，有了这种“羞耻之心”，也就有了一个人的道德行为的最重要的基础和前提。所谓“劝导力”，就是通过形成广泛的道德舆论、培育良好的道德环境、增强人们的道德责任感，使人们认识到，如果一个人不能履行自己应尽的道德义务，或者说，如果一个人违反了社会的道德要求，他就要受到舆论的谴责和公众的批评。这种批评和谴责，可能会给他带来羞辱、带来痛苦，会使他在人群中难以容身，甚至会招致他事业的挫折和失败，直至所谓“身败名裂”的严重后果。

一般来说，社会舆论的力量是无形的，因而似乎是没有什么力量的，实际情况并非如此。社会舆论的力量和影响，是决不可忽视的。一种强大的社会舆论，能对社会的一些重大问题，发生极其重要的影响。它能够在潜移默化中，改变人的性情，变化人的气质，移转社会的风气，形成某种道德的氛围。这种社会舆论，如果能够同内心信念相结合，就更能发挥重要的作用。

四、“德治”和“法治”的相互结合

我们在建设有中国特色社会主义，发展社会主义市场经济的过程中，正像江泽民同志所指出的，既“要坚持不懈地加强社会主义法制建设，依法治国，同时也要坚持不懈地加强社会主义道德建设，以德治国”。这两个“坚持不懈地加强”，可以说是我国在治理国家、制定国策中的根本指导思想，是有中国特色的社会主义国家的一个突出特点。社会主义的“法治”与“德治”的相互结合，是马克思主义的政治建设、法治建设和道德建设相结合的一种最完善、最有效的治国国策，对我们社会主义国家的治理来说，必将取得前所未有的社会效果。

从维护和保障社会的稳定来说，法律和道德有同样重要的作用，它们相互联系、相互补充。道德规范和法律规范应该相互结合，共同发挥作用。有了良好的道德素质，人们就能自觉地扶正祛邪，扬善惩恶，就有利于形成追求高尚、激励先进的良好的社会风气，保证社会主义市场经济的健康发展，促进整个民族整体素质的提高。

生活在两千多年前的孔子，就已经看到法律和刑罚并不能从根本上达到维护社会稳定的目的，看到人们的道德面貌、道德思想和良好的社会风气在维护社会稳定中的重要作用。他认为，如果不重视道德教育，一味依靠刑罚的强制手段，靠强力来制服那些违反法律的人，人们就不可能产生一种“羞耻之心”，不知道违反法律是“可耻的”，因此，他们就不可能在内心中形成一道防御犯罪的堤防，而只是力求逃避法律的惩罚，想方设法去钻法律的空子，甚至一犯再犯，从而陷入邪恶的深渊。

如何才能“把法制建设与道德建设紧密结合起来，把依法治国与以德治国紧密结合起来”呢？就目前的情况来看，应当注意以下几个方面的问题。

首先，要从思想上深入领会江泽民同志所提出的“法治”与“德治”相结合的思想，全面和充分地认识二者所具有的同样重要的意义，避免任何认识上的片面性。要把“法治”与“德治”、“依法治国”与“以德治国”、“法制建设”与“道德建设”之间的紧密结合看做是我国治国的一个基本纲领和基本手段，从思想、理论的高度来提高我们的认识。从一定意义上来看，我们可以说，由于法律重在惩罚已经违法犯罪的人，而道德建设则是重在教育那些尚未违法犯罪的人，提高他们的道德素质，使他们不去犯罪。因此，我们也可以说，“法治”和“刑罚”是治标的，而道德建设则是治本的。只有正本清源，提高人们的思想和道德素质，才能使法制建设和法治得到有力的保证，才能从根本上巩固社会的稳定。

其次，我们要在实际的法制建设和道德建设中，自觉地把“以德治国”和“依法治国”相互联系起来：在立法中，注意法律的道义基础，并且应当把一些最重要、最基本的道德要求，直接纳入到法律的规范中；同时，在道德建设中、特别是在道德教育中，要把遵纪守法作为社会主义国家公民的最基本的道德要求提出来，使法治和德治能够相互渗透、相辅相成，更加紧密地结合在一起。例如，我们可以考虑对那些在社会公德、职业道德、家庭美德这三个方面出现的一些严重违反道德的行为和现象，如“见死不救”、“虐待父母”、“破坏家庭”等，在立法中加以适当地注意，这对提高人们的道德素质、改善社会风气、进一步推动法制建设，都是非常有益的。

再次，发展社会主义市场经济，必须在建立与之相适应的社会主义法律体系的同时，努力在全社会形成和建立与之相适应的社会主义道德体系。建设与发展与社会主义市场经济相适应的社会主义道德体系，已经成为现实生活向我们提出的一个重要而紧迫的任务，是关系到我国能否保持社会的稳定、能否更好地发展社会主义的市场经济以至能否更好地建设有中国特色社会主义的一个具有重大的现实意义的问题。市场经济的发展给道德建设提出了一系列的新问题，特别是如何正确处理各种利益关系，怎样对待公平和效率、道德的广泛性和先进性的关系，如何坚持继承和发扬民族优良道德传统和积极吸收外来的优秀道德文化思想，等等。我们应当按照“社会主义道德建设要以为人民服务为核心，以集体主义为原则”的指导思想，动员各个方面的力量共同努力，为早日形成和建立与社会主义市场经济相适应的道德体系而努力。

五、几点对策和建议

加强以德治国，我们必须要从各个方面，做大量的扎扎实实的工作，从政治、法律、道德、文化、教育，特别是大众传媒和社会舆论等方面形成实施“以德治国”的一种强大的合力，以达到提高认识、明确要求、增强信心、认真实行的目的。

第一，在全国范围内，要从保障国家的长治久安、改善社会的道德风尚、提高人民群众的道德水平和社会主义四个现代化的能否实现的大局出发，充分认识“以德治国”的重要意义，理解“依法治国”与“以德治国”的相互关系，清除对德治存在的误解，克服把德治看做人治、或等同于人治的错误思想。充分领会“以德治国”的精神实质，要认识到我们今天所说的德治，是既继承了中国古人的优良传统，又做了马克思主义的改造和扬弃的新的社会主义的德治。要利用各种大众传播媒体，进行广泛、深入、切实、有效地宣传和教育，克服目前还存在的一些模糊认识，使“以德治国”的思想和理论深入人心。在社会主义市场经济条件下，法治和德治具有同等重要的意义。

第二，在广大干部中，要进一步认识和讨论，实施“以德治国”的方略，党和国家的干部，担负着重要的责任。“以德治国”绝不仅仅是“治民”，更不是用许多道德规范来约束群众，“以德治国”首先要求我们的干部要在道德上以身作则、身体力行，以自己的模范行为来带动广大群众。

第三，实行“以德治国”，还必须要有一套制度和机制做保障。在立法中，最好能增加有利于“以德治国”的实施的内容，在政治生活中，要重视道德和道德教育的重要。同时，在党政干部的提升、任免、考核和业绩评定中，更要特别强调干部的道德素质、道德品格的重要，在评估他们的政绩、业绩和才能时，要把能否以自己的实际行动以身作则，能否在道德上起到榜样作用，作为一个重要的标准，要把一个党政干部工作地区、单位的精神文明建设和思想道德建设的好坏，当做政绩的一个重要内容，以此作为加强廉政建设的一个重要方面。

第四，在一些重大的、总的提法上，可以考虑要更全面一些。过去，我们说市场经济是法治经济，今后，是否可以这样提：社会主义市场经济既是法治经济，同时也是德治经济；有中国特色的社会主义中国，既是一个法治社会，同时也是一个德治社会；我们既要把中国建设成一个法治国家，也要把中国建设成为一个德治国家。

第五，在社会主义精神文明建设中，除了当前所进行的工作以外，在相当长的一段时间内，要进一步提出道德教育的重要性，把道德教育、道德教化当做法治的基础性工作来抓。同时，在衡量和评估各地各部门文明建设的水平时，要把对广大人民群众进行道德教育和道德教化的情况，把道德教育和道德教化在改善社会风气、提高人民群众道德境界方面的作用，作为主要指标之一。

第六，建议在各级党的纪检部门、在各级人民代表大会的常务委员会中，设立专门的道德委员会，像抓法律和纪律建设那样抓道德建设，使道德建设在主要依靠道德教育、道德修养和社会道德舆论的引导的同时，尽可能地纳入制度化的轨道。

伦理学学科热点回应

生产和科学技术的发展与道德进步*

我国人民正在向着四个现代化的宏伟目标，不断前进。迅速发展生产，提高科学技术，改善人民生活，是我们的重要任务。在大力发展社会主义的物质文明的同时，还必须不断提高社会主义的精神文明，培养为社会主义建设而不惜牺牲的自觉劳动者。一般来说，随着生产力和科学技术的变化，从事生产和科学技术研究的人们的思想，也在不断变化着，因而，整个社会的道德面貌，也要相应地发生变化。这种变化是究竟怎样进行的？生产和科学技术的发展，以及随之而来的物质生活水平的提高，是促成了道德的进步，还是造成了道德的败坏？社会主义能不能使生产和科学技术的发展同道德的进步与日俱增、相辅相成、从而成为一个统一而不可分的不断向上发展的过程？这个问题，对于我们今天来说，是一个非常有现实意义的问题。

在中外思想史上，对生产和科学技术的发展，究竟是

---

* 原载《哲学研究》1980年第6期。曾收入《罗国杰文集》，上卷，1～11页，北京，中国人民大学出版社，2007。

带来了道德的进步还是道德的堕落，曾有过截然相反的意见，进行过长期的争论。在资本主义社会，这个问题直到现在也还没有得到解决。

一般来说，一些在政治上代表着保守和没落阶级利益的哲学家，总是以生产和科学技术的发展，将使人类的道德败坏为理由，反对发展生产和科学技术，反对人们追求物质欲望的满足。中国先秦时代的老聃在他所著的《道德经》中，一再宣扬，为了保持人们的道德水平，必须摒弃一切欲望和对物质利益的追求。在他看来，只有无知无欲的婴儿，才保持着最纯洁的道德品质。为了使人们的道德品质能始终保持婴儿状态，每个人只能闭目塞听，毫无物质欲望，而整个人类社会最好能返回到不要文化、不要知识、不要智慧的原始状态。

老聃学说的继承者庄周，写了一个《抱瓮入井》的寓言，对这一思想作了进一步的发展。寓言里说，孔丘的学生子贡外出，路过汉阴，看见一个老头子抱着瓦罐下到大水窖中，取水浇菜，“用力甚多而见功寡”。于是子贡对老人说，有一种机巧的方法，用一根吊竿支在木桩上，一头系水桶，一头系重物（即桔槔），不用太大力气，一天可浇菜一百畦，难道你不愿意采用吗？老头子听后非常生气，说：“吾闻之吾师，有机械者必有机事，有机事者，必有机心。”并且说，一个人如果有了“机心”，就会投机取巧，也就不会有道德了。所以，他说：“吾非不知，羞而不为也。”这个寓言表明，在庄周等人看来，技术的发展，一定会招致道德的败坏，因此，为了保持道德水平就必须反对一切技术的改进。

值得注意的是，欧洲思想史上，一位 18 世纪的著名资产阶级启蒙思想家卢梭，竟然也有同样的看法。他在《科学和艺术的复兴对改良风俗是否有贡献》这篇论文中宣称，“科学和艺术日益进步，可是人类却变得愈来愈坏了”，“我们可以看到，随着科学与艺术的光芒在我们天边升起，德行也就消失了，这种现象在各个时代和各个地方都可以看到。”不仅如此，他还认为，人类的一切科学知识的产生，都是从一种卑鄙的、不正确的动机出发的。他说：“天文学诞生于迷信，辩论术诞生于野心、仇恨、谄媚和谎言，几何学诞生于贪婪，物理学诞生于虚荣和好奇心；一切，甚至于道德本身，都诞生于人类的骄傲。因此，科学与技艺术的诞生，乃是出于我们的罪恶。”他还认为，随着生产和科学技术的发展，必然会带来物质生活的改善，而且，其结果必然是，人们将迷恋和醉心于因生产的发展而获得的物质享受，人们也就必然日益堕落了。“当生活日益舒适，工艺日臻完美，奢侈开始流行的时候，真正的勇敢就会削弱，尚武的德行就会消失。”从这种思想出发，卢俊也认为，为了保持人类的高尚的、纯朴的道德水平，人类最好是回到无文化、无科学、无法律的自然状态，也就是回到过原始生活的野蛮时代。另一位著名的法国启蒙思想家伏尔泰了解卢梭这一思想后，极为反对，他给卢梭写信说：“我收到了你的反人类的新书，谢谢你。从没有人用过这么大的智慧，企图把我们变成牲畜。读了你的书，真的令人渴望用四只脚走路了。但是由于已经把那种习惯丢了六十年，我很不幸，感到不可能再把它拣回来了。”卢梭的这种思想，是资本主义社会矛盾的一种反映。一方面，卢梭代表着新兴资产阶级利益，极力反对封建的等级制度，为资本主义的发展大喊大叫；另一方面，他却又预感到，随着资本主义生产的发展，资产阶级为了获取利润，快快发财，彼此你争我夺、勾心斗角，必将造成整个社会道德的堕落。在生产迅速发展、大量的物质财富不断涌现的同时，道德败坏也日趋严重。卢梭为这种情况的出现而十分担忧，他希望能找到一种新的出路。可惜的是，他还不可能认识到，整个资本主义社会的道德堕落，并不是生产和科学发展的结果，而是资本主义的剥削制度所造成的。

在中外伦理思想史上，也存在着另一种思想，即认为生产和科学技术的发展，将会有助于提高人们的道德水平。我国春秋时期的《管子》一书中，就有所谓“仓廪实则知礼节，衣食足则知荣辱”的论述。战国末年的韩非，更提出“饥岁之春，幼弟不饷，穰岁之秋，疏客必食，非疏骨肉，爱过客也，多少之实异之”，强调物质生活的改善，必然带来道德水平的提高。东汉初期，著名的唯物主义哲学家王充，继承了管仲、韩非的思想，强调“让生于有余，争起于不足。谷足食美，礼义之心生；礼丰义重，平安之基立矣”。因而认为，只要衣食充足，人们的道德水平就一定会得到提高，社会就可以长治久安。这种把道德水平的高低同生产的多少，特别是同人们生活水平直接联系起来的机械唯物主义观点，虽然包含着合理的因素，但是，他们自己也不能解释，为什么在同一社会内，尽管富人的粮食和财富比穷人的要多，但往往比穷人的道德水平更低。另外，由于王充接近社会的下层，而不得不承认，富人并不等于善人，贫贱之人并不都是没有道德的人。结果他的理论自相矛盾，陷入了困境。

在欧洲资产阶级革命时期的大多数哲学家，都强调生产和科学技术的发展将会提高人们的道德水平。法国另一位著名的启蒙思想家爱尔维修和霍尔巴哈，从功利主义出发，把追求人间幸福作为自己道德理论的出发点，强调物质生产和生活条件的改善，是道德上幸福的物质基础。在18世纪法国唯物主义者看来，利益和需要是人类行为的原则。因此，凡是能满足人类利益和需要的行为，就应该说是道德的。如果人们耕种田地和发展技术是由于自身的需要，那么随着这种技术的应用，就必然会对人们的风俗习惯、道德感情产生一种巨大的、甚至决定性的影响。正是从资产阶级对幸福、利益和物质享受的理解出发，他们得出结论说，科学技术越发达，社会财富创造得越多，就越能使个人利益和社会利益达到和谐，也就越有利于提高人们的道德水平。然而历史并没有证明他们的这个理论。随着资本主义的发展，许多资产阶级伦理学家又陷入了新矛盾：为什么有着物质文明的西方社会，在科学和生产突飞猛进地向前发展的同时，人们却普遍产生了所谓精神上的空虚和思想上的危机？为什么在科学昌明、技术先进的国家，人们之间的关系却日趋刻薄和冷酷，社会风尚愈来愈坏？

19世纪著名的德国伦理学家鲍尔生看到了这种情况，力图找到一种合理的解释。他在自己的《伦理学原理》中，提出了一种折中的和调和的观点。鲍尔生认为，由于科学技术和文明的进步，一方面使人们的道德败坏，另一方面又使人类形成了前所未有的新美德。在文明发展的过程中，一方面有神圣的爱情，忘我的忠诚等高尚品德，另一方面也造成了堕落。他认为，如果把这两者加以比较，显然是善多于恶，因而从总的方面来看，应该说随着科学文明的发展，道德还是不断进步的。

在中国的伦理思想史上，还有一种善恶并进说，清末民初的章太炎就是这种理论的著名代表。他在《俱分进化论》一文中认为，随着社会的进化“善亦进化，恶亦进化”。他提出了一个较中国以前伦理思想家们更为进步的观点，这就是道德上善恶的变化，往往随着人们从事的职业不同而有所不同。他说：“今之道德，大率从于职业而变。”在工人、农民和商贩中，有着高尚的道德，而上层的达官贵人，则道德日趋败坏。由于对当时的社会所进行的较深的观察，他已经认识到统治阶级及其附庸，都是道德败坏的，而受压迫、受剥削的下层人民倒是有道德的，这一点，包含着合理的因素。

总之，生产和科学技术的发展，物质生活的改善，究竟是促进了道德的发展，还是招致了道德的堕落，这对马克思主义以前的一切思想家来说，是一个不可能正确解决的问题。那么我们应该怎样看待这一问题呢？

首先，马克思主义历史唯物主义认为，生产和科学技术的发展，人们物质生活的改善，归根到底，必将有利于人类道德水平的提高。人类社会是由低级到高级的一个不断发展变化的过程。在这个发展过程中，具有一定的生产经验和劳动技能的劳动者，运用工具从事物质生产，从而构成了人们的生产力。正是由于这种生产力的发展，引起了生产力和生产关系的矛盾，促使人类社会的不断变化。道德作为调整人和人之间关系的上层建筑和社会意识形态，在人类社会的发展中，总的来说，也是不断进步的，不过这种进步，包含着复杂、曲折的过程，这是需要进一步加以说明的。

其次，历史唯物主义认为，生产和科学的发展、社会生产力的发展、人们的物质生活水平的改善，并不能直接地、机械地决定人类社会的道德面貌。在一定的限度和范围内，生产和科学技术的发展，物质生活水平的改善，可以有助于劳动人民道德面貌的改善，但它不可能影响或决定整个社会道德面貌的改变。历史唯物主义强调经济基础对上层建筑和意识形态的决定作用，但这里所说的经济基础，既不是指生产力，也不是科学技术，更不是生活水平。马克思主义以前的一些伦理思想家，不懂得历史唯物主义对经济基础这一概念的解释，自然不可能正确地解决这一问题。现在有些同志认为生产力的发展，科学技术的提高，物质生活的改善，可以直接决定人们的道德面貌；或者反过来认为，在生产力还没有足够发展，科学技术还不太发达、人们的物质生活水平还不高的情况下，就无法提高人们的道德水平，这种看法同错误地理解了经济基础这一概念，有着重要的关系。

历史唯物主义所说的经济基础是指社会一定历史发展阶段上的生产关系的总和，即由一定的生产资料所有制形式以及受这种私有制决定的交换关系、产品分配关系构成的有机统一体。其中，最重要的是生产资料所有制形式。因此，在这个意义上，我们可以说，生产资料所有制的形式，对道德的发展和变化，有着重要的作用。不同的生产关系的总和，代表着不同的经济制度和政治制度。因此，道德的发展变化不仅被不同的社会经济基础所决定，而且还要受其他上层建筑和意识形态的影响，特别是受政治制度、阶级斗争的制约。自从人类社会出现了私有制，出现了剥削阶级和被剥削阶级、统治阶级和被统治阶级以来，尽管随着生产水平、科学技术和人们的物质生活水平不断提高，总的来说道德也在进步，但在剥削阶级和被剥削阶级之间，这种进步却存在着很大差别。因为，从根本上看，剥削本身就是最大的不道德。相对于私有制出现之前的古代氏族社会的纯朴道德来说，剥削阶级的道德只能是一种堕落；然而，就剥削阶级本身的发展来看，应该说随着生产和科学技术的进步，随着物质财富的增加，随着社会形态的变化，他们的道德也有着某些方面或某种程度上的进步，总的来说，也就是对于人的价值有了更多的认识和尊重。特别是在某个剥削阶级的上升时期，由于它代表着先进的生产关系，所以在道德上，也总有不同程度的提高。但是，随着一种剥削制度的衰落和腐朽，他们的道德也必将随之堕落。在剥削阶级掌握政权的社会内，生产的发展，科学技术的提高，虽然也常带来社会财富的增加，但真正能够尽情享受这些财富的却往往只能是一小撮剥削阶级分子，“尽管人类的智慧，全部人类的天才创造，只是让一部分人独享技术和文化一切成果，而另一部分人连切身需要的东西——教育和发展也被剥夺了”[①]。当前资本主义世界许多生产和科学技术高度发展的国家，却出现了精神文明日趋颓废的现象，其根本原因就在这里。据美国报纸报告，在美国各大城市，抢劫事件层出不穷，汽车被盗是家常便饭，野鸡、人妖(男妓)在纽约公然出现，旧金山竟有三十万同性恋的人在马路上示威，要求不受歧视。美国警察局近年来平均每年要接到十二万五千宗“太太与人私奔”、“老婆失踪”的案子。纽约警察局平均每年接到四万五千家“太太私奔”的投诉，警方只能记录在案，无力一一追查。许多丈夫只有雇用私家侦探，来寻找自己的太太。纽约现有的五千七百多名私家侦探，仍无法应付这些案件，于是一万家寻人公司应运而生，生意十分兴隆。这种现象的产生完全是由于资本主义的剥削制度所造成的。应该承认，随着物质生产、科学技术的发展和文化水平的提高，资本主义社会中的所谓文明行为，确实有着一定程度的进步，但是，这种进步，又总是同剥削阶级的穷奢极欲、享乐腐化、自私自利、尔虞我诈相联系的。正像在资产阶级的人道主义的“爱一切人”的宣传背后，存在着阶级压迫、阶级剥削和种族歧视一样，在这些所谓文明行为的背后存在着各种各样的道德败坏。

只有在社会主义社会，在生产资料实现公有制以后，生产的发展、科学技术的进步才能使整个社会的道德面貌，也随着日益提高。无产阶级专政的目的，就是要消灭人剥削人、人压迫人的社会制度，生产的发展，科学技术的提高，将全部用来改善人民的生活，满足广大人民群众不断增长的物质文化需要。现实生活一再说明，科学技术的发展，物质生活水平的提高，是道德发展的基础。共产主义道德不

① 列宁：《列宁全集》，第26卷，436页，北京，人民出版社，1990。

仅体现了人和人之间的互相关心、互相帮助和毫不利己、专门利人的崇高精神，同时又体现了人类追求美好生活的道德理想，它最终一定要建立在高度发展的科学技术和物质文化生活的基础之上。但是，我们也应该看到，在生产资料已经实现了公有制的情况下，只要能够坚持社会主义道路，坚持共产党的领导、坚持无产阶级专政、坚持马列主义毛泽东思想四项基本原则，坚持共产主义的道德教育，即使物质生产和科学技术相对来说还不太发展，但人们的共产主义道德觉悟也是能逐步地得到提高的。而且，随着人们的道德水平的增长，反过来又必然会大大促进生产的发展和科学技术的进步。马克思主义伦理学一方面强调经济基础对上层建筑意识形态的决定作用，同时又特别强调道德的能动作用。列宁曾经指出："道德是为人类社会升到更高的水平、为人类社会摆脱劳动剥削制服务的。"无产阶级的革命政党和全体人民，应该很好地领会列宁这一段话的深刻意义，在加速实现四个现代化的今天，努力提高自己的共产主义道德觉悟，进一步促进物质生产的发展和科学技术的提高，为"人类社会升到更高水平"而努力奋斗。

人工生殖技术应用的道德思考*

《民主与法制》编辑部最近组织的关于人工授精和试管婴儿的人工生殖技术应用问题的讨论，很有必要，而且也很及时。这对引起各方重视，推动有关方面工作的进展，将起到积极的作用。我读了几篇这方面的讨论文章，得以了解一些有关情况，长了不少见识，受到了有益的启发。又蒙编辑部同志一再约请，要求我谈点看法，我只能勉为其力，想从人工生殖技术应用的道德要求方面，谈谈自己的想法。终因缺乏系统的、深入的了解和研究，谈的一些想法，只能作为参加讨论的一个准备不充分的即席发言。

人工授精和试管婴儿是一项严肃而又复杂的高科技项目，它又是一个涉及面很广，关系甚复杂的社会问题。人工授精和试管婴儿的研究工作，在我国起步不久，成果喜人。1988 年在北京医科大学第三医院，诞生了第一例人工授精试管婴儿；1989 年，在 B 超的监视下，该院又诞生了

* 原载《民主与法制》1991 年第 5 期。曾收入《罗国杰文集》，下卷，102～109 页，北京，中国人民大学出版社，2007。

一例针取卵法试管婴儿。这两次试验成功，标志着我国在人工授精和试管婴儿这一医学新科技的领域里，已经迈进了世界先进行列。

一项新的科技成果，一旦投入社会，付诸实际的应用与推广后，它便不可能是一个单纯的、孤立的科技问题，而成为社会整体运动中的有机组成部分。人工授精和试管婴儿这项医学新科技的应用和推广，显示了它并不例外于这种客观规律性。它虽隶属于自然科学，但它同时广泛涉及了社会科学方面的诸多领域，如社会学的、法律学的、伦理学的、教育学的、心理学的、医疗管理学的等等学科。即在自然科学方面，亦非单纯的医学问题，也要涉及生理学、生物学、生命学、优生学、遗传学等诸多方面。的确，在实际工作中，一项新技术的出台常常是广泛而深远地影响着社会生活的各个方面。除了正效果，即新技术出台的原本目标得到了实现外，还会出现许多意想不到的附加效果，甚至出现违背初衷的负效应。人工授精和试管婴儿在医学上给不育夫妇和有残疾的人们展示了一幅乐观的前景，这是有目共睹的积极效应；但同时，在它的应用和推广过程中，在医疗管理和有关法规的制定，以及与之相关的其他方面的思考和措施，未能做到必要的同步下，也确实出现了不少始所未料的复杂情况，造成了某种混乱，甚至带来了一些恶果。

人工授精和试管婴儿这种人工生殖技术的实施，对医院的设备、技术和管理的要求都是很高的，理应设在设备完善的大医院，拥有有关这方面的专业队伍；还有一套严格的管理制度，经过一定的鉴定和正式委任的合法程序，才能承担此项工程。否则，应定为非法，坚决取缔。在目前，确实出现了一些令人忧虑的现象，在某些城市的大街小巷，竟然随处可见“性功能专科”、“不育症的福音”；脏乱的民房，成了人工授精的手术室；供精者不作体检；没有精子库，便搞什么

"自产自销"、"捐献的群众运动"，使一项严肃的医学高科技项目，发生了不应有的倾斜。有些地方甚至成了唯利是图者的生财之道，不法分子为非作歹的场所。还由于供受双方夫妻之间和家属的思想准备不充分，认识不一致，思想不统一，行动不协调，其结果冲击了家庭，扰乱了婚恋，演出了不少闹剧，甚至悲剧。无怪乎人们发出惊呼，称之为"跨世纪的忧虑"、"跨世纪的隐患"。有的认为它剥离了爱情、婚姻和家庭的联系，毁灭了在爱情、婚姻基础上的天伦乐园。总之，在人工授精和试管婴儿这项人工生殖医学新科技的应用和推广过程中所出现的种种问题，催人警觉，发人思考。人们对法制发出了强烈的呼唤，希望使这项医学新科技的推行能尽快纳入法制的轨道，要求在伦理学上从速解决由于人工生殖技术的应用而提出的种种道德难题。认为这一系列的问题不解决，它将势必严重冲击当前我国计划生育和优生优育的国策，甚至影响中华民族的人口素质。

根据目前的状况，我们对这项新科技究竟应该采取何种社会对策？据不完全统计，我国目前男子性功能障碍者，至少有五千万人。这说明人工生殖技术的应用在我国有不小的市场。"不孝有三，无后为大"的传统道德观念，自觉不自觉地仍然深深地影响着人们的头脑，给不育夫妇带来了莫大的心理压力和精神痛苦，甚至影响到爱情和婚姻的巩固。因此，人工生殖技术确有其实用性且有其道德价值。问题是在它的应用过程中，一定要做好一系列的配套工程。我认为考虑这一问题，首先要明确它的立足点应该是从我国的国情出发，以国民经济的发展状况、国民的文化素养、人们的社会心态、风俗民情以及社会的道德水准等多种因素为实际根据，既肯定其实用价值，又必须谨慎从事，分层次、分步骤、分阶段，视条件地稳步渐行，宁少毋滥。必须把它置于法律的严格控制之下，必须遵守严格的道德要求，并从速制定一套比较完整的管理法规，纳入法制化轨道，理顺各方面的关系，保证它的健康发展。我想，科学的事业是理性的事业，多一点“清规戒律”恰是科学发展自身的要求，是科学健康发展的保证，而不是束缚。因为任何科技的发展与应用，在我们的社会主义国家，都要以促进社会稳定、协调社会关系、增进社会的道德水平、满足人民的需要为终极目的。因此，在加强法制建设的同时，我们还应当发挥道德的作用，使人工生殖技术的应用能够沿着正确的道路向前发展。

人工生殖技术的应用和推广，究竟应该遵守哪些道德要求呢？人工生殖技术应用的今天，确实面临着种种伦理学的难题和道德的是非，引起了人们广泛而激烈的争议。在几千年来人类自然生殖的过程中，已经形成和习惯了一整套的传统的伦理道德关系，人工生殖技术的应用，对它是一个严重的挑战，造成了多种道德价值之间的冲突。如生命神圣不可侵犯的伦理观与生命质量和生命价值伦理观之间的矛盾冲突；生育是人类天经地义的权利观和优生的道德价值论之间的矛盾冲突等等。人工授精的道德问题，主要出在供体人工授精和试管婴儿的技术使用方面。人工授精所涉及的人际关系，仅限于原配夫妻之间，针对男方不育的具体症状，采用本人的精液，采取相应的医疗技术以挽救其生育的能力，一般都无甚异议，能得到不育夫妇及其家属的欢迎和接受。而供体人工授精和试管婴儿以及任用代理母亲等人工生殖技术的应用，情况就不同了。由此提出了许多问题，产生了种种看法，诸如人工授精是否切断了婚姻与生儿育女的纽带，破坏了婚姻与家庭的关系？有的甚至认为引用供体精液无异与人通奸，是女方对婚姻的不忠。谁是真正的父母？会不会造成亲属关系的混乱？发展下去，会不会危及人类好不容易建立起来的血亲秩序？供精者应属何种法律地位？供精者对人工婴儿有何法律关系？供精者对所供精液有何法律责任？受精妇女应具何等法定条件？要不要保护人工婴儿成年后有寻找“生物学父亲”的权利？如何防止人工婴儿中的“兄弟姐妹”长大后可能发生的婚配？对供精者取报酬制还是义献制？胚胎有权利吗？胚胎是人吗？舍弃多余的胚胎算不算浪费生命？如此等等。从这些问题可以看出，人工生殖技术的应用给社会带来的这些困惑和难题，已经引起了广泛的注意和研究。医学伦理学在我国已成为一门独立的学科出现，并已初见研究成果，已经出版了一批较好的现代医学伦理学的专著，或创办了有较高学术水平的专业刊物，有些医学院校也已设置了医学伦理学这门专业课程，在这个领域里作了不少释疑解惑的工作和有益的科学探索。在历史上，人们曾经普遍强调过一种观点，即科学技术在道德上是中性的。后来在二次世界大战中，人们亲眼目睹了许多先进的科学技术的应用，被侵略者当做惨绝人寰的杀人手段，如细菌战、人体实验、原子弹的爆炸等等，严酷的事实粉碎了这种科学技术的道德中性论。现在人们愈来愈重视用适宜的道德观点去约束、限制和指导科技的发展，对一些新科技，总要诉诸伦理学的判断，显示了人类道德觉醒的新水平。

人工生殖的伦理问题，首先涉及的一个问题，就是关于生命的意义与人生价值的关系问题。生命伦理学认为人的生命是自觉的和理性的存在，是生物属性和社会属性的统一体。或者说，人的生命是处于特定的社会关系中并扮演一定社会角色，具有或可能具有自我意识，具有劳动能力或劳动潜能的生物实体。有一种观点认为：“人的生命是神圣不可侵犯的。”我们认为，科学的理解生命之可贵，应该既指个体的生命，又指人类的生命，把个体生命与人类生命二者的关系，认识为辩证统一的关系，如果把个体生命绝对化，那就势必与社会形成对立。我们应把尊重生命的自身价值与他人和社会的价值统一起来看待，看到生命的意义和人生价值是紧密相联的。生命之所以可贵，在于生命是人类创造的源泉，是实现人生价值的物质基础。因此，在我们用人工生殖技术创造一个生命的时候，既然花了那么大的力气，下了那么大的决心，就一定不仅要在生物学上考虑生命的优质；还要在社会学上考虑，在他出生以后，能否获得一个优育的环境，培养成社会有用的优秀人才。这就是说，在实施人工生殖时，既要考虑优生，还要考虑优育。从优生优育二者的统一考虑，人工生殖对供受双方的要求都是很高的，应有严格的审批规定。优生的道德价值是显然的，因为生育不仅是权利，而且是义务，权利与义务是不可分的。个人生育的权利必须是有限定的，在质与量上都有一定的法定要求。如果个人的权利超越了国家和社会的法定要求，国家和社会是有权干涉的。人类的生育，不仅对自己负责，同时要对他人、对国家、对社会负责，而且还要对子孙后代负责，这是一种义不容辞的对人类社会的遗传责任。

说到优生与优育二者间的关系问题上，一般存在着两种片面的观点：其一是认为“一两遗传胜于十吨教育”的遗传绝对论；另一是“决定人才的高下，99.9％是教育”的教育决定论。我们认为科学的观点是二者辩证的统一。从生命学角度看，人类生命质量的高下，一般地说，其上、中、下的比例数呈常态曲线，即中间大，两头小，绝顶聪明的天才和白痴、呆傻儿都居少数。从教育学的角度看，我们既冀大望于天才，更抱重望于常态儿童。高标准的教育要求，应使常态儿童经过良好的教育，充分挖掘潜能，得到超常的发展。这应该说是一个非常现实的教育的责任和希望所在。因此说，优生与优育，二者是相辅相成，同等重要的。我们常常能看到这样的事实，对有的人来说，个人的天资确实起到了重要的作用；但对有的人来说，他们的事业成就，往往是非智力因素比智力因素显示出了更为重要的作用。

总之，我们一定要把人工生殖技术的应用同我国的优生优育的国策和提高社会道德水平、协调社会人际关系、维护社会整体利益的道德要求结合起来，只有这样，人工生殖技术的应用才能沿着正确的轨道向前发展。

加强对生态伦理学的研究*

在我国伦理学的学科建设中，加强对生态伦理学的研究，确实有重要的意义。西方对生态问题的研究是从 19 世纪末 20 世纪初开始的。20 世纪中叶以后，为了保护整个人类社会的利益，如何以法律措施和道德谴责来避免因生态破坏而造成的对人类的危害，愈来愈成为人们注意的问题。生态道德、环境伦理学、大地伦理学和生态伦理学等，成为道德领域的新兴科学，并日益为人们所重视。当前，对于生态伦理学的对象、范围以及研究方法，存在着许多不同意见的争论。从理论上看，除了有传统的人类中心论和与之相对的生物中心论、生态中心论之外，还有从不同程度上企图调和二者(实际上总是要偏重于其中之一)的所谓生态协调论、生态人类论等。这些不同的学派，在强调人类必须而且应当保护生态环境来说，都有其不同程度的合理因素，但那种把所有生物都看成是有同等价值的道德主

---

* 原载《光明日报》，1992 年 7 月 20 日。曾收入《罗国杰文集》，下卷，188～192 页，北京，中国人民大学出版社，2007。

体、都有同等的权利和义务的观点，显然是站不住脚的。从历史唯物主义的观点来看，自然本身，除了人类以外的任何矿物、植物和动物，都不能被看做是道德的主体，因而，它们也不可能被视为具有同样的生存和发展的权利。人们之所以强调某些生态平衡的破坏，某些环境的污染是不道德的或者是应当受到谴责的，其最根本的原因，是因为这些行为损害了人类及其子孙后代的利益。我们在反对急功近利地对自然进行贪婪掠夺的时候所依据的出发点和归宿只有一个，那就是人民大众根本的长远的利益。

作为社会科学的伦理学，它主要研究的是人与人之间的道德关系。人同自然的关系之所以具有道德意义，是因为这种关系归根结底反映着人与人之间的关系。人们对生态的破坏和对环境的污染，直接损害到另一些人甚至绝大多数人的利益，因此，这种人同自然的关系，也就不可避免地成为人与人的关系的一部分，从而具有了道德意义。正是从人类生存发展的根本的长远的利益出发，我们才必须而且应当保护生态的平衡，保护人类的环境不会因对自然资源的开采而遭受污染。人类为了自身的存在和发展，为了子孙万代的长远利益，必须考虑人类同自然的正当关系。

应当明确地认识，人类对环境问题和生态破坏确实负有不可推卸的道德责任。人在社会中生活，就必然要改造自然界，从而达到有利于人类生存发展的目的。但是，我们同时又不能不承认，人们在改造自然界的同时，又可能对自然界产生某种破坏作用。这种破坏作用如果不加以控制和制止，往往会直接影响、危害人类的生存和发展。在当今人口不断地增长，生产规模不断地扩大，特别是在科学技术突飞猛进地发展的情况下，对自然界的这种破坏作用可能会越来越大，与日俱增。如果不重视对大自然的保护，我们生活的地球，甚至有被毁灭的危险。这一点，在今天已经不是耸人听闻，而是一种现实的存在了。

马克思在《资本论》第3卷中，曾谈到人类在改造自然中，随着生产力的发展和需要的扩大而出现的对自然的破坏及盲目性的问题。马克思认为，人类在改造自然的同时，应当注意合理地调节这种矛盾，尽量地克服这种盲目性，以获得人类在改造物质世界这一领域中的“自由”。马克思说：“这个领域内的自由只能是：社会化的人，联合起来的生产者，将合理地调节他们和自然之间的物质变换，把它置于他们的共同控制之下，而不让它作为盲目的力量来统治自己；靠消耗最小的力量，在最无愧于和最适合于他们的人类本性的条件下来进行这种物质变换。”①在这里，马克思一方面强调人类在改造社会并同自然进行物质变换的过程中，要从人类自身的利益来考虑问题，即要使自己从盲目的力量统治下获得自由；另一方面，又强调这种“自由”的获得不仅是靠消耗最小的力量来调节人同自然之间的物质变换，而且是从“最无愧于和最适合于他们的人类本性”出发的。这一思想，既强调了人类之所以要保持生态平衡，主要是为了合理的控制自然，使自然更好地为人类服务，同时又强调了在这一原则下，人类应当尽可能地对生态加以保护。人类之所以要保护自然，主要是出于保护自己及子孙后代的目的，是为了使自然能够更好地满足人类的需要。

我国的现代化建设可以说是在一种极为严峻的生态环境形势下进行的。因此，保护生态环境，加强人与自然关系中的道德建设，更显得十分重要。最近几年来，在发展经济的过程中，一些单位和个人只

---

① 中共中央编译局：《马克思恩格斯全集》，第25卷，926～927页，北京，人民出版社，1974。

追求眼前的、短期的利益，把一己的、小集团的私利置于民族和国家的长远利益之上，往往只重视怎样在最短的时期内获取最大的“经济效益”，任意破坏生态平衡、造成环境污染。这种由于对生态平衡的破坏和对环境的污染所取得的“经济效益”，远远比不上所糟蹋的环境和资源的代价，更不用说它给人们所造成的长期的、难以用金钱所统计的损失。资本主义发展所走过的老路，并不是我们必须重蹈的覆辙。我们的环境只有一个，我国的资源又极其有限，如果我们听任生态破坏的情况继续发展，对某些污染环境的做法不加限制，我们的社会主义建设的进程就会受到影响。因此，除了从法律、政策和规章制度上来保护环境、维持生态平衡外，还必须从伦理道德上，从道德评价上关心生态平衡和环境保护问题，探索和揭示具有中国特色的生态伦理规律，形成强大的道德舆论，从而有助于环境保护这一基本国策的贯彻执行，有助于我国的社会主义的物质文明和精神文明建设。

东西方企业文化比较*

在建设社会主义市场经济过程中，如何更好地促进企业的发展、保证企业的经济效益、提高企业的竞争能力、增强企业凝聚力，需要探讨的一个重要问题是，具有中国特色的社会主义企业文化建设。为此，首先学习和借鉴人类的已有成果，特别是东西方典型的企业文化，提出来进行比较研究，对于鉴别、吸取是颇有裨益的。

一、西方的企业文化

企业文化，从其渊源的管理学来说发源于西方。最早，可追溯到由美国泰勒(1856～1915)所提出的泰勒制的管理方法，即以定额管理(制定出公平的一天劳动量的标准)，加上适当的制裁和鼓励，生产效率就能达到最高水平。这种管理方法，在资本主义发展的一定时期也确实起到了促进生产的作用。这是人们所称的古典管理学派，以后被称

* 原载《领导理论与实践》1995年第1期。曾收入《罗国杰文集》，下卷，410～418页，北京，中国人民大学出版社，2007。

为X理论，这种理论被认为是以对工人的管束和强制为主要手段的。之后，20世纪四五十年代，在西方出现了行为科学，这个学派被称为"人际关系"学说，它强调"管理"不能单纯地注意外部强制和制度，一个管理者还应当懂得怎样调动人的积极性，应了解人的欲望和需要，了解人与人之间的关系，它强调管理人员必须懂得有关行为科学的知识，应该善于调动人们的积极性。以后又有所谓管理科学学派，更加强调决策管理的重要，突出经济效果的评价标准，强调战略制胜、强调决策方法，以求达到企业决策中的科学性(运用现代化的手段)。到20世纪60年代以后，提出了企业文化的思想，即重视文化在企业管理中的作用。相对于X理论来说，凡是强调以思想教育的方法，鼓励职工发挥主动性和积极性、强调关心职工和人际和谐的管理思想，则称为Y理论，而把二者结合起来的思想，则被称为E理论。

从管理的发展来看，早期所形成的X理论，是一种不考虑成员的心理、欲望、情感需要而只强调外部的约束、强制、纪律和管理方法；而Y理论则比较从另一个侧面，强调所谓各个成员的心理需要、人格的尊严、自我表现的机会等，但是，如果不与有效的管理相结合，它在目前条件下，是不可能使企业得到发展的。

到了60年代以后，西方研究管理科学的人们，已经认识到两者的片面，并努力创造出一种所谓新的Z理论。这种理论认为，应当把管理看做是一种文化，是有其自己的的价值传统，追求一定的价值目标，它同民族的传统习惯、同政府制度和政治制度以及社会的道德要求有着密切的关系。

近几年来西方的企业文化的著作、文章很多。1981年7月，美国哈佛大学教授泰伦斯、狄尔和麦肯齐咨询公司顾问爱伦·肯尼迪，经过对美国近八十家企业进行调查，写成了《企业文化》一书，赋予了西方企业文化以总结性的概括。他认为构成美国企业文化的要素大体上有四个：第一是要有一种良好的培育企业文化的企业环境，是塑造企业文化的最重要的因素；第二是要使企业及全体成员有一种价值观，认为这是构成企业文化的核心，是企业能否取得最终成功的关键；第三，它强调企业中的英雄、模范和先进人物的作用，因为他们提供了广大员工效法的实际典型，是企业文化的重要内容；第四，他认为纪念日、庆典及必要的仪式，是企业日常对其成员进行教育的动态文化，它能够使企业的价值和先进人物的影响在企业中更好地传播。

诚然，西方的企业文化理论，从本质上来看，是为私有制服务、是同我们的社会制度不同的，但是，我们也可以从中吸收某些合理的、有启发意义的内容，并赋予其新的意义，建立起我们自己的有中国特色的社会主义的新的企业文化。

对于西方的企业文化，我们要采取分析的态度，尽管西方在企业文化中也强调价值观的重要，但归根到底，西方的企业文化是从个人中心出发的，是从行为科学出发的。例如马斯洛把人的需要分为五个层次，即生理需要、安全需要、社交需要、尊敬需要、自我实现的需要。自我发展、自我设计、自我价值体现作为一种最高的需要。因此，西方的所谓价值观是同我们的价值观不同甚至对立的。

二、东方的企业文化及其合理因素

东方的现代化同西方的现代化有什么区别和联系？西方国家的理论家、政治家们总是认为，任何国家，特别是发展中国家想走现代化的道路，必须走西方化的道路。所谓西方化，就是要接受他们的以个人为中心的价值观，以自由、平等及多党派的民主的价值观，实际上就是要向我们国家推行资本主义制度。但是，东方各国的现代化，却走着和美国等西方国家不同的道路，即使是资本主义制度的亚洲各国，由于受东方传统文化的影响，在接受西方现代化科学技术和管理方法时，也都作了批判性吸收，形成了具有东方特色、或者说具有道德传统的企业经营和企业管理思想，并且在现代化的建设中，取得了极其重大的成功。我们是社会主义国家，我们所要建设的是社会主义现代化和社会主义的新文化，因此，更应当创造出富有中国特色的社会主义企业文化。

在谈到企业伦理是企业文化的核心这一问题时，我们不能不提一下在日本明治维新时期的著名企业家涩泽荣一(1840～1931)。对日本资本主义的发展，涩泽荣一有日本人所一致承认的三个贡献，一是他创立了日本的株式会社；二是他使企业家阶层的地位在日本得到了提高；三是最重要的一个，就是他所提倡的经济道德一致论，也就是他所说的“论语加算盘”的理论，即一手讲道德、一手做生意，并以此发展了他的企业，并成为日本明治维新时期一个最重要的企业家和企业伦理理论的倡导者。作为民间企业家，他参与创办了五百多家企业，几乎遍及当时日本存在着的所有经济方面，是近代日本工业化运动的组织者和指挥员。作为社会活动家，他参与支持了有六百多项的社会公益活动。他特别重视在《论语》中的许多道德原则和规范，并把它们运用到经营之道中，原来，日本人在小时候都要“修汉学”和“读《论语》”的。他说：“我明治六年辞官进入本来就向往的实业界之后，我和《论语》就有了特别的关系。这就是我刚成为商人时，心里有所不安，想到今后要在锱铢必较中度过一生，应该有怎样的操守呢？此时我想到以前学过的论语，论语里说的是修己交人的日用之教，……我可以按照论语的教谕经商谋利。”他把经商同做人、讲道德等紧密地联系起来，他把道德伦理同资本主义的企业发展、紧紧地结合在一起，他把《论语》作为一生经营企业的指南，据说平时他的口袋里总带着一论语。涩泽荣一还把自己在经营企业中把经营之道与《论语》中的伦理道德原则结合起来的体会，写成文章，集成《论语讲义》一书。一位日本学者宇野哲人曾经对日本已有的两百多种《论语》注本做过一个评断，认为涩泽荣一的《论语讲义》可以称为最重要的六种注本之一。尽管当时西方还没有出现企业文化这一概念，应当说，在涩泽荣一那里，已经提了以伦理道德为核心的企业文化思想。

《论语》为什么可以同经营之道结合起来，从而能使企业得到发展呢？最主要的原因，就是《论语》是一本讲人做人的道德的书，也可以说是一本道德文化的总汇。譬如“信”、“信实”、“诚信”是《论语》中非常强调的一种处世、处人之道。孔子说：“人而无信，不知其可也，大车无輗，小车无軏，其何以行之哉?”又说“民无信不立。”“信则人任焉”，强调一个人不论做什么事，说什么话，都要“言而有信”。他还特别提到，在管理方面，管理者对于他的下属，更要强调“信”，他说：“君子信而后劳其民”，认为“民无信不立”，“上好信则民莫敢不用情”。他强调的“信”，绝不是一般人所说的哥们义气，更不是某些人的私人之间的交易，而是强调“信”和“义”，即信和原则、和适宜、和应当的联系，他说“信近于义，言可复言”，把他所说的“信”同一般人对“信”可能产生的庸俗理解区别开来。在《论语》的第一篇《学而》的第四章，就是谈的个人的三种道德要求，其中“信”被认为同朋友、同他人、同社会交往的一个重要原则！其中引曾子的话说：“吾日三省吾身：为人谋而不忠乎？与朋友交而不信乎？传不习乎?”从这句话看来，“信”对个人修养，也有重要的意义。

对于涩泽荣一的思想，有人归结为道德经济合一论，或者说是义利两全说，毋宁说他是一种先义后利说。义者宜也，适宜、应当的意思，他强调要在“义”的指导下求利，也就是《论语》中所说的“见得思义”、“见利思义”、“义以为上”、“先义后利”，“富而可求，虽执鞭之士，吾以为之，如不可求，从吾所好。”涩泽荣一同样非常讲究经营之道，十分注意西方的管理方式，他也建立了吸收西方管理技术所形成的一套硬件组织管理体系，同时又特别强调思想道德，即根据论语中的道德、思想所形成的软件系统。涩泽荣一被称为日本近代化之富，他的这套经营模式，一直影响着日本，二次世界大战后，尽管美国的管理方式对它影响很大，企业也发展变化很快，但它的基本模式，仍然没有大变化。

最近，韩国高丽大学校长撰文说，为了使韩国的企业能够在21世纪适应国际化的新时代，为了适应时代潮流，使韩国企业成为世界一流企业，认为最重要的是要把伦理道德，放在发展企业的首要地位。他认为，在韩国当前所做的为发展企业的各种努力中，“为企业树立‘道德性’的努力还显得不够，要想成为世界一流企业，忽视道德是不行的。”他说：“道德性是优秀企业文化的绝对标准”，“立足于道德性树立企业文化，是成为世界一流企业的首要条件。因此说，树立企业道德是比开发尖端技术和改善企业体制更重要的事。”

“那么，如何树立企业的道德性呢?”在这方面，我们拥有丰富而有价值的民族遗产。我们民族自古以来，就有高度的道德文化，但是，在西欧现代化的浪潮中被忽视了。道德不单是人类必须遵守的道理，也是体现真正生活价值的基础。现在，我们正在体验着没有道德基础的物质丰富的严重虚假现象。要想迎接21世纪，我们必须反省这一点。

我们的传统文化可以成为创造21世纪新文化的基础。我们民族固有的“孝道”可以发展成为优秀的企业文化。现在过分的个人主义、上下之间和左右之间的隔阂现象日益严重。但是，孝道可以把现在的幸福同过去和未来的幸福联系起来，使上下左右之间融洽。只能在孝道的基础上实现人类真正的福利、繁荣乃至环境保护。所谓主导21世纪，就是主导新时代的文化和道德性。我希望我国的企业创造性地继承和发展本民族固有的道德性，成为真正世界第一流的企业。

企业经营的目的是什么？在一般人看来，当然是要获取利益，这个认识是不完全的，就是资本主义国家的明智的企业家，他们也不赞成这样的认识。松下公司是世界著名的企业，他们所强调的是：企业经营的最终目的，绝不仅仅停留在对利润的追求与获取上，而是要为社会作出贡献，在企业为社会作出贡献的前提下，也从社会取得了与所做贡献相应的报酬，这个报酬就是公司的利润。因此，他们认为用户至上，不是以产品合格为标准，而是以最终用户的满意为标准。他们认为，企业的素质的根本，在于人的素质，而且强调“企业的素质是以最低人员的素质为代表，所以要用最大的努力，不断培养、提高企业每个员工的素质，尤其是最低人员的素质，尤其是最低人员的素质，从而使企业人员能够理解为社会做出贡献和取得相应报酬的关系。”

当前伦理学研究与社会道德建设的有关问题*

——罗国杰教授访谈

罗国杰教授是我国现当代著名伦理学工作者。作为新中国伦理学事业的开创者之一，他与老一辈伦理学理论工作者们一道，为开拓和建设中国特色的伦理学理论体系、推动中国伦理学事业的发展与繁荣、推动我国公民道德建设、弘扬中国传统文化，做出了卓著的贡献。

在庆祝中华人民共和国成立60周年之时，在学术刊物《伦理学研究》“学人访谈”栏目开栏之际，我们专访了罗教授，并就当前伦理学研究与社会道德建设所涉及的一些理论和现实问题进行了学术访谈。

问：1982年2月，您主编的《马克思主义伦理学》由人民出版社正式出版，这是新中国第一部公开出版的马克思主义伦理学教材，成为十一届三中全会之后国内高校通用的伦理学教科书。此后，您又参与主编了《伦理学教程》(中

---

* 原载《伦理学研究》2010年第1期。《光明日报》2010年3月30日择要摘编，中国人民大学报刊复印资料《伦理学》2010年第6期全文转载。

国人民大学出版社，1985 年 6 月)。1989 年 1 月，人民出版社出版了您主编的《伦理学》。这些书从发行至今，始终被国内一些高校作为伦理学教材广泛采用。2009 年恰好是 1989 年版《伦理学》出版发行 20 周年，而这本书作为伦理学界的教科书范本，其所构建的伦理学体系、理论和方法，对整个中国的伦理学研究与教学产生了深远影响。这 20 年是新中国社会建设迅猛发展的 20 年，国内的伦理学研究与社会道德环境都发生了一定的变化。您考虑过针对这些现实情况，对 1989 年版《伦理学》再次修订或重新编写吗?

答：我想，你的意见是对的。1989 年版的《伦理学》已经过去了 20 年，修订或重新编写一部新的《伦理学》，是我所经常想到的，也是许多读者向我提出的要求，也可以说是我近年的心愿。20 多年前编写的几本《伦理学》，主要是为了满足当时高等学校教学需要而编写的。它既是伦理学学科的教材，又是对大学生进行道德教育和道德修养的课本。今天看来，这些教材，都具有明显的时代要求。它们的内容，同我国当时的政治、经济和文化等各个方面有着密切联系。《马克思主义伦理学》等书的编写，主要是运用马克思主义的立场、观点和方法，立足于阅读经典著作和大量中外有关伦理学的参考文献，从国内伦理道德的实际问题出发，所编写出的几本具有我国特色的教材。这些教材，是 1978 年中国人民大学复校后从事伦理学教学和学习的同志们集体智慧的结晶。

马克思主义伦理学既是一门理论科学，又是一门规范科学，更是一门理论知识和行为规则相统一的实践科学。道德规范、道德意识和道德活动等三类道德现象，是伦理学研究的具体对象。近 20 年来，我国的政治、经济和文化等各个方面都发生了巨大而深刻的变化，伦理学研究的广度和深度也有了很大的拓展和提高。因此，无论在理论体系，还是具体内容上，都必须依据时代发展脉络和道德具体实践的新变化，吸收并推动伦理学研究的理论成果和方法创新，对已有的理论做进一步的发展和完善，对变化了的现实提供具有说服力的理论升华和概括。

问：您一直非常重视对中国传统文化的研究。1995年和1999年，由您担任主编，集全国众多伦理学学者心血的《中国传统道德》和《中国革命道德》丛书相继出版。目前，中国很多高校和科研单位都建立了国学研究机构，那么，您认为，在“国学热”的大背景下，伦理学研究工作者在弘扬中国传统文化方面，应注重哪些方面的工作呢？

答：客观地讲，“国学热”是当前我国社会生发出来的一种对中国传统文化的需要。传统文化包括传统伦理道德，它是积淀在民族的思想意识和行为规范里的，是民族心理和民族性格的组成部分，制约和影响着人们的现实生活。中华民族的优良道德传统，是中华民族在处理人与人的关系中，所总结、概括和提炼的重要道德原则。承继这份宝贵遗产，对调整现实社会关系，有着重要作用。一个着眼于未来的国家和民族，必然不会忘记自己的历史，更不会抛弃本民族的优良道德传统。

从一定意义上来看，中华民族的优良道德传统可以说是中华民族传统文化的核心。历史和现实都在呼唤伦理学研究工作者，要着力弘扬中华民族的优良道德传统。但弘扬不是复古，更不是回头看，而是依据时代发展要求，以马克思主义为指导，对国学进行批判地继承。中国传统道德的核心及其一贯思想，就是强调为社会、为民族、为国家、为人民的整体主义思想。但毋庸讳言的是，中国传统道德具有鲜明的矛盾性和双重性，它既有民主性的精华，又有封建性的糟粕；既有积极、进步、革新的一面，又有消极、保守、落后的一面。而且在有些情况下，精华与糟粕又相互结合，良莠混杂，瑕瑜互见。这就要求在弘扬中国传统道德的时候，既不能全盘否定，也不能全盘继承。历史虚无主义和复古主义都要不得，这两种倾向都是错误的。正确的态度是以历史唯物主义为指导，坚持批判继承、弃糟取精、综合创新和古为今用的方针。“批判继承”是总的原则，“弃糟取精”是分清善恶的重要要求，“综合创新”是既要包容兼收，更要精炼提升，“古为今用”则是弘扬传统道德的根本目的。中国传统伦理道德，只有同我国社会主义现代化事业相结合，才能有生命力，才能对我国当前精神文明和道德建设发挥积极作用。

问：自改革开放以来30多年，伦理学界发起或参与了多次对现实社会道德状况的理论探讨，并在论争中取得了重大影响。现在，有学者指出，在经济学、法学等热门强势学科的竞争下，伦理学研究工作的开展似乎遇到了前所未有的障碍和困难。您是否同意这样的观点？

答：伦理学学科并不是单纯意义上的理论性学科，与经济学、政治学、法学等学科都有着密切的关系。但更为重要的是这一学科有其特殊性，伦理学不仅是一门理论性很强的学科，更是一门实践性很强的学科。

概括来说，所谓伦理学的“障碍”和“困难”，自这门学科诞生起就存在，其他学科也会多多少少存在类似问题。用实事求是的态度来看，当前伦理学研究中的难点在于：一、在市场经济条件下，经济与利益在道德层面矛盾的研究还有待进一步加强；效率与公平、经济利益与社会公平正义等方面的问题还需要进一步加深研究；二、在健全法制的同时，更要注重立法者、执法者、守法者自身道德素质的重要性；三、道德教育还要进一步落实到真正切实提高人的思想道德水平上来。社会主义市场经济必须是一种法制的经济，这是近代社会发展史业已证明的事实。同时，也必须看到，在实施依法治国的同时，还要充分认识以德治国的重要意义。应当有机地把二者结合起来，切不可把二者对立起来。在“依法治国”的过程中，决不能忽视道德教育、道德责任、道德养成、道德自律、道德引导和道德保证的重要性。不论是实行法治也好，贯彻科学发展观也好，构建社会主义和谐社会和社会主义核心价值体系也好，如果人的道德素质、特别是思想道德素质得不到有效地提高，这一切都不可能真正、有效地落到实处。大量实践证明，任何国家、任何社会，仅有宪法等法律文本是远远不够的。法律只有掌握在富有正义感的法官手里，只有在全体公民的道德风尚都得到提高的情况下，真正的依法治国才能得以实现，法律面前一律平等的原则，才能得以落实。中国特色社会主义现代化事业需要社会主义的法治，也需要伦理精神的强大支撑。随着我国社会又好又快地发展，伦理道德在社会发展中的巨大促进作用会日益彰显。

问：关注现实社会的道德建设，探索建立适应社会主义市场经济的道德体系，一直是您在理论研究和现实实践中的着重点之一。当下，有学者指出，伦理学的研究和发展，不应该过分关注现实道德生活，不应该受社会政治影响，而是要走纯学术路线，请问您怎么看待这个问题？

答：在中国特色社会主义理论指导下，加强思想道德建设，加强对伦理学的研究，对社会主义市场经济的健康运行，有着极端重要的引导和制约作用。伦理学作为一门理论学科，既要有理论的概括和提升，又必须同社会实践结合，不能脱离现实。伦理学研究的发展和出路，并不是也不可能是远离现实性和政治性的问题，而是能不能自觉地、更好地指导实践这一重大课题。伦理学需要认真地研究当前社会道德现象所展现和提出的重大问题，分析这些问题的根源，探讨其规律性，关注其发展趋向，提出解决的方案。

伦理学的研究，不能离开概念和范畴，也不能离开逻辑的推理；但不能单纯地依靠概念来构建学科的体系。新的发展阶段和新的时代条件，为伦理学研究和发展提供了难得的发展机遇，对广大致力于伦理学研究的学者提出了新的时代要求。同时，应该看到的是，我国伦理学学科虽历经60年(其中更有改革开放后30余年)的发展，仍有很多深层次理论问题和重大实践问题需要深入探讨。坚持伦理学的研究既要反思现实生活，又要能指导现实生活。伦理学理论要获得生命力，就必须切实地面对现实生活，从现实生活中汲取养分，认真地进行理论的概括、提炼、分析和升华，再将理论返回到现实生活中，去解决现实道德问题。只有既能反映现实生活，又能对现实生活产生重要指导作用的理论才是人民群众所需要，才具有与时俱进的品格和昂扬向上的生命力。这是时代所赋予我国当代伦理学研究的重大使命。

问：集体主义原则是马克思主义伦理学的基本理论之一。从20世纪80年代至今，您一直致力于研究和完善集体主义的道德理论，对作为社会主义道德基本原则的集体主义的本质、内涵和层次进行了深入的探讨。随着社会主义市场经济的深入发展，“私权”理论在理论界受到越来越多的关注。这使得一些理论工作者认为社会主义市场经济的道德原则应该是高扬个人主义的大旗，认为集体主义原则已经不符合市场经济发展的要求。请问您怎么看待这个问题？

答：社会主义的集体主义，是同社会主义制度紧密联系在一起的。在当前市场经济深入发展的同时，社会主义的集体主义原则是应当而且必须坚持的。需要指出的是，集体主义的“集体”是一个现实的集体，这个集体指的是一个公正的、有道德的、又是一个需要不断加以完善的集体。这个集体既不是一个“虚假的”或“不真实”的集体，也远未达到马克思所说的“真实的集体”。

坚持集体主义的核心要求就是需要个人利益服从集体利益，这本身就是社会主义发展要求的本质。当然，我们提出的集体主义在不同的历史条件下，其内容和要求，也是不断发展和变化的。把集体主义理解为一个一成不变的“教条”是错误的，它本身也是随着时代的变化而与时俱进的。集体主义作为一个道德原则，我们的认识是从集体利益入手，又以集体利益与个人利益的辩证统一为目的。在20世纪50至60年代，比较强调个人利益要服从集体利益，甚至是“无条件”的服从；那时的集体主义，主要是在革命时期根据革命的需要，所产生的道德要求。随着时代的发展，增加了集体利益和个人利益的关系，突出强调了发展集体利益的同时更要考虑和尊重个人利益的存在与实现。根据我们的理解，社会主义集体主义至少包含三个方面的内容：一、强调集体利益高于个人利益，提倡在集体利益与个人利益发生矛盾时，个人要顾全大局，以集体利益为重，在必要的情况下，个人应当为集体利益而放弃个人利益，甚至为集体利益而献身；二、在强调集体利益高于个人利益的前提下，同时强调集体必须尽力保障个人正当利益得到满足，促进个人价值的实现，并力求使个人的个性和才能得到最好的发展；三、集体主义强调个人利益与集体利益的辩证统一。这三个方面是相互联系、相辅相成的。集体主义作为社会主义道德的基本原则，它本身既体现着集体的长远利益，也包含着对个人正当利益的高度重视，二者在根本上是统一的。

“私权”等理论受到越来越多的关注，是社会需求的表达，和集体主义原则不相违背。它们都是与我们的社会主义制度紧密联系的，都是为了推动社会主义市场经济向前发展，为了使我们的社会主义制度不断地得到完善。个人利益、集体利益和国家利益的辩证统一，赋予了社会主义集体主义以强大的生命力。集体主义绝不是什么抽象的、非理性的原则，更不是“束缚个性”甚至“抹杀个性”的“教条”，而是为了在社会主义的集体里面，更好地发挥个人的个性、实现个人的价值，更好地协调人际关系，有利于形成强大的凝聚力和向心力的一个指导原则。

问：最近几年来，关于道德权利和道德义务的关系，成了伦理学理论和社会实践方面经常遇到的一个问题。大量先进的舍己为人典范和许多道德楷模不断涌现。他们勇于献身和重视道德义务的崇高品质，不断地推动着社会道德风尚改善。与此同时，也出现了一些道德败坏、损人利己、惟利是图的丑恶现象。一些学者据此认为，在这种情况下我们不应该提倡高层次的道德要求，而应该倡导“底线伦理”等低层次道德；还有的学者主张，在当前市场经济的条件下，我们应当强调“道德权利”的观念，认为“没有道德权利的享受，也就不可能要求人们尽道德义务”。你对这种观点，有什么看法？

答：一般来说，人的道德行为，都是一种自觉的、利他的、献身社会和献身集体的行为，是一种“或多或少以自我牺牲为前提”的行为。就这个意义上说，道德行为，应该是以不要报酬为前提。道德楷模的行为之所以受到崇敬，正是与他们重视道德义务而不要道德权利相联系的。当然，为了表彰、鼓励和发扬这些高尚道德行为的社会影响，改善社会的道德风貌，集体、国家和社会应当从各个方面给这些高尚的道德行为以必要的报偿，这种报偿可以有名誉的、精神的、物质的等等。从一定意义上，也可以说是社会对这些崇高道德行为的报偿，是他们所应当享受和应该得到的道德权利。

另一方面，从集体、社会和国家的事业和成就来说，社会主义的功利主义是我们所主张和强调的。这种重视社会功利的行为，同个人道德行为上的只重义务、不重功利是两个完全不同性质的问题。对于社会主义的功利主义来说，既要有良好目的和功利要求，也要有正确的方法和手段。“义”和“利”一直是伦理学研究中的一个很重要的问题，也具有非常重要的社会意义。“义”字当头还是“利”字当头，是评判一个社会道德水准的重要依据。

至于当前一些学者提出的“底线伦理”和“普世价值”问题，我们既不应作简单的肯定，也不要作简单的摒弃，而要进行科学的分析。“人们自觉地或不自觉地，归根到底总是从他们阶级地位所依据的实际关系中——从他们进行生产和交换的经济关系中，汲取自己的道德观念”，因此，“道德归根到底都是社会经济状况的产物”，同时，我们也要看到，在人类长期的发展史中，也确实存在着一些最基本的、简单的“人类公共的生活规则”，这些“人类公共的生活规则”，在今天的社会中，也是存在的。“普世伦理”从根源上说，原是西方宗教伦理的产物，它所提倡的“爱人”等思想，也包含着“人类的公共生活规则”的“普世”理念。但是当前西方所说的“普世伦理”，已经成为西方推行其政治等价值观的手段和工具，有些人甚至把“自由”、“民主”说成是超阶级、超国家、超民族的“普世价值”，以此来诋毁和反对社会主义的政治制度，这是我们所应当坚决加以反对的。

主张“底线伦理”的一些人认为，在一个人的社会生活中，应当守住一些最基本、最起码的道德要求。以这些最低要求为底线，在当代社会中，有其现实的、合理性的方面。但是我们还必须强调，在社会主义社会中，道德要求和道德境界，决不能局限和停留在这些所谓的“底线”上，更不应该因此就忽略甚至丢掉高层次的道德要求，把守住“底线”变成守住法律的要求。

问；青少年思想道德建设一直是您的关注点所在。近段时期，网络上披露了一些发生在80后和90后青少年身上的种种不道德的现象。针对青少年思想道德现状，您认为，我们在研究中应该注意哪些问题呢?

答：从全面的、发展的、长远的视野来看，当代青少年的主流是好的，是“值得信赖，堪当重任，大有希望”的一代。所发生在青少年身上的种种消极现象，我认为属于少数和个别现象。之所以出现这种现状，一方面是社会大环境和一些不好的社会氛围所致，另一方面是青少年还缺少自觉的道德要求，还没有认识到道德自觉和道德修养对今后成长的重大意义。

对金钱、名誉和地位的追求，往往会使很多人在这些旋涡中失去方向。一些人为了攫取尽可能多的利润，他们用尽心计，设立陷阱，诱惑青年；个别青少年为了彰显自己的“个性”，不惜以“出位”为代价，恣意放纵；“网络黄毒”和“手机黄祸”对青少年甚至对整个社会的危害都是非常巨大的，再加上监管不力，国家、社会、特别是青年，必然要受到不可估计的损害。资本主义市场经济在社会伦理道德上最根本的特点，就是因追求最大利润所诱发的极端利己主义。其动机、意图和目的，归结到一点，就是一切为了赚钱，最大限度地获取最多、最高的利润。在追求金钱的过程中，为了以最少的成本而获取最大的利润，欺骗、做假、尔虞我诈、良知丧失，也就屡见不鲜了。经济的损失，可以在比较短的时期内得以恢复，但是道德心的破坏，恐怕很难在短期内得到恢复。

在社会主义市场经济运行的全过程中，应当更加突出和强调伦理道德的重要作用。针对青少年思想道德现状，需要进一步加强对未成年人的思想道德状况的关注，并展开深入地研究。青少年思想道德建设是一个非常系统而庞杂的工程，不仅需要伦理学研究工作者从理论上做出解答，而且也需要家庭、学校和社会都担负起各自责任，充分发挥各自优势，形成思想道德教育的集合优势，共同推动未成年人的思想道德建设。

问：最近几年，价值“多元化”是很多理论工作者热衷的话题。我注意到，您在价值观领域一直坚持一元化导向和多元化要求的统一。那您怎么看待，在市场经济利益“多元化”的时代浪潮下，价值观领域的“多元化”趋势？

答：价值观的“多元化”趋势，是当今社会主义市场经济在意识形态方面的必然表现，应当加以辩证的分析，采取正确的态度，进行区别的对待。自实行社会主义市场经济以来，随着经济成分的多元化和利益主体的多样化，也就必然带来人们价值取向的多元化和多样化。在人生观和价值观方面，与集体主义的人生观并存，利己主义、合理利己主义、个人主义、拜金主义和享乐主义等思想也随着市场经济的逐步发展而纷纷出现。

面对这样的客观现实，我们究竟应当如何对待？有一种看法认为，既然是一个“多元化的社会”，那么，各种不同的思想就应当不分优劣“平起平坐”，任何一种思想都可以作为社会的价值导向，都可以不受任何限制地以自己的思想体系和要求来影响他人、影响社会。有人明确提出，要以西方个人主义作为我国社会主义的道德原则，以合理利己主义作为我们的行为规范等等，这些思想是极端模糊和错误的，是要坚决批评并抵制的。中国特色的社会主义要求我们的价值导向必须具有保证社会主义道路向前发展的重要作用，忽视或背离这一价值导向，就有可能误入歧途。社会主义国家必须坚持与社会主义本质相一致的价值导向，即坚持为人民服务，坚持集体主义。同时，也应当看到，在强调社会价值导向一元化的同时，对于社会上各种非社会主义事业与非马克思主义的价值学说和思想观念，需要采取引导、教育、分析和提高的方法。用正确的、科学的、有说服力的理论，坚持“百花齐放、百家争鸣”的方针，充分贯彻以理服人的态度，以达到提高全体人民的鉴别力，使我国的哲学等社会科学在讨论中得到持续地繁荣发展。

问：几十年来，您一方面用科学理论解释道德现象、解决道德问题，推动社会道德进步；另一方面又注意身体力行道德要求，率先垂范。可以说，道德的知与行在您身上得到了的统一，更为伦理学研究工作者树立了典范。在当前社会上、甚至在伦理学工作者中，出现了诸如“言行不一”、“言行背离”等不尽如人意的现象。您觉得有哪些方面是我们在今后的伦理学研究中应该加以注意的？

答：道德核心、道德原则和道德规范，之所以能在人们的思想中发生作用，最重要的就是要通过道德教育和道德修养，使道德认识转化为道德情感，融入人们的道德意志，从而付诸人们的行动，并最终养成自觉的道德习惯。这就是古人所说的“习与智长，化与心成”，也是中国古代道德学家重视“修养”、“教育”的根本原因。

对于一个希望为伦理学的发展和完善有所贡献的理论工作者来说，一个最基本的、最重要的条件，就是要努力做到实际行动和理论认识相一致。自己在理论上的论述，自己应当力求去实行，自己怎么写的和怎么说的，自己应当首先力求做到。那些在自己的行为上不能按照自己所提出的道德原则和道德规范去行动，甚至说的和做的相反的人，又怎么配称为一个坚持马克思主义的伦理学工作者呢？我在理论上所坚持的，就是我用以勉励和鞭策自己，并在行动中去努力做到的。正如古人所说“‘高山仰止，景行行止。’虽不能至，然心向往之。”

道德境界的提升，是一个不断向上攀登的长期过程。只要在这个过程中，坚持不懈，持之以恒，“不以善小而不为，不以恶小而为之”，就有可能达到一种理想的境界。几十年来，尽管我总是努力按照这样的原则要求自己和我的学生，但所做的仍然很不够，这是需要在以后不断努力和提高的，“活到老、学到老、改造到老”，是我们应当永远记住的原则。

附　录

谈谈马克思主义伦理学的几个问题*

马克思主义伦理学是关于道德的发展规律、社会本质及其客观作用的科学，是关于共产主义道德形成的规律、原则和规范及其在社会主义和共产主义建设中的意义和作用的科学。为了总结人民群众道德面貌的发展规律，为了更快地消除剥削阶级的旧道德的残余，为了迅速形成新的道德品质，更迅速地促进社会主义的建设，调整人和人之间的关系，加强对于马克思主义伦理学的研究，是有重大意义的。

研究伦理学的目的是什么？

要开展伦理学的研究工作，首先必须弄清楚研究伦理学的目的。伦理学研究的主要目的是什么？冯友兰先生在今年《新建设》第四期所发表的《关于伦理学的基本问题》一文中提出："伦理学的研究，虽然必须分析道德的行为，但是，它的主要目的，并不在于历史地叙述某些道德的行为，而在于科学地说明什么是道德，也就是什么是善。"按照冯友兰先生的意思，研究伦理学的主要目的就是科学地说明什么是道德的问题。这个提法值得商榷。

根据马克思主义的基本原理，研究伦理学的主要目的，不在于说

---

* 原文曾以"洛戈"的笔名，发表于1961年12月6日的《光明日报》。

明世界，而在于改造世界。因此，在规定伦理学研究的主要目的的时候，就不能把它说成是在于“科学地说明什么是道德，也就是什么是善”的问题，而首先必须从当前阶级斗争的现实出发，从社会主义革命和社会主义建设的实际需要出发，不但要说明什么是善，而且要研究共产主义道德的发展规律，总结共产主义道德教育的方法，研究如何克服旧的道德影响和培养新的道德，从而去实践真正的善——共产主义道德的问题。

马克思主义以前旧的伦理学家，往往喜欢把伦理学说成只是抽象地去说明什么是善的问题。中外的一些伦理学家们由于离开人的社会性和历史发展区抽象地争论所谓善恶问题，因而他们从来也不能正确地解释什么是善，什么是恶。所以把伦理学研究的目的规定为说明什么是善，这必然会把这门科学引导到抽象的烦琐的论证中去。我们认为，研究伦理学的主要目的就是为了总结道德形成、发展的规律，提高人民的道德水平，从而为巩固地完成共产主义事业而奋斗。具体说来，有如下几点：

第一，总结共产主义道德形成、发展的规律。马克思主义伦理学的根本目的之一，就是要研究无产阶级道德面貌变化发展的规律。这句话，一般包含着两方面的意思。其一是说，作为社会意识形态的道德，随着经济基础的变化而变化，它是有着自己的规律的；其二是说，一个人的道德面貌的变化，新的道德品质的形成，是有着特殊的规律的。前者主要是作为意识形态的道德的发展变化的规律，后者主要是偏重于道德修养的方法，而这两者又有着紧密相连的关系。伦理学研究的最终目的是为了改变人们的精神面貌，提高人们的道德水平，从而为一定的经济基础服务，因此，必须注意既要研究作为社会意识形态的道德的发生发展变化的规律，同时，又要研究人们道德品质发展的规律性。人的思想面貌，由于在社会上受着客观事物的各种各样的影响，几乎每天都处在变化之中，这种变化，无不遵循着一定的客观规律。出身于无产阶级的劳动人民，由于他们从小受着劳动人民的优秀品质的熏陶，一般来说，他们的思想意识和道德是有着无产阶级的品质的。出身于资产阶级或小资产阶级的人，一般来说，也都是受着自己的阶级的强烈影响，有些思想水平和政治觉悟较高的人，一起参加了群众的革命斗争，经历过一些革命实践，而他们的道德品质的提高却可能有很大的差别。有的人进步得很快，有的人进步得很慢，有的甚至在斗争中动摇起来，走上了叛变革命的道路。固然，参加革命的这些人的家庭出身和革命品质各有不同，这是其中的重要原因，同时，参加革命者在实践中的主观努力和修养的不同，也是有很大关系的。这就是说，能否自觉地掌握道德修养的规律性，对于提高道德水平有重要关系。我们承认革命者的家庭出身对其影响的重要意义，也承认革命者在革命斗争中的主观努力与修养的重要意义。一个坚定的马克思主义者，一个道德高尚的人，总是和他刻苦的自我修养分不开的。研究道德产生、发展的规律，研究个人的道德修养的规律，对于道德教育中客观因素和主观因素之间的复杂关系，都有极重要的意义。

第二，批判地继承伦理学的遗产，对旧的道德作彻底地批判，清除旧道德的影响。批判旧的道德影响，建立共产主义的新道德，是马克思主义伦理学研究的一个重要任务。为了实现共产主义，不但要改变所有制关系，而且要彻底清除各种资产阶级的思想影响，根本改变人们的精神面貌，提高人们的共产主义道德品质，而马克思主义伦理的研究，正是为这一目的而服务的。就我国的情况来说，资产阶级甚至封建阶级的思想还在一部分人的头脑中存在着，而且，我们知道，在社会主义社会里，资产阶级的思想是不会自动消灭的，即使旧的资产阶级思想克服了，由于社会主义社会还存在着资产阶级法律的残余，国际上资产阶级还不时在侵蚀我们，同时，许多的封建阶级、资产阶级的伦理观念，不少资产阶级、封建阶级性的伦理著作，还在群众中有着一定的影响，旧的思想和道德观念必然会乘机复活。因此，认真地批判残余的封建阶级资产阶级的伦理道德观念，吸收其精华，抛弃其糟粕，彻底地清除它们的影响，不能不是我们马克思主义伦理学研究中的一个重要目的。

第三，论证共产主义道德的原则和规范，培养道德评价的能力。对于伦理学的研究，能使我们了解什么是共产主义道德的原则和规范，弄清善恶的对立，从而学会分析和评价人们行为的能力，为提高人们的道德水平创造条件。我们知道，作为社会意识的特殊形态，道德的特点之一就是它没有法律那样的强制性，而主要是通过社会的舆论、传统的习惯和人们的内心信念来起作用的，也就是说，它是通过道德评价的作用，明确善恶和是非的界限，从而形成一种内心的或社会舆论的力量，调整着人与人之间的关系。因此，道德评价的问题，就不能不在伦理学中占有重要的地位。对于伦理学的研究，可以使人们自觉地运用马克思列宁主义的道德观来评价一切人的行为，来评价自己的行为，并通过文艺、报纸、舆论为形成新的道德创造条件。我们普通所谓的道德责任感和道德义务，人们所公认的道德舆论的力量，都是从道德评价中产生的。社会的人的道德评价的能力愈高，它的道德舆论的力量愈强，道德责任的感情愈大，则整个社会的道德水平也上升得愈快。

这里需要指出的是，我们主张伦理学的研究要服务于如何培养人们的共产主义道德这一根本目的，但是并不是把伦理学仅仅作为思想教育和教育方法来研究，我们也不排斥在伦理学的研究中说明什么是善和什么是恶。相反，为了达到更好地总结道德形成、发展的规律，提高人们的道德水平，从而为完成和巩固共产主义事业而奋斗，必须科学地对善恶作出解释。在这里，我们认为问题并不在于要不要说明善的问题，而是不能把说明什么是善当做伦理学研究的主要目的。

无产阶级的道德是功利主义吗？

马克思主义伦理学的本质是什么？冯友兰先生在《关于伦理学的基本问题》一文中，把无产阶级的道德和马克思主义的伦理学，都说成是功利主义的。为了区别于伦理学史上的功利主义，冯友兰先生说："辩证唯物主义在伦理学上的功利主义，并不是过去伦理学家所说的功利主义。它是革命的功利主义。"他指出无产阶级在道德上的功利主义"是革命的功利主义，有最广和最远的目标，这个目标就是解放全人类。"总之，冯友兰先生把功利主义作为对伦理学的最本质的概括，这种概括也是值得商榷的。

冯友兰先生把马克思主义伦理学概括为功利主义的伦理学有没有根据呢？好像是有的，他所根据的就是毛泽东同志《在延安文艺座谈会上的讲话》。

毛泽东同志说："我们的这种态度是不是功利主义的？唯物主义者并不一般地反对功利主义，但是反对封建阶级的、资产阶级的、小资产阶级的功利主义，反对那种口头上反对功利主义、实际上抱着最自私最短视的功利主义的伪善者。世界上没有什么超功利主义，在阶级社会里，不是这一阶级的功利主义，就是那一阶级的功利主义。我们是无产阶级的革命的功利主义者，我们是以占全人口百分之九十以上的最广大群众的目前利益和将来利益的统一为出发点的，所以我们是以最广和最远为目标的革命的功利主义者，而不是只看到局部和目前的狭隘的功利主义者。”①

这段话应该怎样理解呢?

为了批判当时的一些反对文艺为工农兵服务、反对文艺普及的错误论调，毛泽东同志在讲话中首先强调了马克思主义文艺的基本问题是为群众的问题和如何为群众的问题。紧接着为了批判那些为文艺而文艺，认为强调了文艺必须为群众服务就会使马克思主义的文艺成为功利主义的观点，毛泽东同志提出了功利主义的阶级性问题。毛泽东同志在这里的思想是极为清楚的。在阶级斗争的社会里，一切意识形态都是为阶级斗争服务的，都是要求对一定阶级有利的，超阶级的意识形态，在阶级社会中是没有的。因此，那种以反对功利主义为借口，实际上是反对意识形态为一定阶级服务的思想，是极端错误的。所以，毛泽东同志说，我们并不一般地反对功利主义，我们只是反对资产阶级、小资产阶级、封建阶级的功利主义，主张无产阶级的功利主义。在这个意义上说，不仅马克思主义的文艺是功利主义的，马克思主义的伦理学是功利主义的，马克思主义的法学是功利主义的，马克思主义的政治学是功利主义的，而且马克思主义的哲学也是功利主义的。也就是说，在阶级社会中，一切属于上层建筑的意识形态，都是功利主义的，都是服务于一定阶级的阶级利益的。毛泽东同志在这里告诉我们的是，必须坚持马克思主义的阶级性这一最根本的原理，而并不是对文艺和伦理学这两门具体科学进行概括，因此，我觉得，我们不能也不应该把马克思主义的文艺或伦理学归结为功利主义的。对于马克思主义伦理学来说，功利主义不但不是一种最恰当的概括，而且还会使人们对马克思主义的伦理学产生错误的认识。

---

① 毛泽东：《毛泽东选集》，第三卷，866 页，北京，人民出版社，1953。

从伦理学史上看来，功利主义，原来是资产阶级的一种伦理学说。这种学说在道德中追求资产阶级的个人利益。它认为个人利益是人类行为的基础，凡事能满足个人利益的，就是道德的，反之，就是不道德的。正像马克思在谈到功利主义时所指出的："这种看起来是形而上学的抽象之所以产生，是因为在现在资产阶级社会中，一切关系实际上仅仅服从于一种抽象的金钱盘剥关系。在第一次和第二次英国革命时期，即在资产阶级取得政权的最初的两次斗争中，在霍布斯和洛克那里出现了这种理论。"又说："在霍尔巴赫那里，个人在相互交往中的一切活动，例如谈话、爱情等等都被描写成功利关系和利用关系。"马克思极其深刻地指出："在这种情况下，功利关系具有十分明确的意义，即我是通过我使别人受到损失的办法来为自己取得利益。"①

因此，我们清楚地知道，资产阶级的功利主义是资产阶级社会中人和人的关系的一种最本质的概括，它在道德上公开地反对那种把个人幸福寄托在来世和天堂的封建禁欲主义。把资产阶级的道德关系概括为功利主义，宣布一切都是为了个人利益的这种道德理论，在当时可以说是进步的。这种功利主义的思想，在爱尔维修和霍尔巴赫的学说里只不过是一种愿望，还不是一种现实。18 世纪的法国唯物主义者提出了应当把合理的利己主义作为人们的行为准则。他们主张把个人利益和公共利益合理地结合起来。这在当时具有进步意义的思想，后来被边沁庸俗化了。边沁把狭隘的个人利益、露骨的利己主义和个人打算看做是人类道德行为的主要动机。他认为，凡有利于资产阶级

① 马克思、恩格斯：《德意志意识形态》，见《马克思恩格斯全集》第 3 卷，479 页，北京，人民出版社，1957。

的就是有利于全人类的。他认为一切人都是为了追求快乐和避免痛苦，一切都是为了个人的利益。当然，边沁为了掩盖理论的反动内容，他虚伪地打着什么道德的标准是最大多数人的最大幸福的谎言。边沁的这种功利主义的理论，在穆勒那里有了进一步的伪装。穆勒提出了人的感情是道德行为的推动力的主张，从而把功利主义说成是一种利他的行为。正像马克思所指出的，爱尔维修和霍尔巴赫的理论，是同正在进行的斗争的、尚不发达的资产阶级相适应的，是有进步意义的；而边沁、穆勒的理论，是同站在统治地位的发达的资产阶级相适应的，是反动的。但是，归根结底，这种把伦理学归结为功利主义的理论，都是资产阶级的人和人的关系的最本质的概括。我们知道，资产阶级把一切关系都归结为个人利益，把一切人和人的关系都归之为利己主义的打算。所以，资产阶级学者把他们的伦理学概括为功利主义是十分恰当的。

根据前面的分析，从马克思主义的阶级斗争的学所出发，社会意识形态必然服务于自己的经济基础出发，从评判道德的标准出发，我们固然可以说无产阶级的道德、无产阶级的伦理学是功利主义的；但是，作为对无产阶级道德的最本质的概括，作为马克思主义伦理学的本质，作为对于新的人和人之间的最主要的关系的归结来说，把马克思主义伦理学和无产阶级的道德概括为功利主义，则是值得商榷的。

我觉得，如果一定要把无产阶级道德和马克思主义的伦理学归结为什么主义的话，则可以把它称为集体主义。这是一个比功利主义更为恰当的概括，它反映了无产阶级道德和马克思主义伦理学的最本质的关系。我认为，无产阶级道德的核心就是个人利益必须服从集体利益，而一切其他关系，人和人之间的道德准则，评判行为的道德准则，都必须从这一关系出发，它准确、鲜明地反映了无产阶级道德和马克思主义伦理学的崭新的内容，严格地区分了两种道德和两种伦理学的根本对立，树立了无产阶级道德和伦理学的批判的、战斗的旗帜。

关于道德评价中的标准和根据

道德评价是伦理学中的重要问题之一。不同阶级都按照自己的利益和由阶级所贯穿的道德规范来评价人们的善恶，这就是道德评价的标准。任何一个行为，都有动机和效果两个方面，而动机和效果有时又有不一致的情形。因此，我们评价一个行为的善恶，究竟是根据他的动机呢？还是根据他的效果？这个问题叫做道德评价的根据。

剥削阶级的某些伦理学家，为了要掩盖他们的伦理学中的维护剥削阶级利益的实质，往往把动机和效果这一道德评价的根据问题，说成是道德评价的唯一标准。他们或者以抽象的利害和人性为标准，或者把根据夸大为标准，根本不承认有什么阶级利益的标准。我们则相反，在谈到道德评价时，必须强调阶级利益和由阶级利益所贯穿的道德规范是判断善恶的标准，而动机和效果这一判断善恶的根据，是必须从属于阶级利益的标准的。

冯友兰先生在《新建设》第四期上发表的文章中，认为"在伦理学方面，也有一个根本问题，就是究竟什么是善。"而在提到什么是善时，他认为："首先一个问题就是，我们说一个行为是善的，或说一个行为是恶的，究竟以什么为根据呢？是以一个行为者的主观意图为根据，或者是以这一行为的客观效果为根据?"以下接着就是对于动机论、效果论以及动机效果统一论的长篇论证。只是在作了上述的长篇论证之后，才说："以上所说的是道德判断的根据。还有一个根本的问题就是，所谓好坏究竟什么为根据。这就是归结到善恶的标准问题。"令我们疑惑不解的是，如果脱离了道德评价的阶级利益的标准，脱离了道德的实质，首先就提出动机和效果这一判断行为的根据，那么，所谓的善，所谓的恶，又以什么为标准呢？冯友兰先生的文章，尽管他也谈到了判断善恶的标准，但是由于他把动机和效果这一判断善恶的根据作为首要的问题，从而使判断善恶的根据和阶级利益的标准相脱离，这宗论证方法，是值得考虑的。有人或者会说，这是不是因为由于冯友兰先生的一时疏忽，偶然地没有注意这两者之间的次序呢？我们觉得恐怕还不是这样。冯友兰先生不但是把动机和效果当做判断一个行为善恶的首先一个问题，而且他没有提到只有在阶级利益的标准这一前提下，才能正确地解决动机和效果问题，实质上是把善恶的问题从一定的阶级关系中抽取出来，然后对什么是善和什么是恶作抽象的论证，因而动机和效果的问题就成了脱离阶级标准的独立的东西了。冯友兰先生在论证动机和效果的问题时，引了毛泽东同志《在延安文艺座谈会上的讲话》关于动机和效果的一段话。应该特别指出的是，冯友兰先生可能没有全面而正确地了解毛泽东同志的这段话。毛泽东同志在谈到动机和效果之前，先说：“文艺批评有两个标准，一个是政治标准，一个是艺术标准。一切利于抗日和团结的，鼓励群众同心同德的，反对倒退、促成进步的东西，便都是好的；而一切不利于抗日和团结的，鼓励群众离心离德的，反对进步拉着人们倒退的东西，便都是坏的。”①只是在讲了以政治标准在区分好坏之后，毛泽东同志才说：“这里所说的好坏，究竟是看动机（主观愿望），还是看效果（社会实践）呢？”以后，毛泽东同志在论述政治标准和艺术标准的关系时，又特别指出任何阶级社会中的任何阶级，总是以政治标

① 毛泽东：《毛泽东选集》，第三卷，869～870页，北京，人民出版社，1953。

准放在第一位，以艺术标准放在第二位的。但是在冯友兰先生的文章中我们却没有找到对毛泽东同志这段话的正确理解。

伦理学和哲学的关系

伦理学和哲学的关系极为密切，这是我们研究伦理学所必须注意的。马克思主义伦理学，既是历史唯物主义的一个部分，又是一门独立的科学。从历史上看，可以说一切阶级的伦理学家，都是该阶级的哲学家，而许多哲学家也都有他们的伦理学方面的著作。每一阶级的伦理学家，都是受该阶级的世界观的指导，是这些伦理学家根据本阶级的哲学观点来研究道德现象的结果。

同样，马克思主义伦理学是在马克思主义哲学的牢固的基础上产生的，是为阶级斗争服务的，也是在同各种腐朽的伦理学体系和思想斗争中发展起来的。阶级斗争是马克思主义伦理学发展的动力。因此，在研究和学习伦理学时，必须依据马克思主义哲学的基本原则，以马克思哲学的方法论为指导。历史唯物主义的一系列根本原理，如社会意识决定社会存在、阶级和阶级斗争等，对伦理学的研究来说，它们既是指导原则，又是最根本的方法论。冯友兰先生在上述文章中说，伦理学的研究，虽然必须分析道德行为，但是它的主要目的并不在于历史地叙述某些道德的行为，而在于科学地说明什么是道德，从而把历史地叙述和科学地说明对立起来。冯友兰先生的意见，一下子还不能领会清楚。到底是因为在伦理学研究中已经出现了冯先生所认为不好的倾向呢？还是冯先生特别作为研究伦理学的根本方法向大家提出来的呢？如果是作为一种根本方法，我觉得不如说：只是进行历史地、具体地分析，才能达到科学地说什么是善的目的。不强调社会发展的历史中各阶级对善恶的不同解释，不强调阶级和阶级斗争，这怎么能够解释善恶的本质，又怎么能达到“科学地说明什么是道德，也就是什么是善”的目的呢？过去一切旧的伦理学家之所以不能科学地解决道德的起源、本质以及道德和社会作用等问题，他们之所以把道德说成是精神的产物，是超越于社会的经济和政治之上的永恒的东西，这除了他们的阶级局限性以外，和他们的唯心史观是分不开的。由于马克思主义的唯物史观的创立，才使伦理学产生了根本的变革，才使伦理学成为真正的科学。因此，只有唯物史观，才是我们解决道德的起源和本质、道德在社会生活中的作用等问题的钥匙。

我们也应该明确，作为一般原理的马克思主义哲学，不仅对于伦理学，而且对于美学、法学、政治等其他科学也是适用的。虽然每一社会意识形态都是社会存在的反映，但是它们都各有自己的特点，它们在社会生活和社会发展中，在阶级斗争中各完成自己的特殊作用。因此，既要遵循马克思主义的辩证唯物主义和历史唯物主义的一般原理，而且要善于探讨作为道德这种特殊的意识形态的规律，否认马克思主义哲学原理的指导和把伦理学只停留在一般原理的叙述中，这都是无法使伦理学向前推进的。从科学的发展上来说，不但哲学对伦理学起重大的作用，而且伦理学通过对道德的研究也对哲学起重大作用。

马克思主义伦理学教学大纲(初稿)*

(上)

中国人民大学哲学系伦理学教研室

这个大纲曾在1962年6月11日中国人民大学第九次科学讨论会伦理学分组会上讨论过。与会者对大纲的内容、结构等问

* 为了新中国马克思主义伦理学的教材建设,首先是编写制定一个马克思主义伦理学的教学大纲。当时没有任何可以借鉴的材料。西方的东西,在当时看来,是不应有任何继承和吸收的;苏联也没有编写出任何有关马克思主义伦理学的大纲。经过多次讨论和反复修改,终于形成了这个大纲。1962年6月13日,在中国人民大学第9次科学讨论会的伦理学分组会上,讨论了这个大纲。当时的许多知名学者,如北京大学的冯友兰、周辅成,中国科学院哲学研究所的贺麟、李奇,中国人民大学的石峻、王方明等,都出席了会议。在肯定这个提纲在我国伦理学教学与研究中重要作用的同时,也提出了许多进一步完善此提纲的宝贵意见。中国人民大学的校刊《教学与研究》,在1962年第4期和第5期上,分两期全文登载了这个《马克思主义伦理学教学大纲》。由于《教学与研究》当时在全国的地位,使得这个大纲在我国的理论界和高校中间,产生了重大的影响。1962年的《人民大学周报》在报道中国人民大学第九次科学讨论会时,对伦理学分会讨论这个大纲的情况,作了详细报道。这个马克思主义伦理学教学大纲主要由罗国杰带领许启贤等人起草,并经诸多专家的研讨,是集体智慧的结晶。出于保护历史资料、还原文献原貌的考虑,此次论文集也一并收入,特此注明。

题，提出了许多宝贵的意见。对此，我们表示衷心的感谢。这次发表，我们又作了部分的修改。由于水平所限，大纲的缺点和错误一定不少，希望各方面予以批评指正。

伦理学教研室

第一章　什么是马克思主义伦理学

马克思主义伦理学是关于道德的规律的科学。道德是调整人们之间以及个人与社会之间关系的行为规范的总和，是历史上形成的反映社会存在的一种特殊的意识形态。道德规范是人与人之间在日常交际中的一定关系的反映，也是社会或一定阶级对个人行为所提出的要求。道德的客观内容：一定社会的(在阶级社会中则为不同阶级的)人们的道德活动(道德行为、道德理想、道德责任感、道德评价、道德教育等)。

道德活动是人们社会活动的一个组成部分。离开了一定社会的人们的道德活动，道德就无从体现。社会活动和道德活动的区别和联系。资产阶级某些伦理学家从抽象的善的观念出发来研究伦理学的错误。只有从对于道德活动的分析中来研究道德的规律，才能科学地解决伦理学的对象问题。

马克思主义伦理学研究道德的形成和变化的规律；道德的社会作用的规律；而特别注意研究共产主义道德的发生、发展、形成的规律；共产主义道德在社会主义革命、社会主义和共产主义建设中的作用；共产主义道德教育和修养等。

马克思主义伦理学的基本任务：科学地阐明道德的形成、发展变化的规律，肃清旧道德的残余，提高人们的道德水平，为巩固和完成共产主义事业而奋斗。研究马克思主义伦理学对推动我国社会主义建设和向共产主义过渡的重要意义。学习马克思主义伦理学必须贯彻理论联系实际的原则，改造自己的主观世界，把自己培养成为具有高尚道德品质的人，是学习马克思主义伦理学的主要目的。

研究马克思主义伦理学的根本方法：建立在辩证唯物主义和历史唯物主义基础上的历史的方法和阶级分析的方法。马克思主义以前伦理学在方法论上的根本错误。调查、统计、分析、归纳的方法在伦理学研究中的作用；对离开唯物史观、片面夸大这种方法的错误观点的批判。

在思想史上，伦理学和社会政治思想的关系。伦理学和哲学。伦理学和美学。伦理学和心理学。伦理学和教育学。

第二章　马克思主义伦理学的产生是伦理学的革命

马克思主义伦理学的产生是伦理学中的革命。马克思主义伦理学是在批判与继承历史上一切合理的伦理思想及道德遗产的基础上发展起来的。

马克思主义以前的伦理思想。

唯物主义与唯心主义的斗争在伦理学领域中的反映。马克思主义以前的伦理思想的历史唯心主义性质。伦理思想史斗争的基本路线。

伦理思想史上，伦理学家所研究的主要问题：道德起源、道德规范、道德评价、人性善恶、动机效果、道德修养等。

古希腊奴隶制社会德谟克利特伦理思想和苏格拉底、柏拉图伦理思想的斗争。亚里士多德对柏拉图“善的理念”的批判和“中庸之道”的伦理学。伊壁鸠鲁“快乐论”道德观的进步意义及其影响。

中国春秋战国时期的伦理思想。孔子的“仁”。墨子的“兼爱”和“互利”。孟子的“仁义”及性善论。荀子的性恶论。“义”和“利”之争。

庄子所代表的道家的清静无为的伦理思想。

中国封建社会的伦理思想。董仲舒“天人感应”的伦理思想。王充的伦理思想及其反神学道德观的斗争。《列子》《杨朱》篇的享乐主义、纵欲主义的道德观。韩愈的性三品说。宋明道学家对伦理道德的重视，及其在中国伦理思想发展中的重要意义。明清之际进步思想家王夫之、颜元、戴震等人反对人性二元论及反“理欲之辨”的斗争。

欧洲中世纪的宗教道德学说。

欧洲资本主义时期的伦理思想。洛克、霍布斯的伦理思想与社会契约论的联系。斯宾诺莎的“伦理学”和“知性改进论”。十八世纪法国资产阶级思想家关于“自由”“平等”的人道主义思想和合理的个人利益是道德基础的理论。十九世纪德国资产阶级哲学最终陷于道德说教：康德的“实践理性批判”、黑格尔的“法哲学原理”、费尔巴哈的“幸福论”。空想社会主义伦理思想及其进步意义。边沁和穆勒的功利主义。车尔尼雪夫斯基“合理利己主义”伦理思想的进步意义。

马克思主义伦理学的建立与发展。

马克思恩格斯对于一切旧伦理思想的批判和改造。马克思主义伦理学是马克思主义的一个组成部分，是马克思恩格斯把辩证唯物主义和历史唯物主义运用于研究道德领域的结果。道德问题在马克思恩格斯的革命活动和创立马克思主义唯物史观的地位。马克思恩格斯对德国古典哲学的道德理论的批判，对费尔巴哈宣传不分阶级的抽象爱的伦理学的批判。马克思恩格斯对空想社会主义者企图用道德说教来改造世界的理论的批判。恩格斯对杜林“永恒道德”的批判。马克思主义伦理学是无产阶级在革命过程中形成的新的行为规范的反映和概括。马克思对巴黎公社起义工人的英勇顽强、自我牺牲精神的颂扬。恩格斯对英国工人阶级的互助友爱等高尚道德品质的颂扬。

列宁在新的历史条件下对马克思主义伦理学的贡献和发展。十月革命前列宁在反对民粹主义和各种机会主义思想的斗争中，对道德的实质、道德评价等问题的论述。列宁关于道德在阶级斗争中能动作用的思想。十月革命后，列宁对共产主义道德的基础和基本原理的概括和论述。列宁对星期六义务劳动的总结和对共产主义劳动的论述。列宁论无产阶级的爱国主义与国际主义。列宁对资产阶级“自由恋爱”的批判。

斯大林论苏维埃人的道德面貌及对青年的共产主义教育。加里宁的“论共产主义教育”。

毛泽东同志在中国的具体历史条件下对马克思主义伦理学有关问题的贡献和发展。毛泽东同志对资产阶级人性论、功利主义和所谓“人类之爱”的批判。毛泽东同志论动机和效果的辩证统一。毛泽东同志对我国人民在长期革命斗争中和社会主义建设中所体现出的崇高的道德面貌的概括和总结。毛泽东同志关于毫不利己、专门利人，全心全意为人民服务的思想。毛泽东同志提出的“惩前毖后、治病救人”的原则和整风的方法对道德教育的意义。

马克思主义伦理学的基本特征：科学性、阶级性、实践性。对马克思主义以前伦理学的非科学性、超阶级性以及脱离社会实践特点的分析和批判。马克思主义以前伦理学历史唯心主义性质的阶级根源和认识论根源。马克思主义伦理学在伦理学中所进行的伟大的革命变革：第一次科学地阐明了道德的本质、道德的起源、道德发展变化的规律和道德的社会作用；揭示了道德的阶级性及以往的一切剥削阶级、特别是资产阶级道德的虚伪性和欺骗性；概括了无产阶级的崇高的道德面貌，阐明了评价人们行为的真正的科学标准；指出了人们提高道德品质和进行道德修养、道德教育的唯一正确的道路。马克思主义伦理学对无产阶级改造世界的实践活动和培养共产主义新人的重大指导作用。

第三章 道德的本质

道德是一种社会意识形态。人们的道德意识是在一定的社会关系中形成的，并随着社会关系的变化而变化。

人的本质。马克思主义对人的本质的科学见解：人的本质乃是社会关系的总和。在阶级社会中，社会关系就是阶级关系；人的本质就是人的阶级性。

旧伦理学关于人的本质的错误观点。唯心主义把人看做是生物性的，理性的动物，认为社会是意识决定的。旧唯物主义把人看做抽象的，孤立的，纯粹自然的人类个体，认为人的活动是由欲望决定的。

道德的本质。马克思主义伦理学对道德本质的科学见解。对人的本质的科学见解对解决道德本质的重要意义，道德决定于一定的经济基础和政治制度，并为一定的政治和经济服务。在阶级社会中道德的阶级性，以及在原始社会和共产主义社会道德的全人类性(只有在实际生活中阶级对立已被遗忘之时，真正人类的道德才成为可能)。

旧伦理学对道德本质的错误见解。神学家认为道德是上帝规定的。唯心主义者从绝对理性和自我意识中引申出道德。旧唯物主义对神学、唯心主义道德观的批判及其对道德本质的唯心史观。

道德的产生。道德的历史性和阶级性。道德的历史类型。风俗习惯和道德。

原始社会的道德原则：共同劳动，平均分配。团结互助以及某种程度的“残虐”、“狂热”和“部落仇杀”等。这种道德原则是与生产资料的公有和生产水平的低下相适应的。

奴隶主占有生产资料和直接占有生产工作者——奴隶是奴隶主道德的基础。奴隶和奴隶主道德的对立。庸俗的贪欲，狂暴的情欲，卑劣的吝啬，对公有财产的掠夺是奴隶主道德的特征。

封建地主阶级占有基本的生产资料——土地，依靠地租和徭役来剥削劳动农民是地主阶级道德的基础。封建社会中，农民和地主道德的对立。“三纲”，“五常”，“忠孝”，“节”，“义”是中国封建地主阶级的道德规范。西方中世纪的基督教道德。

以商品经济为基础的资产阶级道德。资产阶级把人和人的关系变成赤裸裸的金钱关系。资产阶级道德的基本原则是自私自利，个人主义，帝国主义时期，垄断资产阶级道德的腐朽性。

为巩固和完成共产主义事业而斗争是共产主义道德的基础。共产主义道德是人类道德发展的最高阶段，共产主义道德是无产阶级与劳动人民利益的要求和反映。共产主义道德的基本原则是集体主义。

道德的相对独立性：能动性，继承性以及和其他意识形态的相互作用。

道德和生产力、生产关系的关系，先进道德对社会发展起推动作用，落后道德对社会发展起阻碍作用。批判形而上学唯物主义宿命论伦理观。批判唯心主义者把道德的相对独立性绝对化的观点。

道德的继承性。继承优秀道德遗产的重要意义，批判和继承的辩证关系。对虚无主义的批判。对抽象继承法的分析。对不同阶级的道德有共同因素观点的分析。关于简单生活规则问题的分析。关于历史上剥削阶级的推动社会发展的道德思想的批判和继承。道德继承的标准：人民性、民主性和科学性。

道德同上层建筑中其他因素的联系和相互作用。

道德同政治。道德和法权。道德和艺术。道德和宗教。道德和科学。道德和政治，法权的关系是道德和其他各种社会意识形态的关系的中心。

第四章 人生观与道德理想

道德理想是一定社会或阶级的理想人格，它是由一定的经济基础与政治制度决定的。在理想的个人身上所表现出来的全部道德品质的总和，构成了道德理想的内容。在阶级社会中，道德理想的阶级性。剥削阶级道德理想与被剥削阶级道德理想的根本对立。无产阶级道德理想是人类最崇高的道德理想。先进阶级的道德理想是推动道德进步和促进社会进步的有力因素之一。

中外伦理学史上对道德理想的探讨。中国伦理学史上所谓的"仁人"、"圣人"、"君子"、"完人"，所谓至善等道德理想。理想与现实脱节是旧伦理学的特征之一。没落阶级道德理想的虚伪性与反动性。

道德理想同世界观、人生观的联系。人生观是受世界观制约的，是世界观的一部分。无产阶级共产主义人生观是马克思主义世界观所决定与指导的。人生观与世界观是人们一切思想和行动的总指导，有什么样的世界观、人生观，就有什么样的道德理想。树立无产阶级世界观、人生观，对树立无产阶级道德理想的重要性。

为共产主义事业而奋斗是无产阶级的人生观。对中外历史上几种主要人生观的分析与批判。近代资产阶级在所谓"生命问题"上做烦琐的、玄学的研究的反动性及其阶级根源。人生意义和道德理想。人生观中"生与死"的问题。

道德理想与政治理想。政治理想是关于未来社会的结构的观念；道德理想是关于道德上完善的个人的观念。在一定意义上说，道德理想是政治理想的一部分，并从属于政治理想。道德理想是推动人们为政治理想而奋斗的强大支柱。无产阶级的政治理想与道德理想的关系。

道德理想与道德规范。道德理想是道德规范的概括与结晶。道德理想对鼓舞人们实践道德规范的重要作用。

共产主义战士的道德品质与性格特征：毫无自私之心，全心全意为人民服务。富贵不能淫，贫贱不能移，威武不能屈。在工作上，克己奉公，埋头苦干。对同志对人民，无限热爱，以德报怨。对敌人坚持斗争，绝不调和，待人处事，忠诚老实、襟怀坦白、谦虚谨慎、表里如一等等。

共产主义道德理想与当前政策的区别与联系。加强共产主义道德理想教育的重大意义。

（下）

第五章　共产主义道德的产生、发展及其基本原则

共产主义道德是人类历史上道德进步的最高阶段。共产主义道德的阶级性、实践性和科学性。为巩固和完成共产主义事业而斗争，是共产主义道德的基础。共产主义道德和历史上一切剥削阶级道德的本质区别。共产主义道德同历史上劳动人民道德的区别与联系。

共产主义道德的产生和发展。资本主义社会中，无产阶级的社会经济地位是共产主义道德产生的先决条件。无产阶级在反对资产阶级的阶级斗争中，逐渐产生和形成了共产主义道德。共产党的领导和科学共产主义思想的指导，对共产主义道德的形成和发展的重大意义。公有制的建立是广大人民共产主义道德进一步发展的前提。我国无产阶级政权的建立，经济战线、政治思想战线上社会主义革命的胜利对

我国人民共产主义道德发展和巩固的作用。共产主义道德的初级阶段和全民阶段。对阶级社会中“全人类道德”观点的批判。

共产主义道德是无产阶级革命和斗争的思想武器。共产主义道德对无产阶级革命和社会主义建设事业的重大作用。

集体主义是无产阶级的政治原则，也是无产阶级的道德原则。集体主义原则是人们处理个人与集体、个人同国家关系的唯一正确的指导原则。

集体主义原则的经济基础是生产资料的公有制。个人主义原则的经济基础是生产资料的公有制。农民道德的双重性及局限性。空想社会主义者所设想的抽象的“共产主义道德”原则的错误。

集体主义是共产主义道德的核心。共产主义道德规范是集体主义原则在人们社会关系各方面的具体化。道德原则与道德规范的区别与联系。

个人主义是资产阶级道德的核心。无产阶级集体主义和资产阶级个人主义的根本对立。对伦理史上各种利己主义和利他主义的分析与批判。马克思主义以前伦理学家不能正确解决个人利益与集体利益矛盾的原因。在剥削阶级社会中，所谓“社会利益”、“公共利益”的虚伪性。对现代资产阶级形形色色个人主义理论的批判。

集体利益与个人利益的辩证关系。只有在集体主义的基础上，集体利益同个人利益才能统一起来。个人利益与个人主义的界限。道德的行为和个人利益的联系。

集体主义同个人自由。集体主义同纪律。在社会主义社会，个人主义是万恶之源。集体主义同个人主义斗争的长期性、复杂性与曲折性。培养人们自觉的集体主义精神对社会主义革命和社会主义建设的重大意义。过渡时期提高农民集体主义精神的重要性。

批判旧伦理学用生物学观点来说明个人同社会关系的反动理论。马克思主义伦理学同功利主义伦理学的本质区别。

第六章 共产主义道德规范

历史上伦理学家关于道德规范的争论与探讨。共产主义道德规范的探讨是马克思主义伦理学的重要问题。

职业道德同共产主义道德规范的区别与联系。

共产主义道德的主要规范:

一、共产主义劳动态度

劳动创造世界。劳动对改造人们主观世界的决定作用。劳动和剥削的根本对立。热爱劳动是无产阶级道德规范的根本特征,是无产阶级道德与一切剥削阶级相区别的分水岭。

在旧社会中,劳动人民对劳动的两重态度。脑力劳动同体力劳动。批判"劳心者治人,劳力者治于人"的剥削阶级思想。

在社会主义制度下,具有共产主义劳动态度,是全心全意为人民服务的集中体现,是个人对社会应尽的义务。热爱劳动对其他道德品质形成的重要意义。

在提倡与宣传共产主义劳动态度的同时,必须注意群众的物质利益,并把二者正确地结合起来。

知识分子劳动化的意义。党关于干部参加生产,教育与劳动相结合的政策,对于人们共产主义道德面貌形成的重大意义。

二、爱国主义与国际主义

爱国主义与国际主义是无产阶级在革命斗争中形成和发展起来的政治原则与道德规范。以国际无产阶级的革命利益为最高原则,将爱国主义与国际主义结合起来。国际主义是集体主义在民族关系与国际关系上的体现。

在不同历史条件下，劳动者对祖国的态度。我国人民爱国主义的革命传统。我国无产阶级爱国主义在不同历史时期的内容和特点。

把爱国主义与国际主义统一起来。加强社会主义阵营的团结和相互支援，支持被压迫人民的民族解放和民主、独立运动是社会主义国家人民的神圣任务。

批判资产阶级反动的民族主义理论。狭隘民族主义与大国沙文主义是和全世界无产阶级集体利益根本对立的。

爱国主义与国际主义相结合，是我国全体公民的美德。

三、对己和、对敌恨

关心人民、爱护人民，对自己阶级兄弟和一切劳动人民的伟大而忠贞的友爱和互助团结的精神，是共产主义道德规范之一。

对敌恨是对己和的必要条件。只有对敌人恨，才能有对人民的爱；对敌人的仁慈，就是对人民的残忍。“横眉冷对千夫指，俯首甘为孺子牛”，是无产阶级道德革命战士的坚定气节。

资产阶级、帝国主义者对无产阶级革命与无产阶级专政的污蔑。现代修正主义者宣扬的“社会主义人道主义”、“自由、平等、博爱”的反动实质。

四、日常生活、爱情、婚姻和家庭关系中的道德规范

社会生活与个人生活的关系。把个人日常生活看成是与社会政治生活无关的“个人私事”或“生活小节”的错误观点。日常生活中的道德要求。共产主义者在同志友谊和待人接物方面的道德规范。

爱情、婚姻和家庭关系的产生和发展。妇女在旧社会中的屈辱地位。历来剥削阶级在爱情、婚姻和家庭关系中的道德原则与道德规范。反对封建婚姻与资产阶级“自由恋爱”。

社会主义建立了友好、平等、民主、团结的新家庭。以爱情为基础的、尊重妇女、男女平等的社会主义婚姻制度。尊老爱幼是我国人民的高尚的道德品质。我国社会主义制度下，爱情、婚姻、家庭关系中新的道德面貌的特征及其变化、发展。

在爱情、婚姻、家庭关系上，与封建的、资产阶级的道德影响作斗争的长期性与艰巨性。对封建礼教所宣扬的“孝”及“贞操”等观念的分析和批判。继承我国劳动人民在爱情、婚姻、家庭关系上的优良道德传统。

第七章　共产主义道德范畴

道德范畴是表现人们道德关系和道德精神面貌个别方面的一些最本质的概念，如义务、良心、荣誉和幸福等。道德范畴和伦理学范畴。道德范畴和道德原则、规范的联系：道德范畴受道德原则和道德规范的制约，又是二者的必要补充和说明(在某种意义上可以说是道德原则和道德规范的一个部分)。

道德规范的具体的历史内容(在阶级社会中是阶级的内容)。道德范畴内容的变化和发展。马克思主义以前的伦理学在道德范畴研究上的根本缺点：抽象性、永恒性和超阶级性。马克思主义伦理学和一切剥削阶级伦理学在道德范畴上的根本对立。

马克思主义哲学是研究道德范畴的理论武器。

义务

义务(或职责)是个人对他人或对社会所应负的道德责任，又是一定阶级的道德原则和规范对人们的道德要求。义务的根源在于社会的物质经济关系(在阶级社会中是阶级的关系)，它反映了社会发展客观上成熟了的需要和社会发展的客观必然性。

马克思主义以前的伦理学中的义务范畴。把义务看成是“上帝”、“绝对观念”或抽象不变的“人性”要求。对剥削阶级伦理学关于超历史的、超阶级的义务观的批判(如对康德的“绝对命令”的批判)。

义务的阶级性。剥削阶级把义务宣传为“服从”、“俯首听命”，其目的是为了麻痹劳动人民，并为他们的剥削和统治辩护。现代帝国主义法西斯主义摈弃一切道德“义务”的反动性。

具体义务和道德义务。共产主义道德认为人们的根本的“义务”就是个人对人民、对国家、对共产主义事业所应负的道德责任。当前我国人民和青年的主要义务。

义务和个人愿望、个人爱好的关系。社会主义社会中义务和个人愿望、个人爱好的基本一致。

义务和权利。义务和社会舆论。培养人们的义务感是道德教育的主要目的之一。加强对人们进行义务感和责任感的教育对当前实际工作的意义。

良心

良心是个人在同社会或他人的关系上，对自己的行为所负的道德责任的认识和感情。良心是一种道德评价的形式，是人的意志相对自由的表现。人在选择和评价自己的行为时受良心的指导。

良心的形成：良心是一定阶级的道德对人们进行熏陶和影响的结果，是一定的阶级借助于教育，把自己的道德灌输给人们，并成为人们内心信念的结果。良心的具体的社会内容。在阶级社会中良心的阶级性。对旧伦理学关于良心的抽象的神秘主义观点的批判。批判现代修正主义拿“良心”来宣传资产阶级人性论的观点。

良心和社会舆论。良心的培养在道德教育上的重大作用。

荣誉

荣誉是社会对有利于社会的行为的肯定和奖励，是人对自己的行为和劳动的社会后果和社会评价的关心。

荣誉和道德原则、道德规范的关系：对荣誉的理解体现了个人对集体(阶级、国家、社会等)的关系。阶级社会中荣誉的阶级性。对剥削阶级、特别是对资产阶级个人主义荣誉观的批判。

荣誉和履行社会义务。个人荣誉和集体荣誉。革命的英雄主义是无产阶级的荣誉观的突出表现。共产主义道德对平凡与崇高、卑贱与伟大的理解。

幸福

“幸福”的几种不同含义。伦理学上的幸福概念是由人们的世界观、人生观和道德理想决定的，是世界观人生观的一个表现。“幸福”概念也体现了个人对集体(阶级、国家、人民等)的关系。

“幸福”概念的具体的社会内容(在阶级社会中是阶级的内容)。马克思恩格斯对旧伦理学的“幸福论”、“快乐论”的批判。马克思主义以前的伦理学把“幸福”仅仅理解成个人生理(身体)上或精神上的要求，而看不到它的社会阶级内容的错误观点。旧伦理学对于“幸福”概念的形而上学的观点。

马克思主义伦理学的幸福观是和无产阶级的最终事业——共产主义事业联系在一起的。个人幸福和集体幸福。马克思主义伦理学对“幸福”的辩证理解。幸福和不幸的转化。

对“幸福”的不同理解反映了人们不同的精神状态。“斗争就是幸福”是无产阶级昂扬的精神状态的反映。

第八章　道德评价

道德评价是人们在社会生活中，依据一定阶级的道德标准，对自己、对他人的行为或事件所作的一种善恶判断。道德评价是一种精神力量。道德评价在调整个人与个人以及个人和社会之间的关系和提高人们的道德水平中的作用。对人们行为的褒贬和崇敬，批评与赞扬是道德对社会起作用的重要手段之一。

道德评价的形式：社会舆论，传统习惯和内心信念。

善与恶。善与恶是对人们的行为或事件进行评价的最一般的概念。凡符合一定社会或一定阶级的道德原则及其规范并有助于社会或劳动人民利益的事件或行为就是善，否则就是恶。善与恶的客观性。善与恶的具体性和历史性。在阶级社会中，善与恶的阶级性：符合某阶级的道德原则及其规范的事件或行为，即认为善，反之则是恶。马克思主义论善与恶的辩证法。善与恶是相比较而存在相斗争而发展的。善与恶的相互转化。恶在历史上的作用。对旧伦理学把善与恶看成抽象的、绝对的、永恒不变的观点的批判。

道德责任问题。道德责任感是一种深入人心的精神力量，是人们评价和选择自己行为的指南。自由和必然同道德责任的密切关系。伦理学史上决定论原则与非决定论原则的对立和斗争。批判非决定论和宿命论的观点。唯心主义意志自由论的反动实质。机械唯物主义宿命论观点的思想根源及其危害性。意志自由论和宿命论都是否认人们对其行为应负的道德责任。

马克思主义伦理学关于自由和必然的科学见解。马克思主义者既反对宿命论观点，更反对所谓一致绝对自由的荒唐神话。不承认人的相对自由，就无法理解道德评价及人对自己行为应负的道德责任。主张不受社会关系制约的绝对自由是资产阶级个人主义道德的理论根据。自然界和人类社会发展的客观必然性。自由是认识了的必然。人们的行为受必然性支配，但绝不否认人们行为的相对自由及对自己行为应负的道德责任。

道德标准问题。道德评价标准的重要性。道德评价标准的客观性。阶级社会中，道德评价的标准是阶级利益及由阶级利益所贯穿的道德原则及规范。马克思主义认为，一般说来，凡有利于社会进步和社会发展的行为就是道德的，反之则是不道德的。道德评价中，无产阶级的阶级性和科学性的统一。政治评价和道德评价的区别与联系。对历史人物必须历史主义地进行道德评价。反对简单化和片面性的评价历史人物。

批判旧伦理学关于道德评价标准的错误观点。中国伦理学史上的“义”、“利”之争。资产阶级的“利己主义”和“利他主义”。现代资产阶级、修正主义者所谓超阶级的全人类道德的谬论及其为帝国主义服务的反动本质。

动机和效果问题。动机和效果问题的提出以及它和判断善恶标准的关系。对伦理学史上动机论和效果论的分析和批判。某些资产阶级伦理学家企图把动机和效果当做是道德评价的首要标准的欺骗性和虚伪性。

马克思主义论动机和效果。社会实践是动机和效果统一的基础。社会实践及其效果是检验人们主观愿望或动机的标准。

社会舆论，内心信念和传统习惯在道德评价中的作用。社会舆论是人们对人的行为或事件进行评价的重要方式之一。在阶级社会中，社会舆论的阶级性。剥削阶级对社会舆论的利用。在社会主义社会中，社会舆论和客观真理的一致及其广泛的群众基础。社会舆论的变化和发展。尊重舆论和坚持真理。

内心信念是个人在对社会或对他人的关系上对自己的行为应负的道德责任感。培养人们内心信念的重要性。人们内心信念的心理活动。

传统习惯。对于传统习惯必须进行历史的阶级的分析。必须正确对待传统习惯。反对对待传统习惯的简单化的态度。

社会舆论，内心信念和传统习惯是相互促进、相辅而行的，培养人们判断善恶的能力，提高人们的共产主义道德水平是加强社会舆论和内心信念的主要目的。

道德评价和其他各种社会评价的关系。

第九章　道德教育与道德修养

道德教育与道德修养在伦理学中的地位。中外伦理学家对道德教育与道德修养问题的探讨。马克思主义伦理学对道德教育与道德修养的重视。

道德教育与道德修养的目的，在于使道德原则及其规范成为人们的道德品质，使人们能够接近或达到一定阶级或社会的理想人格。

道德教育与道德修养的实质是两种道德观的斗争。道德教育和道德修养的必要性。共产主义道德教育与修养是代表无产阶级的共产主义道德观同其他各种道德观在人们思想意识中的斗争。新旧道德观斗争的长期性、曲折性和复杂性。对共产主义道德教育和修养的任何忽视，就是加强资产阶级道德对工人、农民和知识分子的影响。道德教育和修养中的急躁、“拔苗助长”的危害。道德教育必须与经济基础相适应，而又要不断地提高人们的道德水平，推动社会发展。社会主义的全民所有制、集体所有制的建立，为共产主义道德的发展开辟了广阔的道路。帝国主义、资产阶级思想的存在，以及社会主义社会中资产阶级法权残余和个人所有制的存在，对克服旧道德残余的阻碍作用。

道德理想教育在道德教育与道德修养中的作用与地位。“人皆可以为尧舜”。正确的教育与修养，可能使阶级或社会中的每一个成员达到或接近某一个阶级或社会的道德理想。人性善恶以及它与道德教育和道德修养的关系。伦理学史上离开人的社会性去争论“人性善恶”问题的错误。马克思主义经典作家论人性。

道德教育是共产主义教育的组成部分。道德教育与政治教育、智育、体育、美育的关系。在共产主义教育的各个方面贯彻共产主义教育的重要性。革命传统教育与共产主义道德教育的关系。

道德教育与道德修养的方式。理论与实践结合这一根本方法在道德教育中的运用。

正确的方法对于道德修养的重要意义。对旧伦理学中形式的、唯心的、脱离实际的修养方法的批判。中国伦理学史上对修养方法的论述。对中国古代的格物、致知、诚意、正心、修身等修养方法的分析与批判。宋明道学的居敬、穷理、明心、静坐等修养方法的唯心主义实质。对伦理学史上关于修养方法的合理因素的继承。与实践相联系，在阶级斗争、生产斗争和业务实践中加强自我修养，是共产主义道德修养的根本方法。自我批评在道德修养中的作用。与实践相联系的“反省”与“慎独”在道德修养中的重要意义。

党的领导对道德教育的决定作用。共青团、工会、学校、家庭在道德教育中的作用。

第十章　现代资产阶级伦理思想批判

现代资产阶级伦理思想是垄断资本主义政治和经济的表现。现代资产阶级伦理思想的主要特点：否认道德的客观来源和标准化；否认人们的道德责任和反理性主义；掩饰道德的阶级实质，同宗教道德相联系；宣扬极端的个人主义，为资本主义制度辩解。

实用主义伦理思想是资产阶级功利主义的继续和发展。实用主义唯我主义世界观同极端个人主义道德观的联系。实用主义认为“实用”“方便”是真理的标准，也是善恶的标准。所谓由个人的私欲——“行动”(个人的盲动)——“智慧”(使用权谋、手段)——“效用”(达到损人利己的目的)的道德公式。这种道德理论是垄断资产阶级对内镇压工人运动，对外侵略别国人民的思想武器。马克思主义对“欲望”“行动”“智慧”“效用”的科学见解是和实用主义根本对立的。现代修正主义以实用主义道德论为其政治路线辩解的反动性。

新托马斯主义伦理思想是中世纪基督教道德理论的再版。新托马斯主义在超越个人主义和集体主义的幌子下，宣扬麻醉人民的宗教道德。新托马斯主义伦理思想的信仰主义、反理性主义以及为现代资本主义制度服务的反动本质。

存在主义伦理学是研究恐怖和死亡的伦理学。人格主义伦理学充满了宗教蒙昧主义。逻辑实证主义把伦理学排斥于科学领域之外，拒绝承认道德评价的客观标准，进化伦理思想的反动性和反科学性。

五四运动以前，中国资产阶级反对封建伦理思想的斗争和失败。帝国主义的伦理思想和中国封建的伦理思想想凑合，用以反对中国无产阶级的革命运动，是中国资产阶级伦理思想的特点。中国资产阶级所谓“人生观论战”的反动本质。在中国革命过程中，马克思主义对中国现代资产阶级伦理思想的批判。毛泽东同志对中国资产阶级思想特点和五四前后文化战线上斗争路线的科学分析。

胡适宣扬杜威的实用主义伦理思想和易卜生个人主义人生观反革命性质，及其在知识分子中的影响。梁漱溟把柏格森的直觉主义与中国封建的“忠”“孝”观念结合起来，企图走复古主义道路。新中国成立后，对胡适、梁漱溟思想的大清算。张东荪反动的“道德哲学”和对马克思主义道德理论的猖狂进攻。

新中国成立前，某些唯心主义伦理学家认为道德是抽象的“理”的体现。根据对“理世界”的“觉解”而生的四种“人生境界”：自然境界、功利境界、道德境界、天地境界。“尊理性”“调情理”的修养方法。这种“新理学”伦理思想的思想渊源和为国民党反动派服务的反动本质。

以南斯拉夫为首的现代修正主义企图把马克思主义哲学归结为伦理问题，把科学社会主义理论变成抽象的道德说教，反对无产阶级革命和无产阶级专政；极力抹杀道德的阶级性，拒绝马克思主义的决定论原则；宣扬全人类的永恒道德和抽象的人性，以资产阶级人道主义伪造共产主义道德原则；宣扬个人主义，放任资产阶级思想的发展，放宽对人们进行共产主义政治思想和道德品质的教育。

无产阶级伦理思想和资产阶级伦理思想斗争的长期性和艰巨性。批判现代资产阶级伦理思想和现代修正主义伦理思想的实践意义和理论意义。

罗国杰主要著作目录

《中国伦理思想史》(中国人民大学出版社 2008 年版)

《以德治国论》(邓小平理论和“三个代表”重要思想研究丛书，中国人民大学出版社 2004 年版)

《以德治国与道德建设》(伦理学与道德建设研究丛书，河南人民出版社 2003 年版)

《思想道德修养》(高等教育出版社 2003 年版)

《思想道德修养教程》(中央广播电视大学出版社 2003 年版)

《中国公民道德读本》(河北人民出版社 2002 年版)

《理想信念与“三观”建设》(中共中央党校出版社 2000 年版)

《道德教育与价值导向》(伦理学与品德教育文丛，教育科学出版社 2000 年版)

《中国革命道德》(中共中央党校出版社 1999 年版)

《面向新世纪的品德素质教育》(中外学者综论传统文化与青少年品德培养，中国统计出版社 1999 年版)

《道德建设论》(湖南人民出版社 1997 年版)

《树立正确的世界观、人生观、价值观》(新时期共产党员党性修养读本，中国人民大学出版社 1996 年版)

《中国传统道德》(中国人民大学出版社 1995 年版)

《毛泽东谈人生》(中国青年出版社 1993 年版)

《中国伦理学百科全书》(吉林人民出版社 1993 年版)

《人道主义思想论库》(华夏出版社 1993 年版)

《学者谈艺录》(中国人民大学出版社 1992 年版)

《伦理学》(人民出版社 1989 年版)

《人生的理论与实践》(中国人民大学出版社 1989 年版)

《道德建设论》(湖南人民出版社 1997 年版)

《伦理学教程》(中国人民大学出版社 1985 年版)

《西方伦理思想史》(上下册，中国人民大学出版社 1985 年版)

《伦理学名词解释》(人民出版社 1984 年版)

《马克思主义伦理学》(人民出版社 1982 年版)